空間とベクトル 増補版

川﨑徹郎・松本幸夫 著

数学書房

まえがき

幾何学であつかう長さや角度はベクトルの内積を用いて表すことができます．また，内積を変えない変換を合同変換といい，合同変換でうつりあう図形を互いに合同な図形といいます．このように，ベクトルの内積は幾何学において重要な役割を演じます．

この本では，「内積」をキーワードとして幾何学のいろいろな話題を紹介します．はじめに合同変換の分類，曲線論，曲面論を展開します．つぎに，ベクトル場の微積分，いわゆる「ベクトル解析」を解説し，そこでも内積が不可欠であることをみます．最後に，通常の内積と異なる「擬内積」を伴ったミンコフスキー空間が非ユークリッド幾何と相対性理論を考える枠組みを提供することを学びます．これらの学習を通して，幾何学における内積の概念の重要性を理解していただくことがこの本の目的です．

この本は 15 の章から成り立っています．

第 1 章から第 4 章までは内積を伴った空間としてユークリッド空間の概念を導入し，その合同変換の分類を行います．応用として，対称性をもつ図形をそれ自身にうつす対称変換を考え，立方体の対称変換全体を分類してみます．

第 5 章と第 6 章は空間内の曲線の話です．第 6 章で学ぶフレネ・セレーの公式は曲線の分類を考える上で重要な働きをします．

第 7 章から第 10 章までは空間内の曲面の合同変換による分類です．曲面の第 1 基本形式と第 2 基本形式がここでの主役です．

第 11 章から第 14 章まではベクトル解析をあつかいます．第 11 章と第 12 章では平面上のベクトル場を，また，第 13 章と第 14 章では空間内のベクトル場を考えます．

最後の第 15 章では，擬内積を伴ったミンコフスキー空間を導入し，3 次元のミンコフスキー空間が「双曲幾何学」とよばれる非ユークリッド幾何学と深く結び付いていることを学びます．4 次元のミンコフスキー空間は相対性理論の枠組みとなります．

各章末には演習問題がつけてあります．多くは基本的な問題ですが，かなり計算を要する問題もあります．積極的に取り組んでみてください．

巻末に簡単な解答を載せておきましたので参考にしてください．

最後に，さらに詳しく勉強されたい方のために参考文献をあげておきます．

[1] 川﨑徹郎『曲面と多様体』｜講座｜数学の考え方，朝倉書店 (2001)
[2] 深谷賢治『電磁場とベクトル解析』岩波講座，現代数学への入門 (1995)
[3] 河野俊丈『曲面の幾何構造とモジュライ』日本評論社 (1997)

[1] は第 5 章から第 10 章まで，[2] は第 11 章から第 14 章まで，そして，[3] は第 15 章を，それぞれ書くときの参考にさせていただきました．

この本はもともと，2009 年から数年間，放送大学で行った講義のための印刷教材として書いたものです．このたび横山伸氏の御好意によりあらためて数学書房から出版していただくことになりました．著者として大変うれしく，横山氏に深く感謝する次第です．出版に際し，第 15 章の最後に，特殊相対性理論の簡単な解説を補足として付け加え，「増補版」としました．

2018 年 7 月

川﨑徹郎
松本幸夫

目　次

第 1 章

ユークリッド空間と合同変換

《目標 & ポイント》平面幾何を中学と高校で学びました．そこでは，長さや角度などの計量，またそれらを保つものとして，平行移動や回転などを考えました．ここでは座標とベクトルの考えを使って，空間で同様のことを考えてみましょう．

《キーワード》ベクトル，長さ，内積，ユークリッド空間，合同，鏡映

1.1 ユークリッド平面

座標平面上の 2 点 $A(x_1, y_1), B(x_2, y_2)$ の**距離**は三平方の定理より

$$AB = \sqrt{(x_2 - x_1)^2 + (y_2 - y_1)^2}$$

で与えられます．

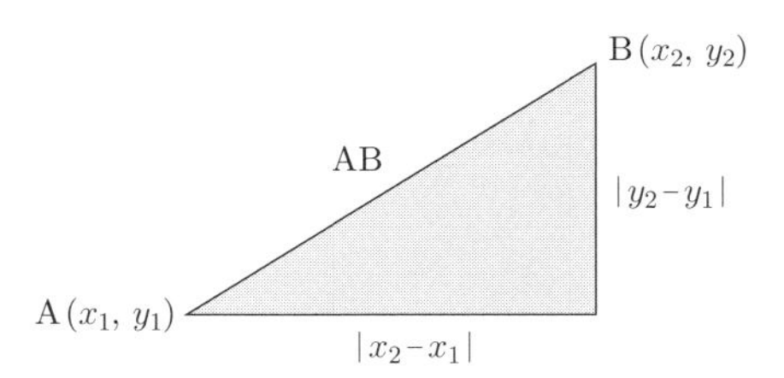

任意の 2 点間の距離を上式で定めた座標平面を**ユークリッド平面**といいます．

例 1.1 3 点 $A(1,1), B(7,4), C(5,8)$ は直角三角形を定めます．実際，$AB^2 = 6^2 + 3^2 = 45, BC^2 = 2^2 + 4^2 = 20, CA^2 = 4^2 + 7^2 = 65 = 45 + 20$ です．三平方の定理より $\triangle ABC$ は直角三角形です．

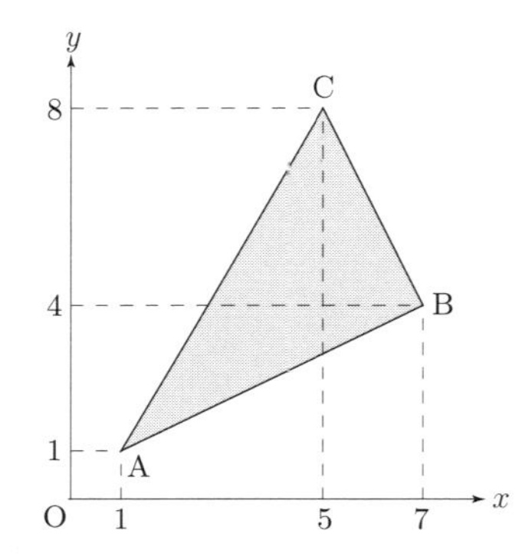

$\triangle$ABC において，BC を CA, AB と $\angle$A を用いて表すことができます．**余弦定理**です．

定理 1.2 (余弦定理)　$\mathrm{BC}^2 = \mathrm{CA}^2 + \mathrm{AB}^2 - 2\,\mathrm{CA}\cdot\mathrm{AB}\cos\angle\mathrm{A}$

証明． C より AB に下ろした垂線を CH とすると

$$\mathrm{CH} = \mathrm{CA}\sin\angle\mathrm{A}, \quad \mathrm{AH} = \mathrm{CA}\cos\angle\mathrm{A}$$

よって

$$\begin{aligned}
\mathrm{BC}^2 &= \mathrm{CH}^2 + \mathrm{HB}^2 \\
&= \mathrm{CH}^2 + (\mathrm{AB} - \mathrm{AH})^2 \\
&= \mathrm{CA}^2\sin^2\angle\mathrm{A} + (\mathrm{AB} - \mathrm{CA}\cos\angle\mathrm{A})^2 \\
&= \mathrm{CA}^2\sin^2\angle\mathrm{A} + \mathrm{CA}^2\cos^2\angle\mathrm{A} + \mathrm{AB}^2 - 2\,\mathrm{CA}\cdot\mathrm{AB}\cos\angle\mathrm{A} \\
&= \mathrm{CA}^2 + \mathrm{AB}^2 - 2\,\mathrm{CA}\cdot\mathrm{AB}\cos\angle\mathrm{A}
\end{aligned}$$

□

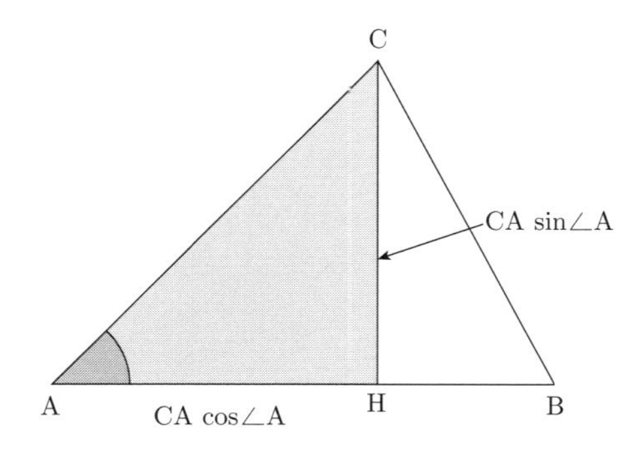

逆に $\cos\angle\mathrm{A}$ を 3 辺 $\mathrm{AB}, \mathrm{BC}, \mathrm{CA}$ で表すこともできます.

$$\cos\angle\mathrm{A} = \frac{\mathrm{CA}^2 + \mathrm{AB}^2 - \mathrm{BC}^2}{2\,\mathrm{CA}\cdot\mathrm{AB}}$$

ベクトルを用いると，これらの式はベクトルの長さ，内積と密接に関係することがわかります．この本では，ベクトルを成分表示するとき，縦ベクトルで表します．$\mathrm{O}(0,0)$，$\mathrm{P}(x,y)$ に対して

$$\overrightarrow{\mathrm{OP}} = \begin{pmatrix} x \\ y \end{pmatrix}$$

となります.

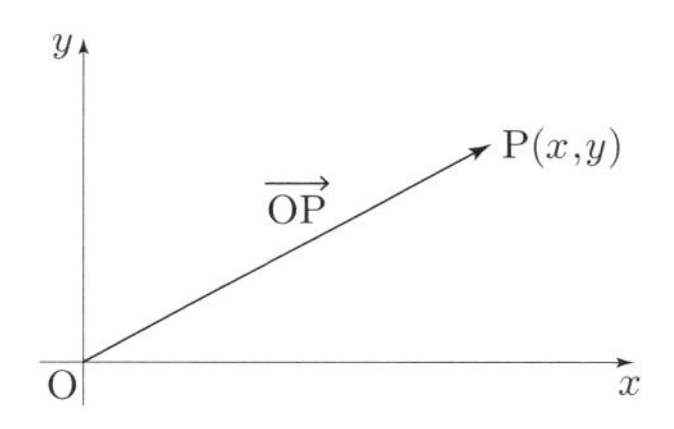

ベクトルの**和**，**スカラー倍**は

$$\boldsymbol{a} = \begin{pmatrix} p \\ q \end{pmatrix}, \quad \boldsymbol{b} = \begin{pmatrix} r \\ s \end{pmatrix}$$

に対して

$$\boldsymbol{a}+\boldsymbol{b} = \begin{pmatrix} p+r \\ q+s \end{pmatrix}, \quad \lambda\,\boldsymbol{a} = \begin{pmatrix} \lambda\,p \\ \lambda\,q \end{pmatrix}$$

と表されます.

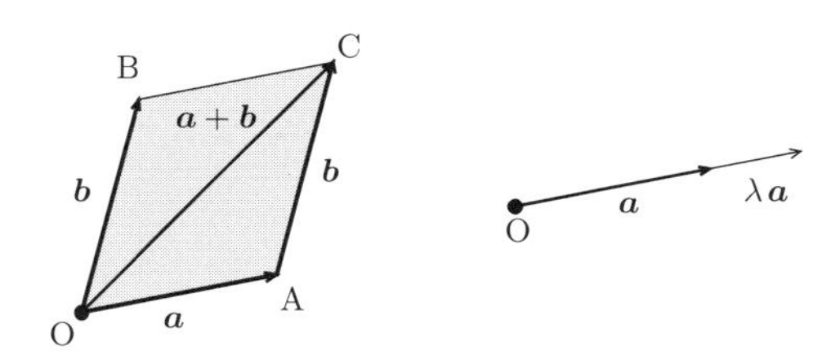

ここで $\mathrm{O}(0,0), \mathrm{A}(p,q), \mathrm{B}(r,s), \mathrm{C}(p+r,q+s)$ とおくと，OACB は平行四

辺形で $\boldsymbol{a} = \overrightarrow{\mathrm{OA}}, \boldsymbol{b} = \overrightarrow{\mathrm{OB}} = \overrightarrow{\mathrm{AC}}, \boldsymbol{a} + \boldsymbol{b} = \overrightarrow{\mathrm{OC}}$ が成り立ちます．特に $\overrightarrow{\mathrm{OA}} + \overrightarrow{\mathrm{AC}} = \overrightarrow{\mathrm{OC}}$ または $\overrightarrow{\mathrm{AC}} = \overrightarrow{\mathrm{OC}} - \overrightarrow{\mathrm{OA}}$ も成り立ちます．

また，**内積**は

$$\boldsymbol{a} \cdot \boldsymbol{b} = p\,r + q\,s$$

と表されます．明らかに

$$\begin{aligned} \boldsymbol{a} \cdot \boldsymbol{b} &= \boldsymbol{b} \cdot \boldsymbol{a} \\ \boldsymbol{a} \cdot (\lambda\,\boldsymbol{b} + \mu\,\boldsymbol{c}) &= \lambda\,(\boldsymbol{a} \cdot \boldsymbol{b}) + \mu\,(\boldsymbol{a} \cdot \boldsymbol{c}) \\ (\lambda\,\boldsymbol{a} + \mu\,\boldsymbol{b}) \cdot \boldsymbol{c} &= \lambda\,(\boldsymbol{a} \cdot \boldsymbol{c}) + \mu\,(\boldsymbol{b} \cdot \boldsymbol{c}) \end{aligned}$$

が成り立ちます．

ベクトルの**長さ**は，**ノルム**ともいいますが，2 本棒の絶対値記号で表します．

$$\|\boldsymbol{a}\| = \sqrt{p^2 + q^2}$$

したがって

$$\|\boldsymbol{a}\|^2 = p^2 + q^2 = \boldsymbol{a} \cdot \boldsymbol{a}$$

が成り立ちます．

ここで $\triangle\mathrm{ABC}$ に対して $\mathrm{BC} = \|\overrightarrow{\mathrm{BC}}\|$ を計算してみよう．$\overrightarrow{\mathrm{BC}} = \overrightarrow{\mathrm{AC}} - \overrightarrow{\mathrm{AB}}$ で，$\overrightarrow{\mathrm{AC}}$ と $\overrightarrow{\mathrm{AB}}$ のなす角は $\theta = \angle\mathrm{A}$ です．

$$\begin{aligned} \mathrm{BC}^2 &= \overrightarrow{\mathrm{BC}} \cdot \overrightarrow{\mathrm{BC}} \\ &= (\overrightarrow{\mathrm{AC}} - \overrightarrow{\mathrm{AB}}) \cdot (\overrightarrow{\mathrm{AC}} - \overrightarrow{\mathrm{AB}}) \\ &= \overrightarrow{\mathrm{AC}} \cdot \overrightarrow{\mathrm{AC}} + \overrightarrow{\mathrm{AB}} \cdot \overrightarrow{\mathrm{AB}} - 2\,(\overrightarrow{\mathrm{AB}} \cdot \overrightarrow{\mathrm{AC}}) \\ &= \mathrm{CA}^2 + \mathrm{AB}^2 - 2\,(\overrightarrow{\mathrm{AB}} \cdot \overrightarrow{\mathrm{AC}}) \end{aligned}$$

余弦定理と比べると，内積と角度の関係

$$\overrightarrow{\mathrm{AB}} \cdot \overrightarrow{\mathrm{AC}} = \mathrm{CA} \cdot \mathrm{AB}\,\cos\angle\mathrm{A} = \|\overrightarrow{\mathrm{AB}}\|\,\|\overrightarrow{\mathrm{AC}}\|\,\cos\theta$$

が得られます．

1.2　ユークリッド空間

座標空間の点は，3 つの数で表すことができます．

$$\mathrm{P} = \mathrm{P}(x, y, z)$$

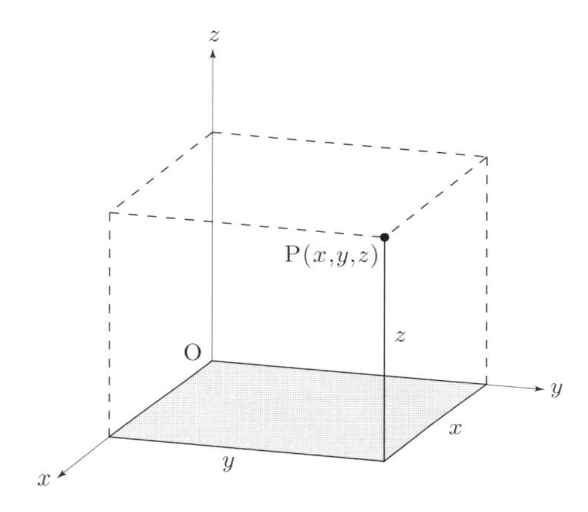

例 1.3　8 点 $\mathrm{A}(0,0,1), \mathrm{B}(2,0,1), \mathrm{C}(2,3,1), \mathrm{D}(0,3,1), \mathrm{E}(0,0,0), \mathrm{F}(2,0,0)$, $\mathrm{G}(2,3,0), \mathrm{H}(0,3,0)$ は直方体を表します．

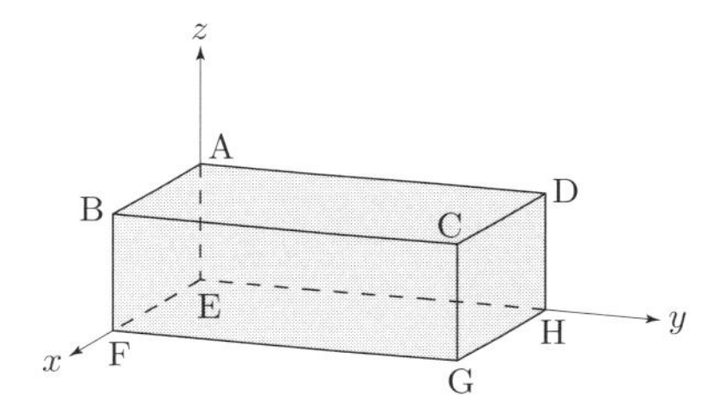

一般的な直方体 ABCD-EFGH の対角線の長さを求めてみましょう．

頂点 A のまわりの 3 辺 AB, AD, AE の長さをそれぞれ a, b, c とします．上部の水平な面 ABCD は長方形，その対角線 AC の長さは三平方の定理より $\sqrt{a^2+b^2}$ です．下部の水平な面 EFGH にも同様の対角線 EG があり，4 点 AEGC は長方形をつくります．その 2 辺の長さは $\sqrt{a^2+b^2}$ と c です．

したがって，直方体の対角線 AG の長さは $\sqrt{a^2+b^2+c^2}$ です．

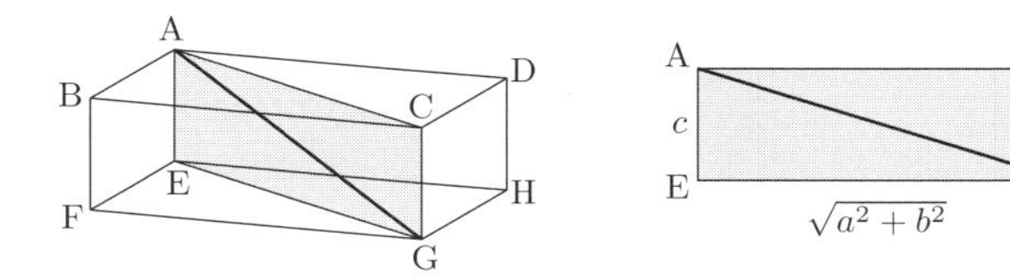

この事実を応用して，座標空間の 2 点 $\mathrm{A}(x_1, y_1, z_1), \mathrm{B}(x_2, y_2, z_2)$ の**距離**を

求めることができます．

$$\mathrm{AB} = \sqrt{(x_2 - x_1)^2 + (y_2 - y_1)^2 + (z_2 - z_1)^2}$$

任意の 2 点間の距離を上式で定めた座標空間を**ユークリッド空間**といいます．

空間の 3 点 A, B, C は必ずある 1 平面に含まれ，(1 直線上になければ) 三角形をつくります．実際，2 点 A, B は直線 l を定め，直線 l を含む平面を 1 つ選べば，その平面を l に関して回転させることにより，空間のすべての点を通ることができます．特に C を含む平面を選べば，3 点 A, B, C を含む 1 平面が得られます．

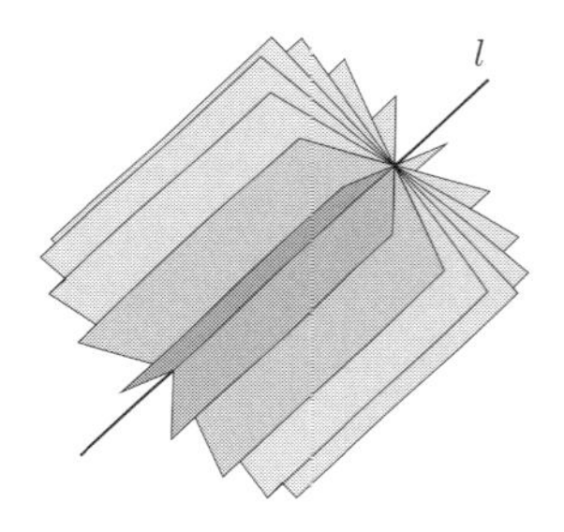

その平面に含まれる △ABC を考えることができます．特に，余弦定理から cos ∠A を辺の長さで表すことができます．

$$\cos \angle \mathrm{A} = \frac{\mathrm{CA}^2 + \mathrm{AB}^2 - \mathrm{BC}^2}{2\,\mathrm{CA} \cdot \mathrm{AB}}$$

ここでは，以前の式と形は同じですが，辺の長さは空間における距離を表しています．

ユークリッド空間においても，**ベクトル**の考えは有効です．空間ベクトルは 3 つの成分をもつ縦ベクトルで表されます．

$\mathrm{O}(0,0,0), \mathrm{P}(x,y,z)$ に対して

$$\overrightarrow{\mathrm{OP}} = \begin{pmatrix} x \\ y \\ z \end{pmatrix}$$

となります．

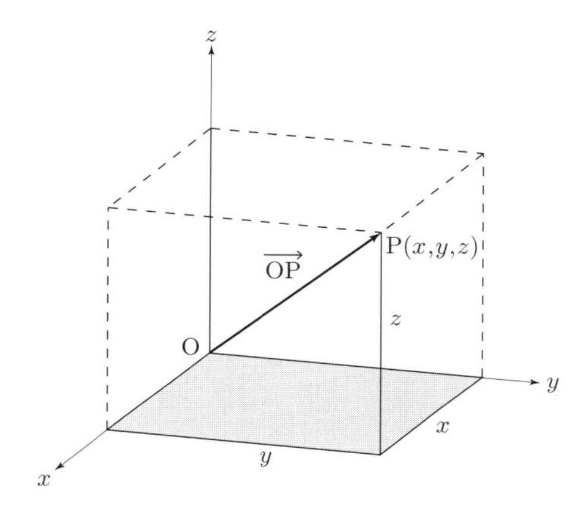

ベクトルの**和**，**スカラー倍**は

$$\boldsymbol{a} = \begin{pmatrix} a_1 \\ a_2 \\ a_3 \end{pmatrix}, \quad \boldsymbol{b} = \begin{pmatrix} b_1 \\ b_2 \\ b_3 \end{pmatrix}$$

に対して，まとめて

$$\lambda\,\boldsymbol{a} + \mu\,\boldsymbol{b} = \begin{pmatrix} \lambda\,a_1 + \mu\,b_1 \\ \lambda\,a_2 + \mu\,b_2 \\ \lambda\,a_3 + \mu\,b_3 \end{pmatrix}$$

と表されます.

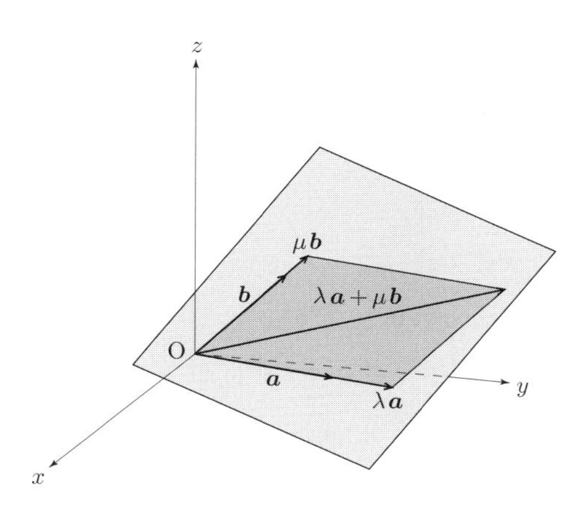

また，**内積**は

$$\boldsymbol{a}\cdot\boldsymbol{b} = a_1\,b_1 + a_2\,b_2 + a_3\,b_3$$

と定めます．明らかに

$$\begin{aligned}\boldsymbol{a}\cdot\boldsymbol{b} &= \boldsymbol{b}\cdot\boldsymbol{a}\\ \boldsymbol{a}\cdot(\lambda\,\boldsymbol{b}+\mu\,\boldsymbol{c}) &= \lambda\,(\boldsymbol{a}\cdot\boldsymbol{b})+\mu\,(\boldsymbol{a}\cdot\boldsymbol{c})\\ (\lambda\,\boldsymbol{a}+\mu\,\boldsymbol{b})\cdot\boldsymbol{c} &= \lambda\,(\boldsymbol{a}\cdot\boldsymbol{c})+\mu\,(\boldsymbol{b}\cdot\boldsymbol{c})\end{aligned}$$

が成り立ちます．

空間のときもベクトルの**ノルム (長さ)** は 2 本棒の絶対値記号で表し，端点間の距離を与えます．

$$\|\boldsymbol{a}\| = \sqrt{{a_1}^2 + {a_2}^2 + {a_3}^2}$$

したがって

$$\|\boldsymbol{a}\|^2 = {a_1}^2 + {a_2}^2 + {a_3}^2 = \boldsymbol{a}\cdot\boldsymbol{a}$$

が成り立ちます．

$\triangle$ABC に対して，平面の場合とまったく同じ計算で

$$\mathrm{BC}^2 = \mathrm{CA}^2 + \mathrm{AB}^2 - 2\,(\overrightarrow{\mathrm{AB}}\cdot\overrightarrow{\mathrm{AC}})$$

が成り立ちます．さらに，空間の場合の余弦定理を利用すれば，$\overrightarrow{\mathrm{AC}}$ と $\overrightarrow{\mathrm{AB}}$ のなす角を θ とすると

$$\overrightarrow{\mathrm{AB}}\cdot\overrightarrow{\mathrm{AC}} = \|\overrightarrow{\mathrm{AB}}\|\,\|\overrightarrow{\mathrm{AC}}\|\,\cos\theta$$

が成り立ちます．特に，$\overrightarrow{\mathrm{AB}}\cdot\overrightarrow{\mathrm{AC}} = 0$ のとき，$\overrightarrow{\mathrm{AC}}$ と $\overrightarrow{\mathrm{AB}}$ は垂直で，正なら鋭角 $\theta < 90^\circ$，負なら鈍角 $\theta > 90^\circ$ です．

1.3　平面の合同変換

ユークリッド平面の変換で，任意の 2 点間の距離を変えない変換を，**合同変換**といいます．

例 1.4　原点 O のまわりの角 θ の**回転** R は平面の合同変換です．

点 $\mathrm{P}(x, y)$ の移動先を $R(\mathrm{P})(x', y')$ とおくと

$$\begin{cases} x' = x\,\cos\theta - y\,\sin\theta \\ y' = x\,\sin\theta + y\,\cos\theta \end{cases}$$

が成り立ちます．実際 OAPB は長方形で

$$\overrightarrow{\mathrm{OP}} = \overrightarrow{\mathrm{OA}} + \overrightarrow{\mathrm{OB}}, \quad \overrightarrow{\mathrm{OA}} = \begin{pmatrix} x \\ 0 \end{pmatrix}, \quad \overrightarrow{\mathrm{OB}} = \begin{pmatrix} 0 \\ y \end{pmatrix}$$

これらを θ だけ回転すると

$$\overrightarrow{\mathrm{OP'}} = \overrightarrow{\mathrm{OA'}} + \overrightarrow{\mathrm{OB'}}, \quad \overrightarrow{\mathrm{OA'}} = x \begin{pmatrix} \cos\theta \\ \sin\theta \end{pmatrix}, \quad \overrightarrow{\mathrm{OB'}} = y \begin{pmatrix} -\sin\theta \\ \cos\theta \end{pmatrix}$$

となります．したがって

$$\begin{pmatrix} x' \\ y' \end{pmatrix} = x \begin{pmatrix} \cos\theta \\ \sin\theta \end{pmatrix} + y \begin{pmatrix} -\sin\theta \\ \cos\theta \end{pmatrix}$$

です．成分ごとに計算すると上式が得られ，行列とベクトルの積で表すと

$$\begin{pmatrix} x' \\ y' \end{pmatrix} = \begin{pmatrix} \cos\theta & -\sin\theta \\ \sin\theta & \cos\theta \end{pmatrix} \begin{pmatrix} x \\ y \end{pmatrix}$$

と表されます．

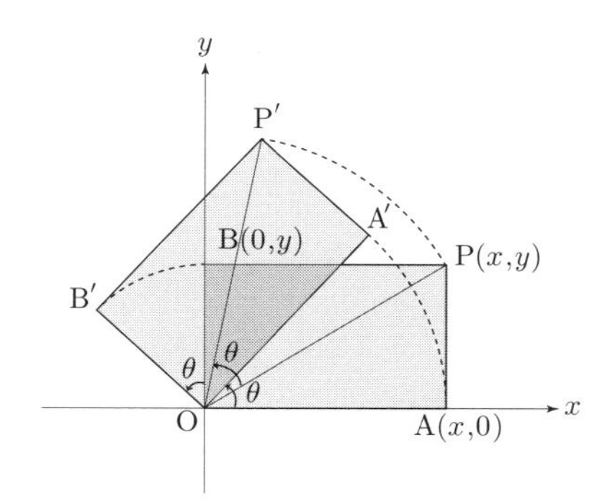

例 1.5　平行移動 T は合同変換です．点 $\mathrm{P}(x, y)$ の移動先を $T(\mathrm{P})(x', y')$ とおくと，

$$\begin{cases} x' = x + a \\ y' = y + b \end{cases}$$

です．ベクトルで表すと

$$\begin{pmatrix} x' \\ y' \end{pmatrix} = \begin{pmatrix} x \\ y \end{pmatrix} + \begin{pmatrix} a \\ b \end{pmatrix}$$

と表されます．これを $\boldsymbol{a} = \begin{pmatrix} a \\ b \end{pmatrix}$ とおいて，ベクトル $\boldsymbol{a}$ による平行移動といいます．

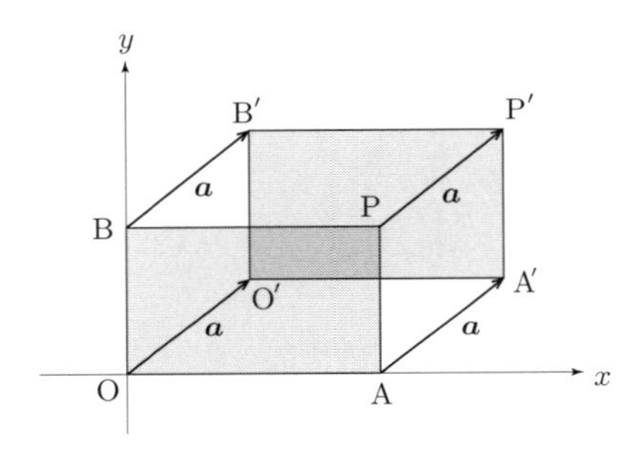

例 1.6　x 軸に関する対称移動 M は平面の合同変換です．x 軸に関する**鏡映**ともいいます．点 $\mathrm{P}(x, y)$ の移動先を $M(\mathrm{P})(x', y')$ とおくと，

$$\begin{cases} x' = x \\ y' = -y \end{cases}$$

です．これを行列とベクトルの積で表すと

$$\begin{pmatrix} x' \\ y' \end{pmatrix} = \begin{pmatrix} 1 & 0 \\ 0 & -1 \end{pmatrix} \begin{pmatrix} x \\ y \end{pmatrix}$$

と表されます．対称移動は 2 回行うと元に戻ります．

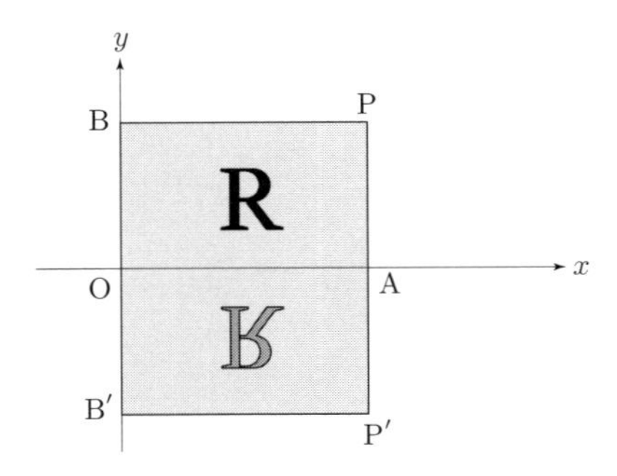

T と S を 2 つの合同変換とするとき，それらを続けて行った変換 $S \circ T$ も合同変換になります.

$$S \circ T(\mathrm{P}) = S(T(\mathrm{P}))$$

例 1.7 原点 O のまわりの角 θ の回転 を R_θ で表すと

$$R_\theta \circ R_\varphi = R_{\theta+\varphi}$$

が成り立ちます.

例 1.8 ベクトル $\boldsymbol{a}$ による平行移動を $T_{\boldsymbol{a}}$ で表すと

$$T_{\boldsymbol{a}} \circ T_{\boldsymbol{b}} = T_{\boldsymbol{a}+\boldsymbol{b}}$$

が成り立ちます.

一般には，T と S の順序は重要です．T を先に行って，その後に S を行う変換が $S \circ T$ です.

$$\mathrm{P} \overset{T}{\longmapsto} T(\mathrm{P}) \overset{S}{\longmapsto} S(T(\mathrm{P}))$$

T の逆変換を T^{-1} で表します．恒等変換を 1 で表すとき $T \circ T^{-1} = T^{-1} \circ T = 1$ が成り立ちます.

例 1.9 回転 R_θ の逆変換は $R_{-\theta}$ です．平行移動 $T_{\boldsymbol{a}}$ の逆変換は $T_{-\boldsymbol{a}}$ です．鏡映 M の逆変換は M 自身になります．2 回行うと，元に戻るからです.

例 1.10 1 点 $\mathrm{P}(a,b)$ に関する角 θ の回転は，$\boldsymbol{a} = \begin{pmatrix} a \\ b \end{pmatrix}$ とおくとき

$$T_{\boldsymbol{a}} \circ R_\theta \circ T_{\boldsymbol{a}}{}^{-1}$$

と表すことができます.

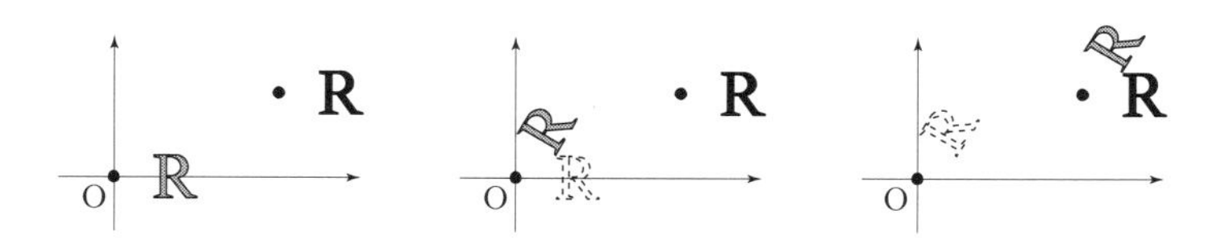

(1) $T_{\boldsymbol{a}}{}^{-1} = T_{-\boldsymbol{a}}$ で P を原点 O に平行移動.

(2) 原点に関して θ 回転.

(3) $T_{\boldsymbol{a}}$ で O を P に平行移動.

例 1.11　原点を通り x 軸となす角が θ の直線 l_θ に関する鏡映 M_θ は

$$M_\theta = R_\theta \circ M \circ {R_\theta}^{-1}$$

と表すことができます.

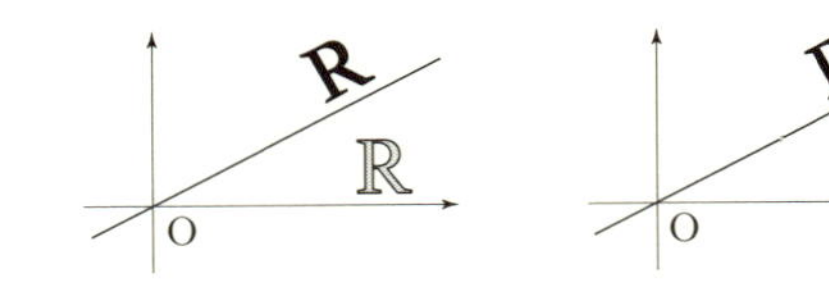

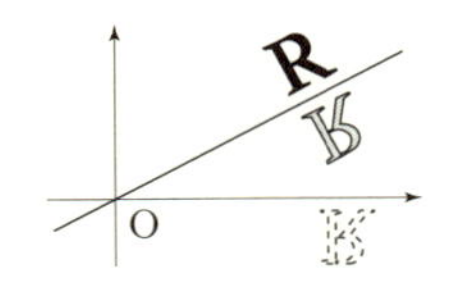

(1) ${R_\theta}^{-1} = R_{-\theta}$ で l_θ を x 軸に回転.

(2) x 軸に関して鏡映.

(3) R_θ で x 軸を l_θ に回転.

例 1.12　さらに, ベクトル $\boldsymbol{a}$ に対して, l_θ を $\boldsymbol{a}$ だけ平行移動した直線 $T_{\boldsymbol{a}}(l_\theta)$ に関する鏡映は

$$T_{\boldsymbol{a}} \circ M_\theta \circ {T_{\boldsymbol{a}}}^{-1}$$

と表すことができます.

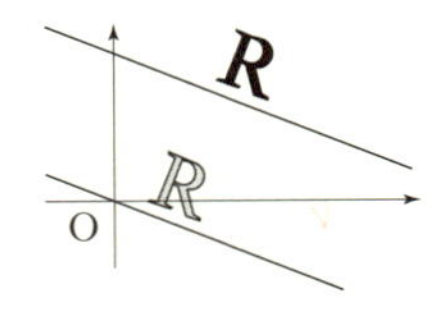

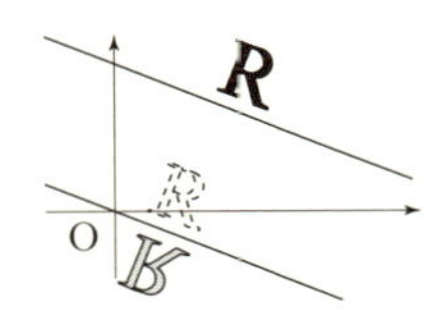

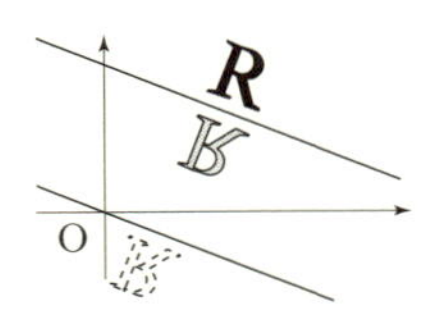

(1) ${T_{\boldsymbol{a}}}^{-1} = T_{-\boldsymbol{a}}$ で $T_{\boldsymbol{a}}(l_\theta)$ を l_θ に平行移動.

(2) l_θ に関して鏡映.

(3) $T_{\boldsymbol{a}}$ で l_θ を $T_{\boldsymbol{a}}(l_\theta)$ に平行移動.

例 1.13　x 軸に関する対称移動 M と, $\boldsymbol{a} = \begin{pmatrix} a \\ 0 \end{pmatrix}$ とおくときの x 軸方向の平行移動 $T_{\boldsymbol{a}}$ の合成変換は, 新しいタイプの合同変換で**滑り鏡映**といいま

す．どちらを先に行っても，同じものになり $T_{\boldsymbol{a}} \circ M = M \circ T_{\boldsymbol{a}}$ と表すことができます．まっすぐに歩くときにつく足跡の右足跡と左足跡の関係を与える変換です．点 $\mathrm{P}(x, y)$ の移動先を $\mathrm{P}'(x', y')$ とおくと

$$\begin{cases} x' = x + a \\ y' = -y \end{cases}$$

です．これを行列とベクトルの積とベクトルの和で表すことができます．

$$\begin{pmatrix} x' \\ y' \end{pmatrix} = \begin{pmatrix} 1 & 0 \\ 0 & -1 \end{pmatrix} \begin{pmatrix} x \\ y \end{pmatrix} + \begin{pmatrix} a \\ 0 \end{pmatrix}$$

となります．

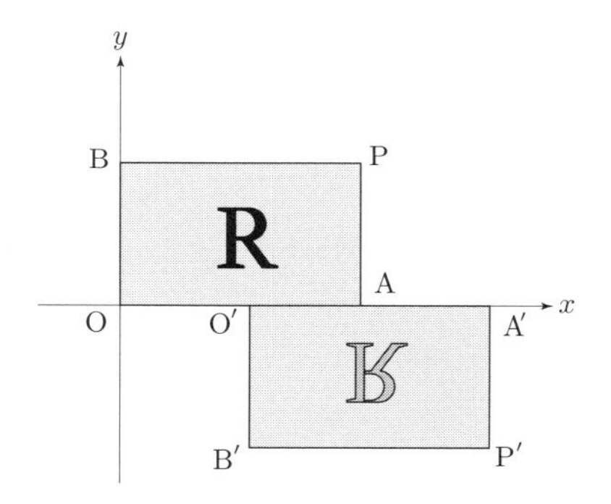

1.4　空間の合同変換

ユークリッド空間でも，任意の 2 点間の距離を変えない変換を**合同変換**といいます．空間の 3 つの座標のうち，2 つ，たとえば，x, y 座標に平面の合同変換を行い，残り，たとえば z 座標を変化させなければ，空間の合同変換が得られます．

例 1.14　xy 平面の回転からは z 軸に関する角 θ の**回転** R_θ^z が得られます．同様に，yz 平面，zx 平面の回転からはそれぞれ x 軸，y 軸に関する回転 R_θ^x, R_θ^y が得られます．それぞれ，3 次元ベクトルで表すと

$$R_\theta^z \begin{pmatrix} x \\ y \\ z \end{pmatrix} = \begin{pmatrix} \cos\theta & -\sin\theta & 0 \\ \sin\theta & \cos\theta & 0 \\ 0 & 0 & 1 \end{pmatrix} \begin{pmatrix} x \\ y \\ z \end{pmatrix}$$

$$R_\theta^x \begin{pmatrix} x \\ y \\ z \end{pmatrix} = \begin{pmatrix} 1 & 0 & 0 \\ 0 & \cos\theta & -\sin\theta \\ 0 & \sin\theta & \cos\theta \end{pmatrix} \begin{pmatrix} x \\ y \\ z \end{pmatrix}$$

$$R_\theta^y \begin{pmatrix} x \\ y \\ z \end{pmatrix} = \begin{pmatrix} \cos\theta & 0 & \sin\theta \\ 0 & 1 & 0 \\ -\sin\theta & 0 & \cos\theta \end{pmatrix} \begin{pmatrix} x \\ y \\ z \end{pmatrix}$$

となります.

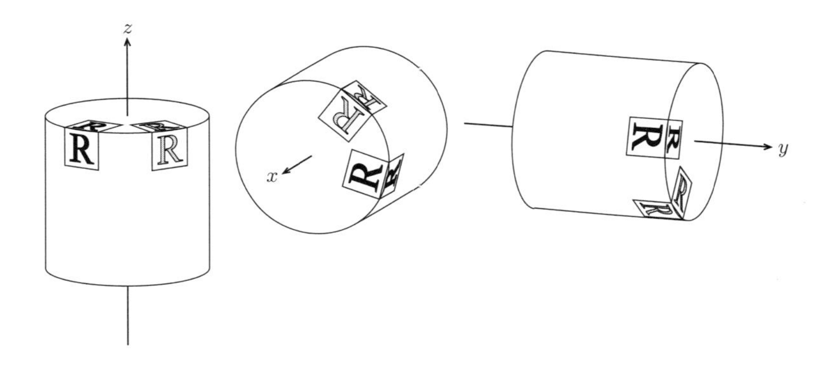

例 1.15　**平行移動**は平面の場合とまったく同じです．3 次元ベクトル $\boldsymbol{a}$ にたいし，$\boldsymbol{a}$ による平行移動 $T_{\boldsymbol{a}}$ は

$$T_{\boldsymbol{a}} \begin{pmatrix} x \\ y \\ z \end{pmatrix} = \begin{pmatrix} x \\ y \\ z \end{pmatrix} + \boldsymbol{a}$$

と表されます.

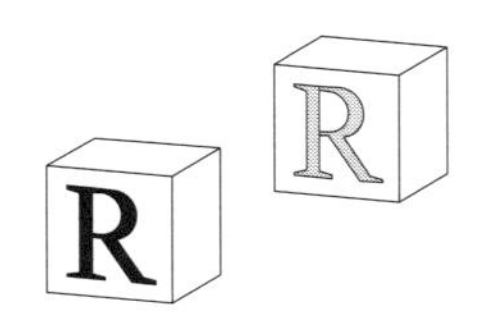

例 1.16　空間の**鏡映**も平面の鏡映から導かれるものです．xy 平面の x 軸に関する鏡映から導かれる空間の鏡映は x, z 座標を変えず，y 座標だけ -1 倍するものです．したがって，zx 平面に関する対称変換になります．M^{zx}

と記し，zx 平面に関する鏡映といいます．平面の場合とまったく同じです．M^{xy}, M^{yz} も同様です．

$$M^{zx}\begin{pmatrix} x \\ y \\ z \end{pmatrix} = \begin{pmatrix} x \\ -y \\ z \end{pmatrix}$$

$$M^{xy}\begin{pmatrix} x \\ y \\ z \end{pmatrix} = \begin{pmatrix} x \\ y \\ -z \end{pmatrix}$$

$$M^{yz}\begin{pmatrix} x \\ y \\ z \end{pmatrix} = \begin{pmatrix} -x \\ y \\ z \end{pmatrix}$$

が成り立ちます．

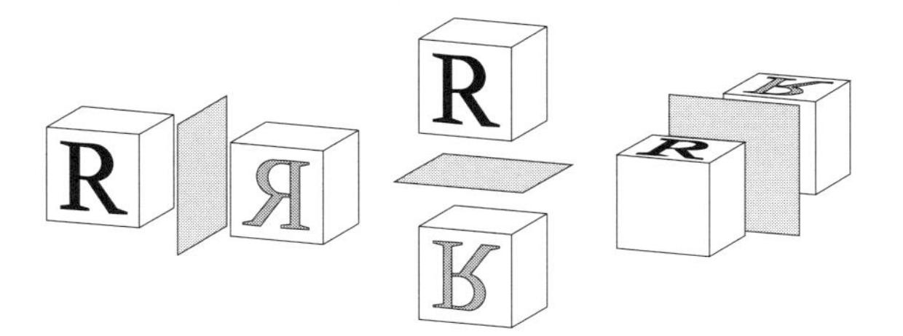

例 1.17 空間の点対称変換は平面の合同変換から導かれません．**反転**といわれ，$\bar{I}$ で表します．式は簡単です．

$$\bar{I}\begin{pmatrix} x \\ y \\ z \end{pmatrix} = \begin{pmatrix} -x \\ -y \\ -z \end{pmatrix}$$

演習問題

1.1　4 点 $A(0,-2,-2)$, $B(4,1,3)$, $C(1,5,-2)$, $D(-3,2,3)$ について，次の問に答えなさい．

(1)　線分 AB, BC, CD, DA の長さを求めなさい．

(2)　$\angle ABC, \angle BCD, \angle CDA, \angle DAB$ の大きさを求めなさい．

(3)　立体 ABCD は何ですか．

1.2 (1)　平面において，原点に関する 45° の回転を表す行列を求めなさい．

(2)　(1) の回転でベクトル $\begin{pmatrix} 2 \\ 1 \end{pmatrix}$ は何に移されるか求めなさい．

1.3 R_1, R_2, R_3 を平面の回転で，

(i)　R_1：回転の中心 原点 O，回転角 60°

(ii)　R_2：回転の中心 $P(1,0)$，回転角 60°

(iii)　R_3：回転の中心 $P(1,0)$，回転角 -60°

とするとき，合成変換 $R_2 \circ R_1$，$R_3 \circ R_1$，$R_2 \circ R_1 \circ R_3$ はそれぞれどのような合同変換であるか求めなさい．

1.4 空間で z 軸に関する 90° の回転を R_1，同じく x 軸に関する 90° の回転を R_2 とします．

(1)　R_1 は基本ベクトル $\boldsymbol{e}_1, \boldsymbol{e}_2, \boldsymbol{e}_3$ を何に移すか求めなさい．また，R_2 についても，同じことをしなさい．

(2)　R_1, R_2 はベクトル $\begin{pmatrix} 1 \\ 1 \\ 1 \end{pmatrix}$ をそれぞれ何に移すか求めなさい．

第 2 章

合同変換の分類

《目標＆ポイント》ユークリッド空間の合同変換にはどのようなものがあるでしょうか．鏡映，回転，平行移動などさまざまなものがありますが，それらはすべて，鏡映を合成することで得られます．この事実を使うと合同変換の分類ができます．

《キーワード》鏡映，回転，平行移動，写像の合成，螺旋運動

2.1　鏡映

空間における一般の平面 H は，式により

$$H = \{\mathrm{P}(x, y, z) \mid a\,x + b\,y + c\,z = d\}$$

と表されます．ここで，必要ならば，両辺に -1 を掛けて，$d \geqq 0$ とすることができます．

例 2.1　$\mathrm{A}(1, 0, 0), \mathrm{B}(0, 1, 0), \mathrm{C}(0, 0, 1)$ を通る平面は $x + y + z = 1$ で表すことができます．

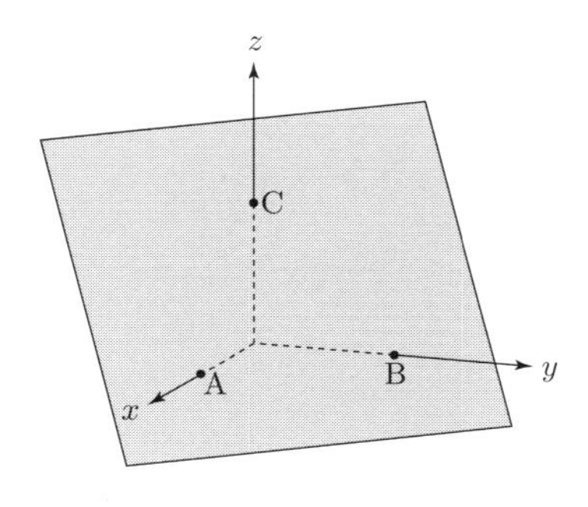

(上の) H を表す式をベクトルで表すと

$$\boldsymbol{a}\cdot\boldsymbol{x} = d \quad \text{ただし} \quad \boldsymbol{a} = \begin{pmatrix} a \\ b \\ c \end{pmatrix},\ \boldsymbol{x} = \begin{pmatrix} x \\ y \\ z \end{pmatrix}$$

となります．この表し方をよく見ると平面 H は $\boldsymbol{a}$ と垂直で，$\dfrac{d}{\boldsymbol{a}\cdot\boldsymbol{a}}\boldsymbol{a}$ を通り，原点との距離は $\dfrac{d}{\|\boldsymbol{a}\|}$ であることがわかります．実際，H の 2 点 $\boldsymbol{x}, \boldsymbol{y}$ に対し，H に含まれるベクトル $\boldsymbol{u} = \boldsymbol{y} - \boldsymbol{x}$ は $\boldsymbol{a}\cdot\boldsymbol{u} = \boldsymbol{a}\cdot(\boldsymbol{y}-\boldsymbol{x}) = 0$ を満たします．

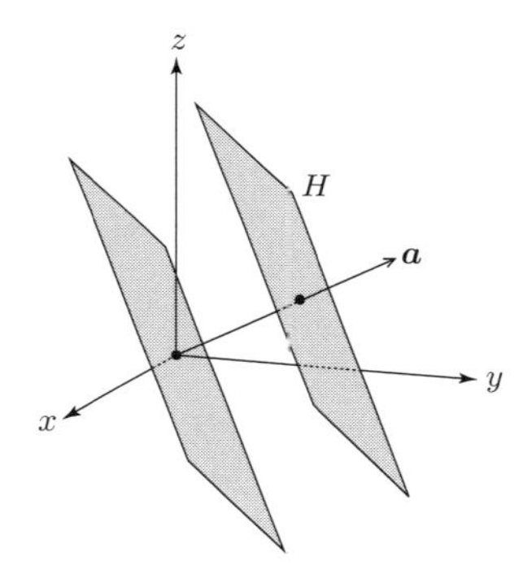

定理 2.2　H に関する鏡映 m_H は

$$m_H(\boldsymbol{x}) = \boldsymbol{x} - \frac{2\,\boldsymbol{a}\cdot\boldsymbol{x} - 2\,d}{\boldsymbol{a}\cdot\boldsymbol{a}}\,\boldsymbol{a} \tag{2.1}$$

で与えられます．

証明． $\boldsymbol{x}$ の表す点と $m_H(\boldsymbol{x})$ の表す点は H に関して対称な位置にありますから，その差は H に垂直なベクトルで表されます．したがって，$\boldsymbol{a}$ のスカラー倍です．そこで，$m_H(\boldsymbol{x}) = \boldsymbol{x} - t\,\boldsymbol{a}$ とおき，t を求めます．

$\boldsymbol{x}$ と $m_H(\boldsymbol{x})$ の中点は H 上にありますから

$$\boldsymbol{a}\cdot\frac{1}{2}\,(\boldsymbol{x} + m_H(\boldsymbol{x}))\cdot\boldsymbol{a} = d$$

この式に (2.1) 式を代入すると

$$\frac{1}{2}\,\boldsymbol{a}\cdot(\boldsymbol{x} + \boldsymbol{x} - t\,\boldsymbol{a}) = d$$

よって

$$2\,\boldsymbol{a}\cdot\boldsymbol{x} - t\,\boldsymbol{a}\cdot\boldsymbol{a} = 2\,d$$

したがって，$t = \dfrac{2\,\boldsymbol{a}\cdot\boldsymbol{x} - 2\,d}{\boldsymbol{a}\cdot\boldsymbol{a}}$ となります．　□

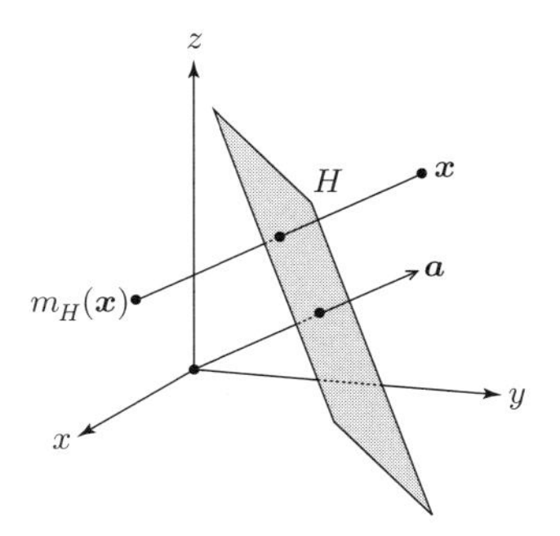

例 2.3　平面 $x+y+z=1$ に関する鏡映は

$$\boldsymbol{x}-\frac{2\,\boldsymbol{a}\cdot\boldsymbol{x}-2\,d}{\boldsymbol{a}\cdot\boldsymbol{a}}\,\boldsymbol{a}=\begin{pmatrix} x \\ y \\ z \end{pmatrix}-\frac{2\,(x+y+z)-2}{3}\begin{pmatrix} 1 \\ 1 \\ 1 \end{pmatrix}$$

$$=\frac{1}{3}\begin{pmatrix} x-2\,y-2\,z+2 \\ -2\,x+y-2\,z+2 \\ -2\,x-2\,y+z+2 \end{pmatrix}$$

$$=\begin{pmatrix} \frac{1}{3} & -\frac{2}{3} & -\frac{2}{3} \\ -\frac{2}{3} & \frac{1}{3} & -\frac{2}{3} \\ -\frac{2}{3} & -\frac{2}{3} & \frac{1}{3} \end{pmatrix}\begin{pmatrix} x \\ y \\ x \end{pmatrix}+\begin{pmatrix} \frac{2}{3} \\ \frac{2}{3} \\ \frac{2}{3} \end{pmatrix}$$

と表されます．

2.2　2 つの鏡映の合成

この節では空間における 2 つの鏡映の合成を調べますが，その準備として，まず，平面上の 2 つの鏡映の合成を調べましょう．

m_1, m_2 を平面上の 2 つの鏡映とし，それぞれの対称軸を l_1, l_2 とします．平面における 2 つの直線の位置関係は 2 通りで，平行であるか，ある点で交わるかです．交わるときは交角を θ とします．$0<\theta \leqq 90°$ です．

定理 2.4 l_1, l_2 が平行なとき，合成変換 $m_2 \circ m_1$ は平行移動です．移動ベクトルは l_1, l_2 に垂直で，l_1 から l_2 の方向で，移動距離は 2 つの対称軸の間隔の 2 倍です．

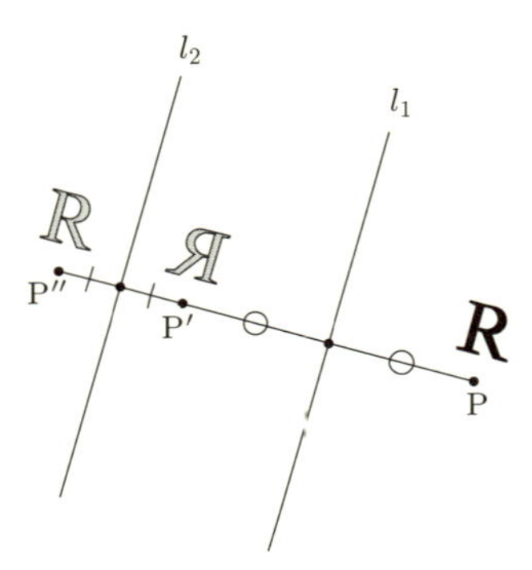

証明. l_1, l_2 の間隔を d とします．点 P を m_1 で移動した先を P′，P′ を m_2 で移動した先を P″ とします．すると，P, P′, P″ は l_1, l_2 と垂直な直線上にあり，つねに $\mathrm{PP}'' = 2d$ です．

したがって，$m_2 \circ m_1$ は平行移動です．　□

系 2.5 l_1, l_2, l_1', l_2' を平行 4 直線で，l_1, l_2 と l_1', l_2' は (順序もこめて) 等間隔とします．対応する鏡映を m_1, m_2, m_1', m_2' とするとき，$m_2 \circ m_1 = m_2' \circ m_1'$ が成り立ちます．

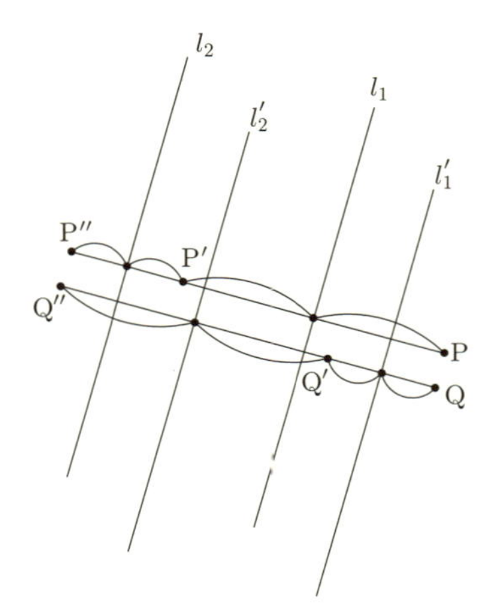

定理 2.6　l_1, l_2 が交わるとき，交点を P，交わる角度を θ とします．そのとき，合成変換 $m_2 \circ m_1$ は P に関する回転角 2θ の回転です．回転方向は l_1 から l_2 の方向です．l_1, l_2 が直交するときだけ $m_2 \circ m_1 = m_1 \circ m_2$ が成り立ちます．

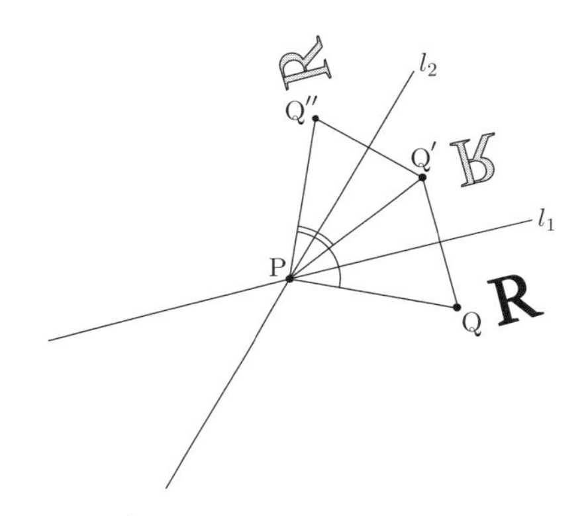

証明.　点 P は m_1 でも m_2 でも不動です．Q を m_1 で移動した先を Q′，Q′ を m_2 で移動した先を Q″ とします．すると，PQ = PQ′ = PQ″ で，つねに $\angle \mathrm{QPQ}'' = 2\theta$ です．

したがって，$m_2 \circ m_1$ は角 2θ の回転です．□

系 2.7　l_1, l_2, l'_1, l'_2 は 1 点を通る 4 直線で，l_1, l_2 と l'_1, l'_2 は (順序もこめて) 等角度とします．対応する鏡映を m_1, m_2, m'_1, m'_2 とするとき，$m_2 \circ m_1 = m'_2 \circ m'_1$ が成り立ちます．

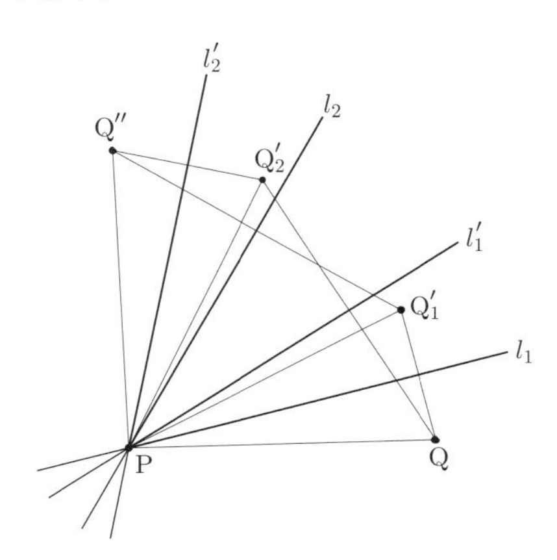

これらの事実を利用して，空間における 2 つの鏡映の合成を調べましょう．m_1, m_2 を 2 つの鏡映とし，それぞれの対称面を H_1, H_2 とします．空間における 2 つの平面の位置関係は 2 通りで，平行であるか，ある直線で交わるかです．交わるときは交わる角度を θ とします．$0 < \theta \leqq 90°$ です．

定理 2.8 H_1, H_2 が平行なとき，合成変換 $m_2 \circ m_1$ は平行移動です．移動ベクトルは H_1, H_2 に垂直で，H_1 から H_2 の方向で，移動距離は 2 つの平面の間隔の 2 倍です．

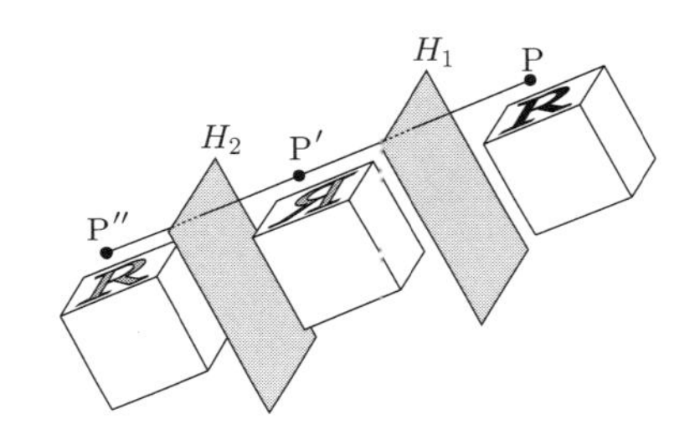

証明. H_1, H_2 の間隔を d とします．点 P を m_1 で移動した先を P′，P′ を m_2 で移動した先を P″ とします．すると，P, P′, P″ は H_1, H_2 と垂直な直線上にあり，つねに $\mathrm{PP}'' = 2d$ です．したがって，$m_2 \circ m_1$ は平行移動です． □

系 2.9 H_1, H_2, H_1', H_2' を平行 4 平面で，H_1, H_2 と H_1', H_2' は (順序もこめて) 等間隔とします．対応する鏡映を m_1, m_2, m_1', m_2' とするとき，$m_2 \circ m_1 = m_2' \circ m_1'$ が成り立ちます．

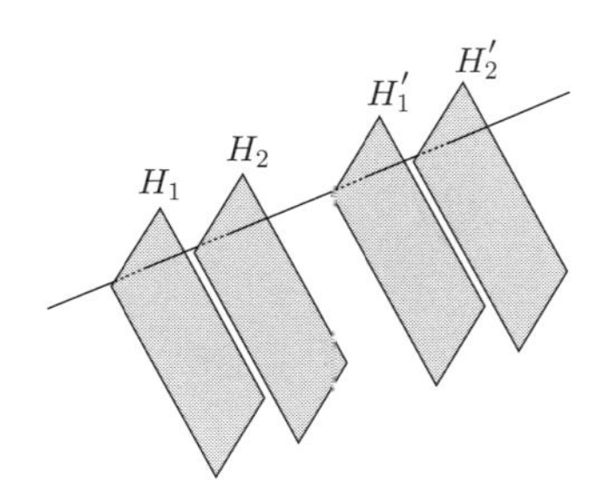

平行移動を鏡映の合成で表すとき，2 つの鏡映面は，間隔を保ったまま自由に平行移動することができます．

定理 2.10　H_1, H_2 が交わるとき，交わる直線を l，交わる角度を θ とします．そのとき，合成変換 $m_2 \circ m_1$ は l に関する回転角 2θ の回転です．回転方向は H_1 から H_2 の方向です．H_1, H_2 が直交するときだけ $m_2 \circ m_1 = m_1 \circ m_2$ が成り立ちます．

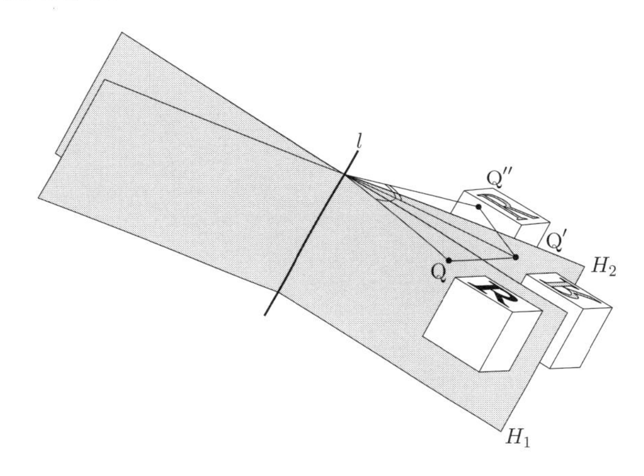

証明． l に垂直な平面を 1 つ選び V とします．V は H_1 に含まれる直線 l と垂直ですから，H_1 と垂直です．したがって，m_1 は V 上の変換を定めます．すなわち，V の点 Q に対し，$\mathrm{Q}' = m_1(\mathrm{Q})$ も V 上にあり，V と H_1 の交線に関して対称です．

H_2 と m_2 に関しても同様で，$\mathrm{Q}'' = m_2(\mathrm{Q}')$ とおくと，Q$'$ も Q$''$ も V 上にあり，それらは V と H_2 の交線に関して対称です．すると，平面上の鏡映の合成の結果 (定理 2.6) から，$m_2 \circ m_1$ は V 上の角 2θ の回転を定めます．

どの V に対しても，同じ角の回転を定めますから，空間全体では l を軸とする角 2θ の回転を定めます．　□

系 2.11　H_1, H_2, H_1', H_2' は 1 直線で交わる 4 平面で，H_1, H_2 と H_1', H_2' は (順序もこめて) 等角度とします．対応する鏡映を m_1, m_2, m_1', m_2' とするとき，$m_2 \circ m_1 = m_2' \circ m_1'$ が成り立ちます．

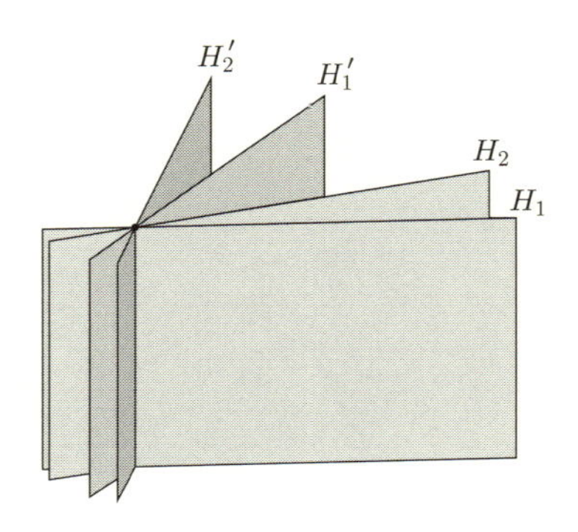

回転を鏡映の合成で表すとき，2 つの鏡映面は，互いの角度を保ったまま軸のまわりを自由に回転することができます．

2.3　合同変換の分類

3 つ以上の鏡映の合成にはどのようなものがあるでしょう．

例 2.12　交わる 2 平面 H_1, H_2 とそれらに直交する平面 H_3 に対して，3 つの鏡映を m_1, m_2, m_3 とします．合成変換 $m_3 \circ m_2 \circ m_1$ は回転移動とその軸に垂直な平面による鏡映を続けて行ったものです．この変換を**回転鏡映**といいます．

$m_3 \circ m_2 \circ m_1 = m_2 \circ m_3 \circ m_1 = m_2 \circ m_1 \circ m_3$ が成り立ちます．

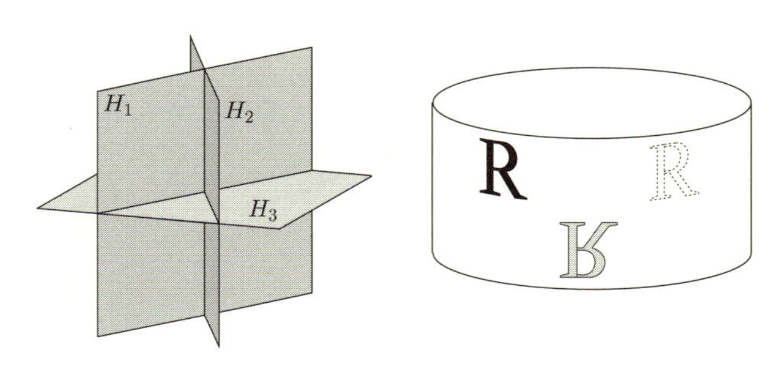

例 2.13 平行 2 平面 H_1, H_2 とそれらに直交する平面 H_3 に対して，3 つの鏡映を m_1, m_2, m_3 とします．合成変換 $m_3 \circ m_2 \circ m_1$ は平行移動とその移動ベクトルに平行な平面による鏡映を続けて行ったものです．この変換を，平面の場合と同様に，**滑り鏡映**といいます．

$m_3 \circ m_2 \circ m_1 = m_2 \circ m_3 \circ m_1 = m_2 \circ m_1 \circ m_3$ が成り立ちます．

定理 2.14 3 つの鏡映の合成で表される合同変換は，回転鏡映かすべり鏡映です．

証明． 3 つの鏡映を m_1, m_2, m_3 とし，それぞれの鏡映面を H_1, H_2, H_3 とします．合成変換 $m_3 \circ m_2 \circ m_1$ について調べましょう．

3 平面が平行のとき，はじめの 2 つの合成 $m_2 \circ m_1$ は平行移動になります．H_1, H_2 を間隔を保って平行移動したものを H'_1, H'_2 とします．合成すると $m'_2 \circ m'_1 = m_2 \circ m_1$ で変わりません．ここで，H_2 と H_3 は平行ですから，$H'_2 = H_3$(よって $m'_2 = m_3$) とすることができます．このとき，$m_3 \circ m_2 \circ m_1 = m_3 \circ (m'_2 \circ m'_1) = (m_3 \circ m'_2) \circ m'_1 = m'_1$ で，合成は 1 つの鏡映になります．

H_1 と H_2 が平行でないとき，交わる直線を l とします．合成 $m_2 \circ m_1$ は l を軸とする回転になります．このとき，H_1, H_2 をたがいの角度を保ったまま l を軸として回転したものを H'_1, H'_2 とします．合成すると $m'_2 \circ m'_1 = m_2 \circ m_1$ で変わりません．ある角度で回転して H'_2 が H_3 と垂直になるようにできます．

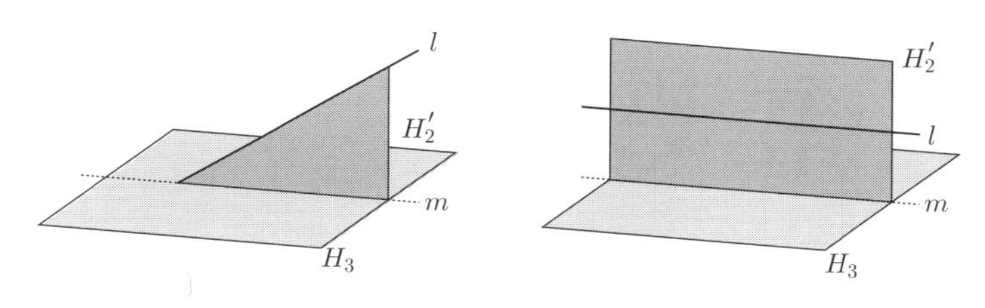

このとき，H_2' と H_3 の交線を m とします．$m_3 \circ m_2'$ は m を軸とする $180°$ 回転になります．さらに，m を軸として，H_2', H_3 を回転したものを H_2'', H_3' とします．このとき，H_2'' が H_1' と垂直になるようにできます．このようにして得られた，あらたな H_1', H_2'', H_3' は，H_1' と H_2'' が垂直で H_2'' と H_3' も垂直です．そして，あらたな合成変換 $m_3' \circ m_2'' \circ m_1' = (m_3' \circ m_2'') \circ m_1' = (m_3 \circ m_2') \circ m_1' = m_3 \circ (m_2' \circ m_1') = m_3 \circ (m_2 \circ m_1)$ は，もとの $m_3 \circ m_2 \circ m_1$ と変わりません．

はじめに H_2 と H_3 が平行でないときも，同様の議論で，同じ条件を満たすあらたな H_1', H_2'', H_3' を得ることができます．

H_1' と H_3' の関係は定まりません．H_1' と H_3' が平行でないとき $m_3' \circ m_2'' \circ m_1' = m_3' \circ m_1' \circ m_2'' = m_2'' \circ m_3' \circ m_1'$ で，これは H_1' と H_3' の交線を軸とする回転鏡映です．

H_1' と H_3' が平行のときも，同じ式に成り立ちますが，得られたものは H_2'' を鏡映面とし，$m_3' \circ m_1'$ を平行移動とする滑り鏡映です．　□

例 2.15　交わる 2 平面 H_1, H_2 とそれらに直交する平行 2 平面 H_3, H_4 に対して，4 つの鏡映を m_1, m_2, m_3, m_4 とします．

合成変換 $m_4 \circ m_3 \circ m_2 \circ m_1$ は，回転移動と回転軸に平行な移動ベクトルによる平行移動を続けて行ったものです．この変換を**螺旋** (らせん) **運動**といいます．

$$
\begin{aligned}
& m_4 \circ m_3 \circ m_2 \circ m_1 = m_4 \circ m_2 \circ m_3 \circ m_1 = m_4 \circ m_2 \circ m_1 \circ m_3 \\
=& m_2 \circ m_4 \circ m_3 \circ m_1 = m_2 \circ m_4 \circ m_1 \circ m_3 = m_2 \circ m_1 \circ m_4 \circ m_3
\end{aligned}
$$

が成り立ちます．

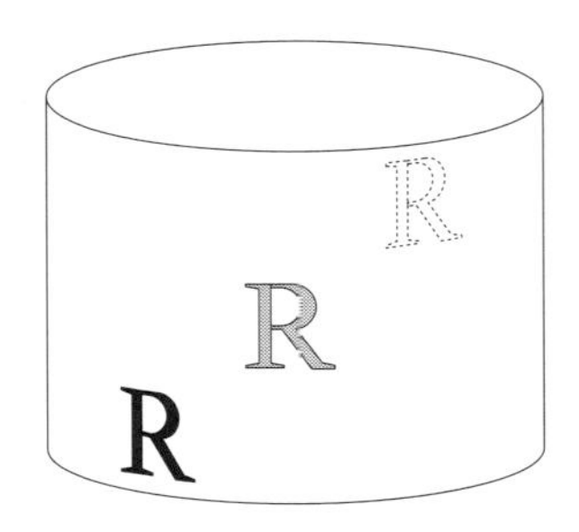

定理 2.16　4 つの鏡映の合成で表される合同変換は螺旋運動です．

証明. 4 つの鏡映を m_1, m_2, m_3, m_4 とし，それぞれの鏡映面を H_1, H_2, H_3, H_4 とします．合成変換 $m_4 \circ m_3 \circ m_2 \circ m_1$ について調べましょう．

2 つの鏡映の合成は回転か平行移動です．したがって，2 つの，回転または平行移動を合成したものについて示せば十分です．2 つの平行移動の場合は，その合成はまた平行移動になりますから，2 つの鏡映の合成になります．したがって，回転と平行移動の場合と回転 2 つの場合について示せば十分です．

まず，回転と平行移動の場合について示します．どちらが先でも，議論は同様です．回転を $R = m_2 \circ m_1$ とし，平行移動を $T = m_4 \circ m_3$ とします．

合成変換 $T \circ R = m_4 \circ m_3 \circ m_2 \circ m_1$ を調べましょう．

T の移動ベクトルを $\boldsymbol{a}$ とします．$T = T_{\boldsymbol{a}}$ です．$\boldsymbol{a}$ を R の回転軸の方向 $\boldsymbol{a}^{\parallel}$ と回転軸に垂直な方向 $\boldsymbol{a}^{\perp}$ の和に分けます．$\boldsymbol{a} = \boldsymbol{a}^{\parallel} + \boldsymbol{a}^{\perp}$．すると，$T_{\boldsymbol{a}} = T_{\boldsymbol{a}^{\parallel}} \circ T_{\boldsymbol{a}^{\perp}}$ です．$T_{\boldsymbol{a}^{\perp}}$ を鏡映の合成 $m_2' \circ m_1'$ で表し，対応する平面を H_1', H_2' とします．このとき，これらは回転軸 l と平行ですから，H_1' は l を含むように選べます．また，H_1, H_2 を，l を軸にして回転して，$H_2 = H_1'$ と選びなおすことができます．その結果，$m_1' = m_2$ となり，$T_{\boldsymbol{a}^{\perp}} \circ R = m_2' \circ m_1' \circ m_2 \circ m_1 = m_2' \circ m_1$ が成り立ちます．これはもとの l と平行な軸をもつ回転です．そこで $R' = m_2' \circ m_1$ とおくと，$T \circ R = T_{\boldsymbol{a}^{\parallel}} \circ T_{\boldsymbol{a}^{\perp}} \circ R = T_{\boldsymbol{a}^{\parallel}} \circ R'$ となります．$\boldsymbol{a}^{\parallel}$ と R' の軸は平行ですから，もとの合成変換 $T \circ R$ は螺旋運動です．

次に，回転 2 つの場合は前の場合に帰着できることを示します．2 つの回転を $R = m_2 \circ m_1, R' = m_4 \circ m_3$ とし，それぞれの軸を l, l' とおきます．2 直線の位置関係，一致，交わる，平行，ねじれのいずれであっても，l を含む平面 H，l' を含む平面 H' で平行なもの (一致も可) が存在します．H_1, H_2 を，l を軸にして回転して選びなおして $H_2 = H$ とすることができます．また，H_3, H_4 を，l' を軸にして回転して選びなおして $H_4 = H'$ とすることができます．

選びなおした H_1, H_2, H_3, H_4 に対し，あらたな m_1, m_2, m_3, m_4 は $R = m_2 \circ m_1, R' = m_4 \circ m_3$ で $R' \circ R = m_4 \circ m_3 \circ m_2 \circ m_1$ です．このとき，H_2 と H_4 は平行になっています．したがって，H_2 と H_3 は交わり，交線を l'' とすると，$R'' = m_3 \circ m_2$ は l'' を軸とする回転で，$R' \circ R = m_4 \circ m_3 \circ m_2 \circ m_1 = m_4 \circ R'' \circ m_1$ となります．l'' は $H_2 = H$ に含まれます．ここで，H_2, H_3 を，l'' を軸にして回転したものを H_2', H_3' として，$H_3' = H$ と

することができます．もちろん $R'' = m'_3 \circ m'_2$ です．ふたたび選びなおした H_1, H'_2, H'_3, H_4 において，こんどは H'_3 と H_4 は平行です．したがって，$T' = m_4 \circ m'_3$ は平行移動で，$R' \circ R = m_4 \circ R'' \circ m_1 = m_4 \circ m'_3 \circ m'_2 \circ m_1 = T' \circ (m'_2 \circ m_1)$ となり，前の場合に帰着できました． □

以上で，6 種類の合同変換が登場しました．実は，これですべてなのです．それらは鏡映の合成で表されます．その個数で分類しましょう．

一般に合同変換 T に対し，$T(\mathrm{P}) = \mathrm{P}$ となる点 P を T の**不動点**といいます．

個数	合同変換	不動点
1	鏡映	鏡映面
2	平行移動	なし
	回転	回転軸
3	滑り鏡映	なし
	回転鏡映	中心点
4	螺旋運動	なし

この表以外の合同変換がない，という保証は次の定理です．

定理 2.17　空間のすべての合同変換は 4 つ以下の鏡映の合成で表されます．

この定理の証明のために，次の補題を用意します．基準となる 4 点

$$\mathrm{A}_0(0,0,0),\ \mathrm{A}_1(1,0,0),\ \mathrm{A}_2(0,1,0),\ \mathrm{A}_3(0,0,1)$$

を定めます．

補題 2.18　合同変換 T で，条件 $T(\mathrm{A}_k) = \mathrm{A}_k$，$(k = 0,1,2,3)$ を満たすものは恒等変換だけです．

証明． 任意の点 $\mathrm{P}(x,y,z)$ に対し $T(\mathrm{P}) = \mathrm{P}'(x',y',z')$ とおき，$\mathrm{P} = \mathrm{P}'$ を示します．

T は合同変換で，$T(\mathrm{A}_k) = \mathrm{A}_k$，$T(\mathrm{P}) = \mathrm{P}'$ ですから，$\mathrm{A}_k\mathrm{P}^2 = \mathrm{A}_k\mathrm{P}'^2$ $(k = 0,1,2,3)$ が成り立ちます．座標で表すと

$$\begin{aligned} x^2 + y^2 + z^2 &= {x'}^2 + {y'}^2 + {z'}^2 \\ (x-1)^2 + y^2 + z^2 &= (x'-1)^2 + {y'}^2 + {z'}^2 \end{aligned}$$

$$x^2+(y-1)^2+z^2 = x'^2+(y'-1)^2+z'^2$$
$$x^2+y^2+(z-1)^2 = x'^2+y'^2+(z'-1)^2$$

したがって，$x=x', y=y', z=z'$ です． □

定理の証明． 空間の合同変換全体は集合をつくります．$\mathcal{G}$ で表します．

$$\mathcal{G}=\{T \mid T \text{ は空間の合同変換}\}$$

$\mathcal{G}_0=\mathcal{G}$ とおき，部分集合の列 $\mathcal{G}_0 \supset \mathcal{G}_1 \supset \mathcal{G}_2 \supset \mathcal{G}_3 \supset \mathcal{G}_4$ を次のように定めます．

$$\mathcal{G}_1=\{T \mid T \in \mathcal{G}_0, T(\mathrm{A}_0)=\mathrm{A}_0\}$$
$$\mathcal{G}_2=\{T \mid T \in \mathcal{G}_1, T(\mathrm{A}_1)=\mathrm{A}_1\}$$
$$\mathcal{G}_3=\{T \mid T \in \mathcal{G}_2, T(\mathrm{A}_2)=\mathrm{A}_2\}$$
$$\mathcal{G}_4=\{T \mid T \in \mathcal{G}_3, T(\mathrm{A}_3)=\mathrm{A}_3\}$$

すなわち，$\mathcal{G}_k$ は空間の合同変換 T で，$T(\mathrm{A}_0)=\mathrm{A}_0,\ldots,T(\mathrm{A}_{k-1})=\mathrm{A}_{k-1}$ を満たすもののつくる集合です．

したがって，上の補題より $\mathcal{G}_4$ は恒等変換だけを含んでいます． □

ここで，次の補題を仮定します．

補題 2.19 $\mathcal{G}_{k-1}$ に属する合同変換 T で，$\mathcal{G}_k$ に属さないものに対し，鏡映 m_k で，合成変換 $m_k \circ T$ が $\mathcal{G}_k$ に属するようなものが存在します．

定理の証明 (続き)． たとえば，$T \notin \mathcal{G}_1$ とすると，鏡映 m_1 をうまく選んで，$m_1 \circ T \in \mathcal{G}_1$ とできます．さらに，$m_1 \circ T \notin \mathcal{G}_2$ とすると，鏡映 m_2 をうまく選んで，$m_2 \circ m_1 \circ T \in \mathcal{G}_2$ とできます．繰り返せば $m_4 \circ m_3 \circ m_2 \circ m_1 \circ T \in \mathcal{G}_4$ となりますが，これは $m_4 \circ m_3 \circ m_2 \circ m_1 \circ T$ が恒等変換で，T は $m_4 \circ m_3 \circ m_2 \circ m_1$ の逆変換になります．すなわち，$T=m_1 \circ m_2 \circ m_3 \circ m_4$ であることがわかります．

このとき，もし $m_1 \circ T \in \mathcal{G}_2$ であっても，$m_1 \circ T \notin \mathcal{G}_3$ であれば，鏡映 m_3 をうまく選んで，$m_3 \circ m_1 \circ T \in \mathcal{G}_3$ とでき，1 段階先に進めるわけです．その結果，より少ない個数の鏡映の合成になり，いつでも定理は成り立ちます．

□

補題の証明. T が $\mathcal{G}_{k-1}$ に属し，$\mathcal{G}_k$ に属さないとすると

$$T(\mathrm{A}_0) = \mathrm{A}_0, \ldots, T(\mathrm{A}_{k-2}) = \mathrm{A}_{k-2}, T(\mathrm{A}_{k-1}) \neq \mathrm{A}_{k-1}$$

が成り立ちます．ここで，$T(\mathrm{A}_{k-1})$ と A_{k-1} の垂直 2 等分面を H とおくと，H に関する鏡映 m_H は $m_H(T(\mathrm{A}_{k-1})) = \mathrm{A}_{k-1}$

すなわち $m_H \circ T(\mathrm{A}_{k-1}) = \mathrm{A}_{k-1}$ となります．

一方，$T(\mathrm{A}_0) = \mathrm{A}_0, \ldots, T(\mathrm{A}_{k-2}) = \mathrm{A}_{k-2}$ ですから

$$\mathrm{A}_0\mathrm{A}_{k-1} = \mathrm{A}_0T(\mathrm{A}_{k-1}), \ldots, \mathrm{A}_{k-2}\mathrm{A}_{k-1} = \mathrm{A}_{k-2}T(\mathrm{A}_{k-1})$$

が成り立ち，$\mathrm{A}_0, \ldots, \mathrm{A}_{k-2}$ は $T(\mathrm{A}_{k-1})$ と A_{k-1} の垂直 2 等分面に含まれます．したがって，$m_H(\mathrm{A}_0) = \mathrm{A}_0, \ldots, m_H(\mathrm{A}_{k-2}) = \mathrm{A}_{k-2}$

よって，$m_H \circ T(\mathrm{A}_0) = \mathrm{A}_0, \ldots, m_H \circ T(\mathrm{A}_{k-2}) = \mathrm{A}_{k-2}$ となります．

あわせて $m_H \circ T \in \mathcal{G}_k$ が示されました．　□

演習問題

2.1 式 $y=x$ で定義される平面を H_1，$z=y$ で定義される平面を H_2，$x+y+z=1$ で定義される平面を H_3 とします．

(1) H_1 と H_3，H_2 と H_3 は直交していることを確かめなさい．

(2) H_3 上の 3 点 $\mathrm{A}(1,0,0), \mathrm{B}(0,1,0), \mathrm{C}(0,0,1)$ は正三角形を定めています．この正三角形と H_1, H_2 の交わりは，正三角形の 2 中線であることを確かめなさい．

(3) H_1, H_2 のつくる角の大きさを求めなさい．

(4) H_1, H_2, H_3 の定める鏡映を m_1, m_2, m_3 とするとき，回転 $m_2 \circ m_1$，$m_3 \circ m_2$，$m_1 \circ m_3$ の軸と回転角を求めなさい．

2.2 直線 l_0 を x 軸，l_0 を z 軸に関して θ だけ回転して得られる直線を l_θ とします．

(1) l_0 に関する 180° 回転と，l_θ に関する 180° 回転を続けて行った合成変換は回転であることを示し，軸と回転角を求めなさい．

(2) さらに l_θ を z 方向に 1 だけ平行移動して得られる直線を l'_θ とおきます．l_0 に関する 180° 回転と，l'_θ に関する 180° 回転を続けて行った合成変換は何であるか求めなさい．

2.3 式 $x=-1$ で定義される平面を H_0，式 $y=x$ で定義される平面を H_1，式 $x=1$ で定義される平面を H_2 とします．3 平面の位置関係を図示しなさい．

対応する鏡映を m_0, m_1, m_2 とするとき，合成変換 $m_2 \circ m_1 \circ m_0$ は滑り鏡映です．鏡映面と移動ベクトルを求めなさい．

第 3 章

ベクトルと行列

《目標＆ポイント》合同変換は，ベクトルと行列を使って表すことができます．そのような行列はどんな特徴をもっているでしょうか．ベクトルと内積を用いて考えてみましょう．それらの行列には「標準形」があります．標準形を用いると回転角などを求めることができます．

《キーワード》行列，内積，外積，直交行列，回転行列

3.1 直交行列と合同変換

正方行列 A が**直交行列**であるとは，A が次の条件を満たすことをいいます．

$$ {}^tAA = I $$

ここに，${}^tA$ は A の転置行列を表し，I は A と同じサイズの単位行列を表します．

この定義を 3 行 3 列の行列の場合にあてはめてみましょう．以下の応用の便宜のため，3 行 3 列の行列 A を 3 つの縦ベクトル

$$ \boldsymbol{a} = \begin{pmatrix} a_1 \\ a_2 \\ a_3 \end{pmatrix}, \quad \boldsymbol{b} = \begin{pmatrix} b_1 \\ b_2 \\ b_3 \end{pmatrix}, \quad \boldsymbol{c} = \begin{pmatrix} c_1 \\ c_2 \\ c_3 \end{pmatrix} $$

を使って，$A = (\boldsymbol{a}\ \boldsymbol{b}\ \boldsymbol{c})$，すなわち

$$ A = \begin{pmatrix} a_1 & b_1 & c_1 \\ a_2 & b_2 & c_2 \\ a_3 & b_3 & c_3 \end{pmatrix} $$

と表すことにします．すると，直交行列の条件は

$$\begin{pmatrix} a_1 & a_2 & a_3 \\ b_1 & b_2 & b_3 \\ c_1 & c_2 & c_3 \end{pmatrix} \begin{pmatrix} a_1 & b_1 & c_1 \\ a_2 & b_2 & c_2 \\ a_3 & b_3 & c_3 \end{pmatrix} = \begin{pmatrix} 1 & 0 & 0 \\ 0 & 1 & 0 \\ 0 & 0 & 1 \end{pmatrix}$$

となります．左辺の行列の積を計算して右辺と比較すると，1 行 1 列の成分は

$$a_1a_1 + a_2a_2 + a_3a_3 = 1$$

1 行 2 列については

$$a_1b_1 + a_2b_2 + a_3b_3 = 0$$

これらをベクトルの内積で表すと，それぞれ

$$\boldsymbol{a}\cdot\boldsymbol{a} = 1, \qquad \boldsymbol{a}\cdot\boldsymbol{b} = 0$$

となります．同様に計算すると，

$$\boldsymbol{a}\cdot\boldsymbol{a} = 1,\ \ \boldsymbol{b}\cdot\boldsymbol{b} = 1,\ \ \boldsymbol{c}\cdot\boldsymbol{c} = 1 \tag{3.1}$$

$$\boldsymbol{a}\cdot\boldsymbol{b} = 0,\ \ \boldsymbol{a}\cdot\boldsymbol{c} = 0,\ \ \boldsymbol{b}\cdot\boldsymbol{c} = 0 \tag{3.2}$$

が得られます．これらの式は，3 つのベクトル $\boldsymbol{a}$, $\boldsymbol{b}$, $\boldsymbol{c}$ のそれぞれの長さが 1 で，お互いに直交していることを表しています．このことを簡単に，この 3 つのベクトルが**正規直交基底**をなしているといいます．

直交行列 $A = (\boldsymbol{a}\ \boldsymbol{b}\ \boldsymbol{c})$ の 3 つの列ベクトルは，正規直交基底をなしていることが分かりました．

直交行列 $A = (\boldsymbol{a}\ \boldsymbol{b}\ \boldsymbol{c})$ による線形変換

$$\boldsymbol{y} = A\boldsymbol{x}$$

を考えましょう．この変換によって，3 つの単位ベクトル

$$\boldsymbol{e_1} = \begin{pmatrix} 1 \\ 0 \\ 0 \end{pmatrix},\ \ \boldsymbol{e_2} = \begin{pmatrix} 0 \\ 1 \\ 0 \end{pmatrix},\ \ \boldsymbol{e_3} = \begin{pmatrix} 0 \\ 0 \\ 1 \end{pmatrix}$$

はそれぞれ，$\boldsymbol{a}$, $\boldsymbol{b}$, $\boldsymbol{c}$ にうつります．

すぐ分かるように，基本ベクトル $\boldsymbol{e_1}$, $\boldsymbol{e_2}$, $\boldsymbol{e_3}$ は正規直交基底をなしています．直交行列 A による線形変換は，正規直交基底を正規直交基底にうつします．このことから，**直交行列による線形変換はベクトルの内積を変えないこと**が分かります．実際，2 つのベクトル

$$\boldsymbol{x} = \begin{pmatrix} x_1 \\ x_2 \\ x_3 \end{pmatrix}, \quad \boldsymbol{y} = \begin{pmatrix} y_1 \\ y_2 \\ y_3 \end{pmatrix}$$

を考えます．これらは基本ベクトルを使って

$$\boldsymbol{x} = x_1\boldsymbol{e_1} + x_2\boldsymbol{e_2} + x_3\boldsymbol{e_3}$$
$$\boldsymbol{y} = y_1\boldsymbol{e_1} + y_2\boldsymbol{e_2} + y_3\boldsymbol{e_3}$$

と書けます．これらを直交行列 A による線形変換でうつすと

$$A\boldsymbol{x} = x_1\boldsymbol{a} + x_2\boldsymbol{b} + x_3\boldsymbol{c}$$
$$A\boldsymbol{y} = y_1\boldsymbol{a} + y_2\boldsymbol{b} + y_3\boldsymbol{c}$$

にうつります．(3.1), (3.2) を使って内積を計算すると

$$\begin{aligned} A\boldsymbol{x} \cdot A\boldsymbol{y} &= (x_1\boldsymbol{a} + x_2\boldsymbol{b} + x_3\boldsymbol{c}) \cdot (y_1\boldsymbol{a} + y_2\boldsymbol{b} + y_3\boldsymbol{c}) \\ &= x_1y_1 + x_2y_2 + x_3y_3 \\ &= \boldsymbol{x} \cdot \boldsymbol{y} \end{aligned}$$

となり，内積を変えないことが分かりました．

この逆も成り立ちます．次の定理がそうです．

定理 3.1　行列 A による線形変換がベクトルの内積を変えないとします．すなわち，任意のベクトル $\boldsymbol{x}$, $\boldsymbol{y}$ について，

$$A\boldsymbol{x} \cdot A\boldsymbol{y} = \boldsymbol{x} \cdot \boldsymbol{y} \tag{3.3}$$

が成り立つとします．そのとき，A は直交行列です．

証明.　一般の正方行列について成り立つ定理ですが，ここでは 3 行 3 列の行列 $A = (\boldsymbol{a}\ \boldsymbol{b}\ \boldsymbol{c})$ について証明しましょう．この行列による線形変換によって，単位ベクトル $\boldsymbol{e_1}$, $\boldsymbol{e_2}$, $\boldsymbol{e_3}$ は，それぞれ A の列ベクトル $\boldsymbol{a}$, $\boldsymbol{b}$, $\boldsymbol{c}$ にうつります．

条件 (3.3) を使って，$\boldsymbol{a}$, $\boldsymbol{b}$, $\boldsymbol{c}$ の内積を計算すると

$$\boldsymbol{a} \cdot \boldsymbol{a} = A\boldsymbol{e_1} \cdot A\boldsymbol{e_1} = \boldsymbol{e_1} \cdot \boldsymbol{e_1} = 1$$
$$\boldsymbol{a} \cdot \boldsymbol{b} = A\boldsymbol{e_1} \cdot A\boldsymbol{e_2} = \boldsymbol{e_1} \cdot \boldsymbol{e_2} = 0$$

となります．

同様にして，$\boldsymbol{b}\cdot\boldsymbol{b}=1$, $\boldsymbol{c}\cdot\boldsymbol{c}=1$, $\boldsymbol{a}\cdot\boldsymbol{c}=0$, $\boldsymbol{b}\cdot\boldsymbol{c}=0$ などが計算できます．これらの式は，行列 $A=(\boldsymbol{a}\ \boldsymbol{b}\ \boldsymbol{c})$ の 3 本の列ベクトルが正規直交基底をなしていることを示しています．したがって，行列 A は直交行列です． □

行列 A, B が直交行列であれば，それらから決まる線形変換は内積を変えません．したがって，それらの積 AB により決まる線形変換も内積を変えません．また，逆行列 A^{-1} により決まる線形変換も内積を変えません．このことと定理 3.1 により，A, B **が直交行列であれば，それらの積** AB **も逆行列** A^{-1} **も直交行列である**ことが分かります．

さて，行列 A による線形変換 $\boldsymbol{y}=A\boldsymbol{x}$ を，空間の点同士の変換と考えることもできます．すなわち，線形変換

$$\begin{pmatrix} y_1 \\ y_2 \\ y_3 \end{pmatrix} = A \begin{pmatrix} x_1 \\ x_2 \\ x_3 \end{pmatrix}$$

のことを，点 $\mathrm{P}(x_1, x_2, x_3)$ を点 $\mathrm{Q}(y_1, y_2, y_3)$ にうつす変換と思うことができます．

このようにして得られた空間の変換と線形変換 $\boldsymbol{y}=A\boldsymbol{x}$ を同一視しても問題ありませんが，空間の変換を線形変換と特に区別する場合は，T_A という記号を使い，**行列 A により引き起こされた変換**といいます．

定理 3.2 正方行列 A が直交行列ならば，A により引き起こされた変換 T_A は合同変換です．

証明． 予備的に，次のことを見ておきます．それは，**直交行列による線形変換はベクトルの長さを変えない**ということです．実際，ベクトルの長さ $\|\boldsymbol{x}\|$ は内積によって

$$\|\boldsymbol{x}\| = \sqrt{\boldsymbol{x}\cdot\boldsymbol{x}}$$

と表されます．直交行列 A による線形変換は内積を変えないので，ベクトルの長さも変えません．

$$\|A\boldsymbol{x}\| = \sqrt{A\boldsymbol{x}\cdot A\boldsymbol{x}} = \sqrt{\boldsymbol{x}\cdot\boldsymbol{x}} = \|\boldsymbol{x}\|$$

さて，変換 T_A が合同変換であることを証明するには，T_A が任意の 2 点間

の距離を変えないことを証明すればよいわけです．

任意の 2 点 $\mathrm{P}(x_1, x_2, x_3)$，$\mathrm{Q}(y_1, y_2, y_3)$ をとり，$\boldsymbol{x} = \overrightarrow{\mathrm{OP}}$，$\boldsymbol{y} = \overrightarrow{\mathrm{OQ}}$ とおきます．このとき，点 $T_A(\mathrm{P})$ と $T_A(\mathrm{Q})$ の位置ベクトルは，それぞれ $A\boldsymbol{x}$，$A\boldsymbol{y}$ となります．したがって，

$$
\begin{aligned}
T_A(\mathrm{P})T_A(\mathrm{Q}) &= \|A\boldsymbol{x} - A\boldsymbol{y}\| \\
&= \|A(\boldsymbol{x} - \boldsymbol{y})\| \\
&= \|\boldsymbol{x} - \boldsymbol{y}\| = \mathrm{PQ}
\end{aligned}
$$

これで，T_A が 2 点間の距離を変えないことが証明できたので，T_A が合同変換であることが分かりました．　□

合同変換は，ベクトルの長さと角度を変えません．したがって，内積を変えません．ですから，正方行列 A により引き起こされた変換 T_A が合同変換ならば，A は直交行列です．

注意　正方行列 A の行列式を $|A|$ または $\det A$ で表します．正方行列 A の転置行列 ${}^tA$ の行列式は A の行列式に等しいこと ($\det {}^tA = \det A$) が知られています．直交行列の定義 ${}^tAA = I$ により，$\det {}^tAA = \det {}^tA \det A = 1$．これと $\det {}^tA = \det A$ を合わせて

$$
(\det A)^2 = 1, \quad \text{すなわち}, \quad \det A = \pm 1
$$

直交行列の行列式は ± 1 です．とくに，$\det A = 1$ であるような直交行列を**回転行列**といいます．

3.2　ベクトルの外積

2 行 2 列の行列 $\begin{pmatrix} a & b \\ c & d \end{pmatrix}$ の行列式 $\begin{vmatrix} a & b \\ c & d \end{vmatrix}$ は次の式で定義されました．

$$
\begin{vmatrix} a & b \\ c & d \end{vmatrix} = ad - bc
$$

2 行 2 列の行列式を用いて，ベクトル $\boldsymbol{a} = \begin{pmatrix} a_1 \\ a_2 \\ a_3 \end{pmatrix}$ と $\boldsymbol{b} = \begin{pmatrix} b_1 \\ b_2 \\ b_3 \end{pmatrix}$ の外

積 $\boldsymbol{a} \times \boldsymbol{b}$ を

$$\boldsymbol{a} \times \boldsymbol{b} = \begin{pmatrix} \begin{vmatrix} a_2 & b_2 \\ a_3 & b_3 \end{vmatrix} \\ \\ \begin{vmatrix} a_3 & b_3 \\ a_1 & b_1 \end{vmatrix} \\ \\ \begin{vmatrix} a_1 & b_1 \\ a_2 & b_2 \end{vmatrix} \end{pmatrix} = \begin{pmatrix} a_2b_3 - a_3b_2 \\ a_3b_1 - a_1b_3 \\ a_1b_2 - a_2b_1 \end{pmatrix}$$

というベクトルとして定義します．

例 3.3　$\boldsymbol{a} = \begin{pmatrix} 1 \\ 1 \\ 0 \end{pmatrix}$ と $\boldsymbol{b} = \begin{pmatrix} 0 \\ 1 \\ 1 \end{pmatrix}$ の外積は

$$\boldsymbol{a} \times \boldsymbol{b} = \begin{pmatrix} 1 \cdot 1 - 0 \cdot 1 \\ 0 \cdot 0 - 1 \cdot 1 \\ 1 \cdot 1 - 1 \cdot 0 \end{pmatrix} = \begin{pmatrix} 1 \\ -1 \\ 1 \end{pmatrix}$$

となります．

この例では

$$(\boldsymbol{a} \times \boldsymbol{b}) \cdot \boldsymbol{a} = \begin{pmatrix} 1 \\ -1 \\ 1 \end{pmatrix} \cdot \begin{pmatrix} 1 \\ 1 \\ 0 \end{pmatrix} = 1 \cdot 1 + (-1) \cdot 1 + 1 \cdot 0 = 0$$

$$(\boldsymbol{a} \times \boldsymbol{b}) \cdot \boldsymbol{b} = \begin{pmatrix} 1 \\ -1 \\ 1 \end{pmatrix} \cdot \begin{pmatrix} 0 \\ 1 \\ 1 \end{pmatrix} = 1 \cdot 0 + (-1) \cdot 1 + 1 \cdot 1 = 0$$

ですから，$\boldsymbol{a} \times \boldsymbol{b}$ は $\boldsymbol{a}$ にも $\boldsymbol{b}$ にも直交するベクトルとなります．

このことは一般に成り立ちます．それを証明するために，まず次の公式を示しましょう．

$$(\boldsymbol{a} \times \boldsymbol{b}) \cdot \boldsymbol{c} = \det(\boldsymbol{a}\ \boldsymbol{b}\ \boldsymbol{c}) \tag{3.4}$$

証明.

$$(\boldsymbol{a}\times\boldsymbol{b})\cdot\boldsymbol{c}=\begin{pmatrix}\begin{vmatrix}a_2 & b_2\\ a_3 & b_3\end{vmatrix}\\ \begin{vmatrix}a_3 & b_3\\ a_1 & b_1\end{vmatrix}\\ \begin{vmatrix}a_1 & b_1\\ a_2 & b_2\end{vmatrix}\end{pmatrix}\cdot\begin{pmatrix}c_1\\ c_2\\ c_3\end{pmatrix}$$

$$=\begin{vmatrix}a_2 & b_2\\ a_3 & b_3\end{vmatrix}\cdot c_1+\begin{vmatrix}a_3 & b_3\\ a_1 & b_1\end{vmatrix}\cdot c_2+\begin{vmatrix}a_1 & b_1\\ a_2 & b_2\end{vmatrix}\cdot c_3$$

$$=(a_2b_3-a_3b_2)c_1+(a_3b_1-a_1b_3)c_2+(a_1b_2-a_2b_1)c_3$$

$$=\begin{vmatrix}a_1 & b_1 & c_1\\ a_2 & b_2 & c_2\\ a_3 & b_3 & c_3\end{vmatrix}=\det(\boldsymbol{a}\ \boldsymbol{b}\ \boldsymbol{c})\qquad\square$$

公式 (3.4) から，どんな $\boldsymbol{a},\boldsymbol{b}$ についても，$\boldsymbol{a}\times\boldsymbol{b}$ が $\boldsymbol{a}$ と $\boldsymbol{b}$ に直交するベクトルであることが分かります．

$$(\boldsymbol{a}\times\boldsymbol{b})\cdot\boldsymbol{a}=\det(\boldsymbol{a}\ \boldsymbol{b}\ \boldsymbol{a})=0$$
$$(\boldsymbol{a}\times\boldsymbol{b})\cdot\boldsymbol{b}=\det(\boldsymbol{a}\ \boldsymbol{b}\ \boldsymbol{b})=0$$

外積 $\boldsymbol{a}\times\boldsymbol{b}$ の長さについては，次の公式が成り立ちます．

$$\|\boldsymbol{a}\times\boldsymbol{b}\|=\|\boldsymbol{a}\|\ \|\boldsymbol{b}\|\ \sin\theta \tag{3.5}$$

右辺の θ はベクトル $\boldsymbol{a}$ と $\boldsymbol{b}$ のなす角で，$0\leqq\theta\leqq\pi$ の範囲にとっておきます．したがって，右辺の値はベクトル $\boldsymbol{a},\boldsymbol{b}$ のつくる平行四辺形の面積です．

証明.

$$\begin{aligned}\|\boldsymbol{a}\|^2\ \|\boldsymbol{b}\|^2\ \sin^2\theta&=\|\boldsymbol{a}\|^2\ \|\boldsymbol{b}\|^2(1-\cos^2\theta)\\&=\|\boldsymbol{a}\|^2\ \|\boldsymbol{b}\|^2\Big(1-\frac{(\boldsymbol{a}\cdot\boldsymbol{b})^2}{\|\boldsymbol{a}\|^2\ \|\boldsymbol{b}\|^2}\Big)\\&=\|\boldsymbol{a}\|^2\ \|\boldsymbol{b}\|^2-(\boldsymbol{a}\cdot\boldsymbol{b})^2\\&=(a_1^2+a_2^2+a_3^2)(b_1^2+b_2^2+b_3^2)-(a_1b_1+a_2b_2+a_3b_3)^2\end{aligned}$$

$$
\begin{aligned}
&= (a_1b_2 - a_2b_1)^2 + (a_2b_3 - a_3b_2)^2 + (a_3b_1 - a_1b_3)^2 \\
&= \begin{vmatrix} a_1 & b_1 \\ a_2 & b_2 \end{vmatrix}^2 + \begin{vmatrix} a_2 & b_2 \\ a_3 & b_3 \end{vmatrix}^2 + \begin{vmatrix} a_3 & b_3 \\ a_1 & b_1 \end{vmatrix}^2 \\
&= \|\boldsymbol{a} \times \boldsymbol{b}\|^2.
\end{aligned}
$$

両辺の平方根をとれば，求める公式 (3.5) が得られます． □

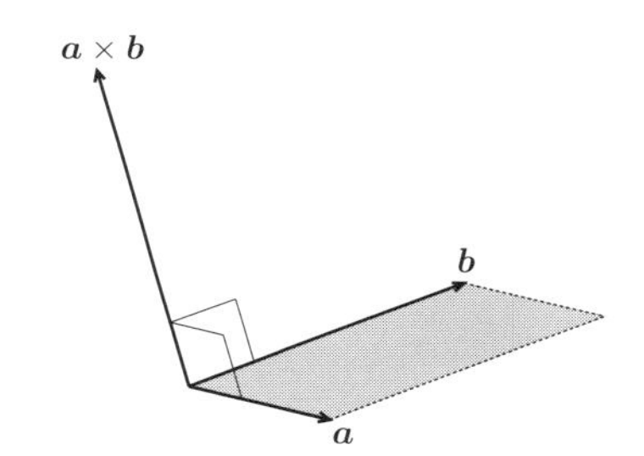

公式 (3.5) から次のことが分かります．

$\boldsymbol{a}$ と $\boldsymbol{b}$ について，一方が他方のスカラー倍でなければ，$\|\boldsymbol{a} \times \boldsymbol{b}\| > 0$ です． なぜなら，そのとき，$\|\boldsymbol{a}\| \neq 0$，$\|\boldsymbol{b}\| \neq 0$ であり，$0 < \theta < \pi$ であるからです．特に，$\boldsymbol{a}$ と $\boldsymbol{b}$ の長さが両方とも 1 で，かつ互いに直交していれば $(\theta = \pi/2)$，$\|\boldsymbol{a} \times \boldsymbol{b}\| = 1$ です．またこのとき，

$$\boldsymbol{a},\ \boldsymbol{b},\ \boldsymbol{a} \times \boldsymbol{b}$$

は正規直交基底になります．

$\boldsymbol{a}$, $\boldsymbol{b}$, $\boldsymbol{a} \times \boldsymbol{b}$ は右手系をなしています．つまり，$\boldsymbol{a} \times \boldsymbol{b}$ 方向に向かって置いた右ネジを $\boldsymbol{a}$ から $\boldsymbol{b}$ のほうに回転させると，$\boldsymbol{a} \times \boldsymbol{b}$ の方向に進みます．

一般に，同一平面上にない 3 つのベクトル $\boldsymbol{a} = \begin{pmatrix} a_1 \\ a_2 \\ a_3 \end{pmatrix}$, $\boldsymbol{b} = \begin{pmatrix} b_1 \\ b_2 \\ b_3 \end{pmatrix}$, $\boldsymbol{c} = \begin{pmatrix} c_1 \\ c_2 \\ c_3 \end{pmatrix}$ が**右手系**をなすとは，$\boldsymbol{a}, \boldsymbol{b}, \boldsymbol{c}$ をこの順に並べて得られる 3 行 3 列の行列 $(\boldsymbol{a}\ \boldsymbol{b}\ \boldsymbol{c})$ の行列式が正：

$$\det(\boldsymbol{a}\ \boldsymbol{b}\ \boldsymbol{c}) = \begin{vmatrix} a_1 & b_1 & c_1 \\ a_2 & b_2 & c_2 \\ a_3 & b_3 & c_3 \end{vmatrix} > 0$$

ということです.

公式 (3.4), (3.5) から, 一方が他方のスカラー倍でない 2 つのベクトル $\boldsymbol{a}$ と $\boldsymbol{b}$ について, $\boldsymbol{a}$, $\boldsymbol{b}$, $\boldsymbol{a} \times \boldsymbol{b}$ は右手系をなすことが分かります.

$$\det(\boldsymbol{a}\ \boldsymbol{b}\ \boldsymbol{a} \times \boldsymbol{b}) = (\boldsymbol{a} \times \boldsymbol{b}) \cdot (\boldsymbol{a} \times \boldsymbol{b}) = \|\boldsymbol{a} \times \boldsymbol{b}\|^2 > 0$$

3.3　合同変換と不動点

合同変換 T の**不動点**とは,

$$T(\mathrm{P}) = \mathrm{P}$$

を満たす点 P のことでした. 合同変換 T で動かない点が T の不動点です. 第 2 章で空間の合同変換の分類を行いました. 合同変換は全部で 6 種類ありましたが, その各々について, 不動点があるかないか, また, 不動点がある場合は不動点の全体 (不動点集合) はどんな図形になるかが, 第 2 章の後半にまとめてあります. それを復習しましょう.

合同変換	不動点集合
鏡映	鏡映面
平行移動	なし
回転	回転軸
滑り鏡映	なし
回転鏡映	中心点
螺旋運動	なし

この表から, 不動点のある合同変換は鏡映, 回転, 回転鏡映の 3 種類だけです.

定理 3.4　任意の合同変換が与えられたとき, それに適当な平行移動を合成すれば不動点をもつ合同変換になります.

証明.　T を与えられた合同変換とし, O を xyz 座標の原点とします. $T(\mathrm{O}) =$

O であれば，原点 O が不動点ですから，T はもともと不動点のある合同変換です．もし，$T(\mathrm{O}) \neq \mathrm{O}$ であれば，$\mathrm{P} = T(\mathrm{O})$ とおきます．ベクトル

$$\boldsymbol{v} = \overrightarrow{\mathrm{OP}}$$

による平行移動 $T_{\boldsymbol{v}}$ は原点 O を点 P にうつし，その逆変換 $T_{-\boldsymbol{v}}$ は点 P を原点 O に戻します．よって，

$$T_{-\boldsymbol{v}} \circ T(\mathrm{O}) = T_{-\boldsymbol{v}}(\mathrm{P}) = \mathrm{O}$$

このことから，与えられた T に平行移動 $T_{-\boldsymbol{v}}$ を合成した合同変換 $T_{-\boldsymbol{v}} \circ T$ は原点 O を不動点とします．これで証明できました． □

この証明のなかで，合成の結果得られる不動点をもつ合同変換 $T_{-\boldsymbol{v}} \circ T$ を T_0 とおきます．

$$T_0 = T_{-\boldsymbol{v}} \circ T$$

この式の両辺に左から $T_{\boldsymbol{v}}$ を合成すれば

$$T_{\boldsymbol{v}} \circ T_0 = T_{\boldsymbol{v}} \circ T_{-\boldsymbol{v}} \circ T = T$$

となります．すなわち，任意の合同変換 T は，不動点をもつ合同変換 T_0 に平行移動 $T_{\boldsymbol{v}}$ を合成した $T_{\boldsymbol{v}} \circ T_0$ と考えられます．

3.4　行列による表示

前節最後に得られた合同変換 T_0 には原点 O という不動点がありますから，それは鏡映か，回転か，鏡映回転かのどれかになっています．その不動点集合は原点 O を通る，平面か，直線か，1 点かのどれかです．

3.4.1　不動点集合が平面の場合

不動点集合が平面の場合，この平面を H とおくと，T_0 は H に関する鏡映になります．H は原点 O を通ります．H 上に 2 点 P, Q をとり，

$$\mathrm{OP} = 1,\ \ \mathrm{OQ} = 1,\ \ \angle\mathrm{POQ} = \frac{\pi}{2}$$

とします．

$$\boldsymbol{a} = \overrightarrow{\mathrm{OP}}, \quad \boldsymbol{b} = \overrightarrow{\mathrm{OQ}}$$

とすると，$\boldsymbol{a}$ も $\boldsymbol{b}$ も長さ 1 のベクトルで互いに直交しています．

$$\boldsymbol{c} = \boldsymbol{a} \times \boldsymbol{b}$$

とおくと，$\boldsymbol{a}$, $\boldsymbol{b}$, $\boldsymbol{c}$ は正規直交基底をなしています．$\boldsymbol{c}$ は平面 H に直交しています．

行列 P を

$$P = (\boldsymbol{a}\ \boldsymbol{b}\ \boldsymbol{c})$$

と定義します．$\boldsymbol{a}$, $\boldsymbol{b}$, $\boldsymbol{c}$ は正規直交基底でしたから，P は直交行列です．そして，P は単位ベクトル $\boldsymbol{e_1}$，$\boldsymbol{e_2}$，$\boldsymbol{e_3}$ をそれぞれ，$\boldsymbol{a}$, $\boldsymbol{b}$, $\boldsymbol{c}$ にうつします．したがって，逆行列 P^{-1} は反対に，$\boldsymbol{a}$, $\boldsymbol{b}$, $\boldsymbol{c}$ を $\boldsymbol{e_1}$，$\boldsymbol{e_2}$，$\boldsymbol{e_3}$ にうつします．

平面 H はベクトル $\boldsymbol{a}$, $\boldsymbol{b}$ で張られる平面でしたから，行列 P による変換で xy 平面 ($\boldsymbol{e_1}$，$\boldsymbol{e_2}$ で張られる平面) は平面 H にうつり，逆行列 P^{-1} による変換で H は xy 平面に戻ります．

以上のことから，平面 H に関する鏡映 T_0 は次のように表せることが分かります．

$$T_0 = PM^{xy}P^{-1} \tag{3.6}$$

すなわち，T_0 を施すことと，次の合同変換の合成を施すことと結果は同じです．

(i)　まず P^{-1} によって，H を xy 平面に重ねます．(同時に $\boldsymbol{c}$ は $\boldsymbol{e_3}$ に重なります．)

(ii)　次に xy 平面に関する鏡映 M^{xy} を施します．鏡映 M^{xy} を具体的に行列で書けば

$$M^{xy} = \begin{pmatrix} 1 & 0 & 0 \\ 0 & 1 & 0 \\ 0 & 0 & -1 \end{pmatrix}$$

となります．

(iii)　最後に，P で，xy 平面をもとの位置 H に戻します．(同時に $\boldsymbol{e_3}$ も $\boldsymbol{c}$ に戻ります．)

式 (3.6) を鏡映変換 T_0 の「標準形」といいます．

注意　(3.6) の右辺の行列式をとって

$$\det PM^{xy}P^{-1} = \det M^{xy} = -1$$

すなわち，鏡映変換を表す行列の行列式は -1 となります．

注意　一般に A を直交行列とすると，${}^t\!AA = I$ なので，${}^t\!A = A^{-1}$ と考えられます．このことから，公式 (3.6) の右辺の P^{-1} を ${}^t\!P$ としても正しい式です．

3.4.2　不動点集合が直線の場合

不動点集合が直線の場合，この直線を l とおきます．l は原点 O を通ります．この場合の合同変換 T_0 は l を軸とする回転になります．

l の上に点 P をとり，$\mathrm{OP} = 1$ となるようにし，$\boldsymbol{c} = \overrightarrow{\mathrm{OP}}$ とおきます．

$\boldsymbol{c} = \begin{pmatrix} c_1 \\ c_2 \\ c_3 \end{pmatrix}$ とし，原点 O を通り $\boldsymbol{c}$ に直交する平面

$$c_1x + c_2y + c_3z = 0$$

を H とします．平面 H の中に，長さ 1 のベクトル $\boldsymbol{a}$, $\boldsymbol{b}$ を互いに直交するようにとると，$\boldsymbol{a}$, $\boldsymbol{b}$, $\boldsymbol{c}$ は正規直交基底になります．必要なら $\boldsymbol{a}$ と $\boldsymbol{b}$ の名前をつけかえて，$\boldsymbol{a}$, $\boldsymbol{b}$, $\boldsymbol{c}$ は右手系をなすと仮定できます．

後は 3.4.1 の場合と同様に，行列 P を

$$P = (\boldsymbol{a}\ \boldsymbol{b}\ \boldsymbol{c})$$

とおくと，P は直交行列となり，回転 T_0 は次のように表せることが分かります．

$$T_0 = PR_\theta^z P^{-1} \tag{3.7}$$

ただし，R_θ^z は z 軸のまわりの角度 θ の回転で，具体的な行列で書けば

$$R_\theta^z = \begin{pmatrix} \cos\theta & -\sin\theta & 0 \\ \sin\theta & \cos\theta & 0 \\ 0 & 0 & 1 \end{pmatrix}$$

となります．(第 1 章参照．) 式 (3.7) を回転 T_0 の「標準形」といいます．

注意　(3.7) の右辺の行列の行列式をとって

$$\det PR_\theta^z P^{-1} = \det R_\theta^z = 1$$

すなわち，回転を表す行列の行列式は 1 (回転行列) となります．

3.4.3　不動点集合が 1 点の場合

不動点集合が 1 点の場合，不動点集合は原点 O のみからなっています．この場合の合同変換 T_0 は回転鏡映で，原点を通る平面 H に関する鏡映と，H に直交する直線 l のまわりの回転の合成になっています．

H のなかに互いに直交する長さ 1 のベクトル $\boldsymbol{a}$，$\boldsymbol{b}$ をとり，$\boldsymbol{c} = \boldsymbol{a} \times \boldsymbol{b}$ とおくと，$\boldsymbol{c}$ は直線 l の方向のベクトルになります．そして，$\boldsymbol{a}$, $\boldsymbol{b}$, $\boldsymbol{c}$ は正規直交基底となりますから，

$$P = (\boldsymbol{a}\ \boldsymbol{b}\ \boldsymbol{c})$$

は直交行列となり，3.4.1, 3.4.2 と同様の議論で，回転鏡映 T_0 は次のように表されます．

$$T_0 = PM^{xy}R_\theta^z P^{-1} \tag{3.8}$$

式 (3.8) を回転鏡映の「標準形」といいます．

行列 $M^{xy}R_\theta^z$ を具体的に書くと

$$M^{xy}R_\theta^z = \begin{pmatrix} \cos\theta & -\sin\theta & 0 \\ \sin\theta & \cos\theta & 0 \\ 0 & 0 & -1 \end{pmatrix}$$

となります．

注意　(3.8) の右辺の行列式をとると

$$\det PM^{xy}R_\theta^z P^{-1} = \det M^{xy}R_\theta^z = -1$$

すなわち，回転鏡映を表す行列の行列式は -1 となります．

演習問題

3.1　行列

$$A = \begin{pmatrix} \frac{1}{3} & -\frac{2}{3} & -\frac{2}{3} \\ -\frac{2}{3} & \frac{1}{3} & -\frac{2}{3} \\ -\frac{2}{3} & -\frac{2}{3} & \frac{1}{3} \end{pmatrix}$$

が直交行列であることを確かめなさい．

3.2　ベクトル $\boldsymbol{a} = \begin{pmatrix} 1 \\ 2 \\ 3 \end{pmatrix}$ と $\boldsymbol{b} = \begin{pmatrix} 0 \\ 1 \\ 2 \end{pmatrix}$ の両方に直交し，長さが $\sqrt{6}$ のベクトル $\boldsymbol{c}$ を求めなさい．ただし，$\boldsymbol{a}, \boldsymbol{b}, \boldsymbol{c}$ は右手系をなすものとします．

3.3　(1)　原点 O，$\mathrm{P}\left(\frac{1}{\sqrt{2}}, 0, \frac{1}{\sqrt{2}}\right)$，$\mathrm{Q}\left(0, \frac{1}{\sqrt{2}}, \frac{1}{\sqrt{2}}\right)$ の 3 点を含む平面 H に直交する長さ 1 のベクトル $\boldsymbol{c}$ を求めなさい．ただし，$\overrightarrow{\mathrm{OP}}$，$\overrightarrow{\mathrm{OQ}}$，$\boldsymbol{c}$ は右手系をなすものとします．

(2)　$\boldsymbol{a} = \overrightarrow{\mathrm{OP}} = \begin{pmatrix} \frac{1}{\sqrt{2}} \\ 0 \\ \frac{1}{\sqrt{2}} \end{pmatrix}$ とおきます．ベクトル $\boldsymbol{a}$ と $\boldsymbol{c}$ に直交し，長さが 1 のベクトル $\boldsymbol{b}$ を求めなさい．ただし，$\boldsymbol{a}$，$\boldsymbol{b}$，$\boldsymbol{c}$ は右手系をなすものとします．

(3)　単位ベクトル $\boldsymbol{e_1}$，$\boldsymbol{e_2}$，$\boldsymbol{e_3}$ をそれぞれ，ベクトル $\boldsymbol{a}$，$\boldsymbol{b}$，$\boldsymbol{c}$ にうつす直交行列 P を求めなさい．

第4章

標準形の応用

《目標＆ポイント》標準形を用いて，いろいろな合同変換を表す行列を求めることができます．応用として，立方体の対称性を調べてみましょう．対称面や，対称軸にはどんなものがあるでしょうか．それらを行列を用いて調べることができます．

《キーワード》対称変換，対称面，対称軸，回転角

4.1 立方体の対称面

xyz 空間の原点 $\mathrm{O}(0,0,0)$ を中心とし，xy 平面，xz 平面，yz 平面に平行な面をもつ立方体を考えます．1辺の長さを2としますと，その立方体の8つの頂点は $\mathrm{A}(1,1,1)$, $\mathrm{B}(-1,1,1)$, $\mathrm{C}(-1,-1,1)$, $\mathrm{D}(1,-1,1)$, $\mathrm{E}(1,1,-1)$, $\mathrm{F}(-1,1,-1)$, $\mathrm{G}(-1,-1,-1)$, $\mathrm{H}(1,-1,-1)$ となります．

一般に，ユークリッド空間のなかの与えられた図形をそれ自身に重ねる合同変換をその図形の**対称変換**といいます．

立方体 ABCD-EFGH の対称変換にはどんなものがあるか考えてみましょう．

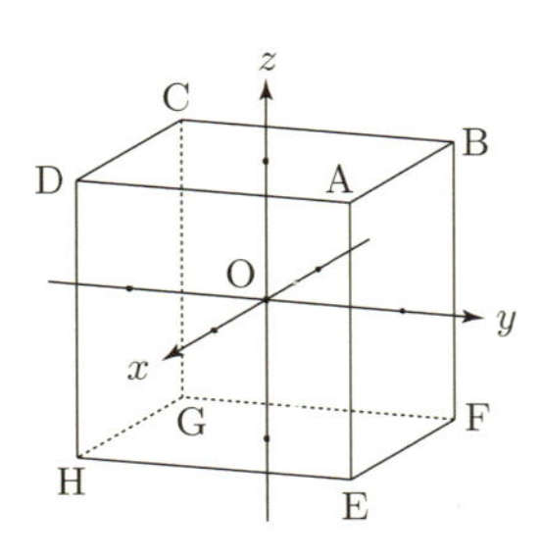

xy 平面に関する鏡映 M^{xy} は立方体 ABCD-EFGH の対称変換になっています．鏡映 M^{xy} の不動点集合 (すなわち鏡映面) は xy 平面であり，xy 平面が立方体 ABCD-EFGH の一つの**対称面**になります．同様に，鏡映 M^{yz}, M^{xz}

もこの立方体の対称変換となり，それぞれ，yz 平面，xz 平面が対称面になります．

次に，**傾いた対称面**をもつ鏡映を考えましょう．

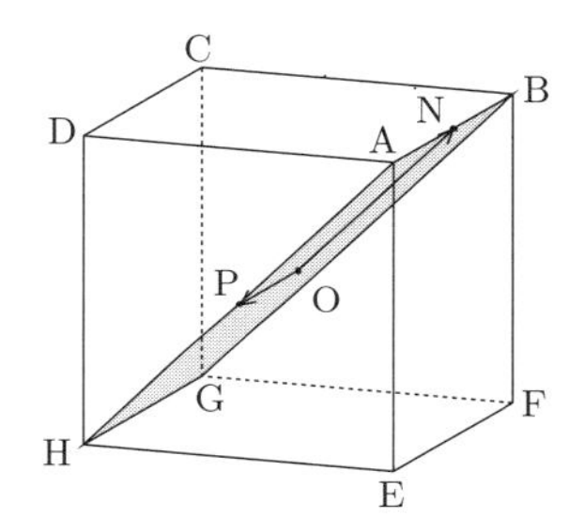

ABGH を鏡映面とする鏡映変換 M^{ABGH} はそのようなものの一つになっています．第 3 章の 3.4 の方法で，M^{ABGH} の標準形を求めてみましょう．

まず，鏡映面 ABGH の上に，2 点 P, Q をうまくとって，

$$\mathrm{OP} = 1,\ \ \mathrm{OQ} = 1,\ \ \angle\mathrm{POQ} = \frac{\pi}{2}$$

となるようにしなければなりません．たとえば，点 P として $\mathrm{P}(1,0,0)$ をとります．P は線分 AH の中点です．また，線分 AB の中点 $\mathrm{N}(0,1,1)$ をとると，

$$\overrightarrow{\mathrm{OP}} \cdot \overrightarrow{\mathrm{ON}} = 1 \cdot 0 + 0 \cdot 1 + 0 \cdot 1 = 0$$

となって，確かに $\overrightarrow{\mathrm{OP}}$ と $\overrightarrow{\mathrm{ON}}$ は直交しています．(上の図参照．) しかし，$\mathrm{ON} = \sqrt{2}$ なので，ON の長さを $\dfrac{1}{\sqrt{2}}$ 倍したところに点 Q をとれば，$\mathrm{OQ} = 1$ となります．Q を座標で書くと，

$$\mathrm{Q}\Big(0, \frac{1}{\sqrt{2}}, \frac{1}{\sqrt{2}}\Big)$$

となります．

$$\boldsymbol{a} = \overrightarrow{\mathrm{OP}} = \begin{pmatrix} 1 \\ 0 \\ 0 \end{pmatrix}, \quad \boldsymbol{b} = \overrightarrow{\mathrm{OQ}} = \begin{pmatrix} 0 \\ \dfrac{1}{\sqrt{2}} \\ \dfrac{1}{\sqrt{2}} \end{pmatrix}$$

とおきます．外積 $\boldsymbol{c} = \boldsymbol{a} \times \boldsymbol{b}$ を計算すると，

$$\boldsymbol{c} = \begin{pmatrix} 1 \\ 0 \\ 0 \end{pmatrix} \times \begin{pmatrix} 0 \\ \dfrac{1}{\sqrt{2}} \\ \dfrac{1}{\sqrt{2}} \end{pmatrix} = \begin{pmatrix} 0 \\ -\dfrac{1}{\sqrt{2}} \\ \dfrac{1}{\sqrt{2}} \end{pmatrix}$$

第 3 章の §3.2 で説明したように，$\boldsymbol{a}$, $\boldsymbol{b}$, $\boldsymbol{c}$ は正規直交基底をなしています．

行列 P を $P = (\boldsymbol{a}\ \boldsymbol{b}\ \boldsymbol{c})$ と定義します．$\boldsymbol{a}$, $\boldsymbol{b}$, $\boldsymbol{c}$ が正規直交基底なので，P は直交行列です．具体的に書くと，

$$P = \begin{pmatrix} 1 & 0 & 0 \\ 0 & \dfrac{1}{\sqrt{2}} & -\dfrac{1}{\sqrt{2}} \\ 0 & \dfrac{1}{\sqrt{2}} & \dfrac{1}{\sqrt{2}} \end{pmatrix}$$

となります．

P は単位ベクトル $\boldsymbol{e}_1$, $\boldsymbol{e}_2$, $\boldsymbol{e}_3$ をそれぞれ $\boldsymbol{a}$, $\boldsymbol{b}$, $\boldsymbol{c}$ にうつすので，逆行列 P^{-1} は，$\boldsymbol{a}$, $\boldsymbol{b}$, $\boldsymbol{c}$ を $\boldsymbol{e}_1$, $\boldsymbol{e}_2$, $\boldsymbol{e}_3$ にうつします．よって，P^{-1} によって，鏡映面 ABGH は xy 平面にうつります．そのあと，xy 平面に関する鏡映 M^{xy} を施してから P でもどると，結果は鏡映面 ABGH に関する鏡映になります．したがって，鏡映面 ABGH に関する鏡映 M^{ABGH} の標準形は

$$\begin{aligned} M^{\mathrm{ABGH}} &= PM^{xy}P^{-1} \\ &= \begin{pmatrix} 1 & 0 & 0 \\ 0 & \dfrac{1}{\sqrt{2}} & -\dfrac{1}{\sqrt{2}} \\ 0 & \dfrac{1}{\sqrt{2}} & \dfrac{1}{\sqrt{2}} \end{pmatrix} \begin{pmatrix} 1 & 0 & 0 \\ 0 & 1 & 0 \\ 0 & 0 & -1 \end{pmatrix} \begin{pmatrix} 1 & 0 & 0 \\ 0 & \dfrac{1}{\sqrt{2}} & \dfrac{1}{\sqrt{2}} \\ 0 & -\dfrac{1}{\sqrt{2}} & \dfrac{1}{\sqrt{2}} \end{pmatrix} \\ &= \begin{pmatrix} 1 & 0 & 0 \\ 0 & 0 & 1 \\ 0 & 1 & 0 \end{pmatrix} \end{aligned} \tag{4.1}$$

最後の結果は意外に簡単です．この結果をみると，鏡映 M^{ABGH} は y 軸と z 軸を入れ換えることになっています．このことは，図形的にも納得できます．

傾いた鏡映面をもつ鏡映は全部で 6 つあることが分かります．

$$M^{\mathrm{ABGH}},\ M^{\mathrm{BCHE}},\ M^{\mathrm{CDEF}},\ M^{\mathrm{DAFG}},\ M^{\mathrm{AEGC}},\ M^{\mathrm{BFHD}} \tag{4.2}$$

の 6 つです．これらは，立方体の 12 本の辺を，原点 O に関して向かい合うもの同士を 2 つずつ対にした 6 組の対に対応しています．一つの組が一つの傾いた鏡映面を定めるわけです．

定理 4.1　立方体 ABCD-EFGH をそれ自身にうつす鏡映は，M^{xy}，M^{yz}，M^{xz} の 3 つと，(4.2) の 6 つの計 9 つしかありません．

証明.　立方体の任意の頂点，たとえば A に着目し，A を鏡映面に含まないような鏡映 M を考えます．この鏡映 M が立方体 ABCD-EFGH をそれ自身にうつすとします．鏡映は，鏡映面上にない 1 点をどこにうつすかで決まってしまいますから，A がどの頂点にうつるかで場合分けすればよいわけです．

$M(\mathrm{A}) = \mathrm{B}$ の場合：　鏡映面は線分 AB を垂直に 2 等分する面，すなわち，yz 平面です．対応する鏡映 M は M^{yz} です．

$M(\mathrm{A}) = \mathrm{D}$，または E の場合：　鏡映面は，それぞれ，線分 AD または線分 AE を垂直に 2 等分する面，すなわち，xz 平面，または xy 平面となり，対応する鏡映 M は M^{xz} または M^{xy} となります．

$M(\mathrm{A}) = \mathrm{C}$ の場合：　鏡映面は線分 AC を垂直に 2 等分する面，すなわち，平面 BFHD です．対応する鏡映 M は M^{BFHD} です．

$M(\mathrm{A}) = \mathrm{H}$ または F の場合：　鏡映面は，それぞれ，線分 AH または線分 AF を垂直に 2 等分する面，すなわち，平面 CDEF，または平面 BCHE です．対応する鏡映 M は M^{CDEF} または M^{BCHE} です．

$M(\mathrm{A}) = \mathrm{G}$ の場合：　鏡映面は線分 AG を垂直に 2 等分する平面になりますが，この平面に関する鏡映は立方体 ABCD-EFGH をそれ自身にうつすことはないので，この場合はあり得ません．

このように，鏡映面に A を含まない鏡映で，立方体 ABCD-EFGH をそれ自身にうつすものは定理にあげた 9 つの鏡映のどれかになっていることが分かりました．

立方体 ABCD-EFGH の 8 つの頂点のそれぞれについて同様の議論をすれば，この立方体をそれ自身にうつす鏡映が上の 9 つに限ることが証明されます．　□

4.2　対称軸

次に，立方体 ABCD－EFGH をそれ自身にうつす回転を考えましょう．そのような回転の軸を立方体の**対称軸**といいます．

第 2 章で見たように，互いに異なる 2 つの鏡映を合成すれば回転になります．定理 4.1 の 9 つの鏡映を合成して得られる回転は立方体 ABCD－EFGH をそれ自身にうつす回転になっているはずです．

4.2.1　M^{xy} と M^{xz} の合成：

$$M^{xy}M^{xz} = \begin{pmatrix} 1 & 0 & 0 \\ 0 & 1 & 0 \\ 0 & 0 & -1 \end{pmatrix}\begin{pmatrix} 1 & 0 & 0 \\ 0 & -1 & 0 \\ 0 & 0 & 1 \end{pmatrix} = \begin{pmatrix} 1 & 0 & 0 \\ 0 & -1 & 0 \\ 0 & 0 & -1 \end{pmatrix}$$

結果は，x 軸に関する 180° 回転になっています．x 軸は立方体 ABCD－EFGH の対称軸のひとつです．

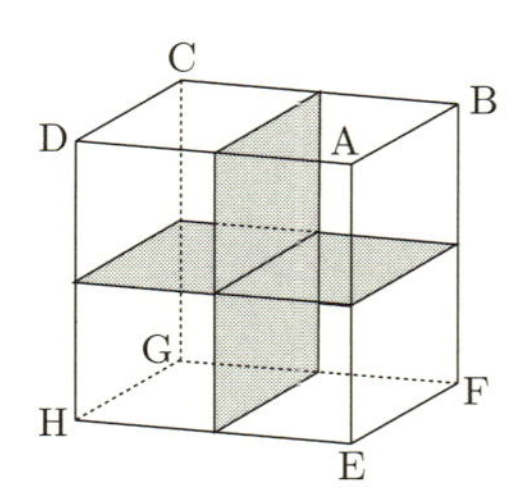

同様に，合成 $M^{xy}M^{yz}$ は y 軸に関する 180° 回転になり，合成 $M^{yz}M^{xz}$ は z 軸に関する 180° 回転になります．

4.2.2　M^{xy} と M^{ABGH} の合成：

$$M^{xy}M^{\mathrm{ABGH}} = \begin{pmatrix} 1 & 0 & 0 \\ 0 & 1 & 0 \\ 0 & 0 & -1 \end{pmatrix}\begin{pmatrix} 1 & 0 & 0 \\ 0 & 0 & 1 \\ 0 & 1 & 0 \end{pmatrix}$$

$$= \begin{pmatrix} 1 & 0 & 0 \\ 0 & 0 & 1 \\ 0 & -1 & 0 \end{pmatrix}$$

結果は x 軸に関する $-90°$ 回転です．この回転を合成していけば，4.2.1 で考えた x 軸に関する 180° 回転や 90° 回転が得られます．

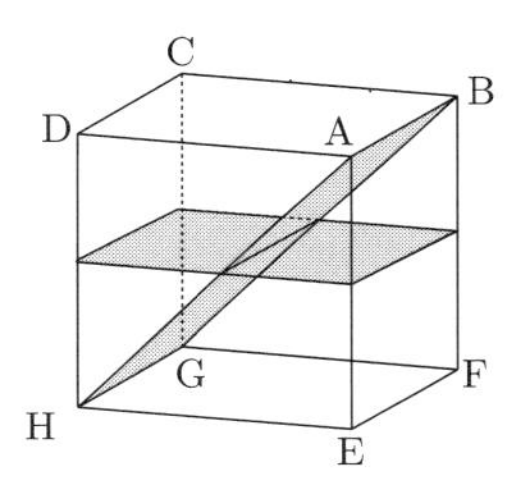

同様に，y 軸に関する 90° 回転 (および $-90°$ 回転，180° 回転) と z 軸に関する 90° 回転 (および $-90°$ 回転，180° 回転) が，立方体 ABCD-EFGH をそれ自身にうつす回転であることが分かります．

4.2.3 M^{yz} と M^{ABGH} の合成：

上で考えた場合に似ていますが，鏡映面の位置関係が違います．辺 AB の中点を N，辺 GH の中点を L とすると，鏡映 M^{yz} の鏡映面と M^{ABGH} の鏡映面の交わり，すなわち，yz 平面と ABGH の交わりは LN なので，LN を軸とする回転であることが予想されます．

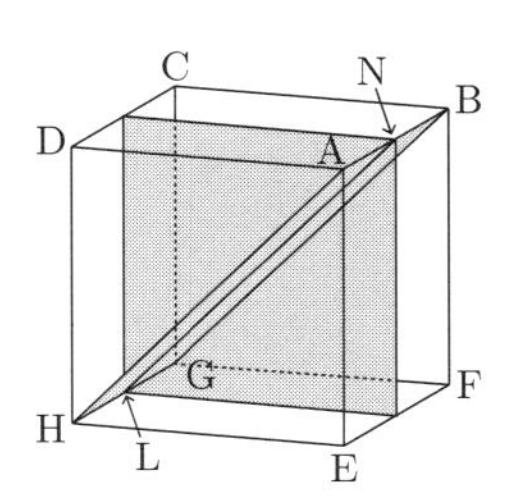

実際に計算してみましょう．

$$M^{yz}M^{\mathrm{ABGH}} = \begin{pmatrix} -1 & 0 & 0 \\ 0 & 1 & 0 \\ 0 & 0 & 1 \end{pmatrix} \begin{pmatrix} 1 & 0 & 0 \\ 0 & 0 & 1 \\ 0 & 1 & 0 \end{pmatrix}$$

$$= \begin{pmatrix} -1 & 0 & 0 \\ 0 & 0 & 1 \\ 0 & 1 & 0 \end{pmatrix} \tag{4.3}$$

線分 AB の中点 N の座標は $(0,1,1)$ です．行列 (4.3) で定義される線形変換はベクトル $\overrightarrow{\mathrm{ON}}$ を動かしません．実際に，

$$\begin{pmatrix} -1 & 0 & 0 \\ 0 & 0 & 1 \\ 0 & 1 & 0 \end{pmatrix} \begin{pmatrix} 0 \\ 1 \\ 1 \end{pmatrix} = \begin{pmatrix} 0 \\ 1 \\ 1 \end{pmatrix}$$

したがって，推測通り，行列 (4.3) は LN を軸とする回転を表します．回転角はどうでしょうか．行列 (4.3) で表される合同変換は点 $\mathrm{A}(1,1,1)$ を点 $\mathrm{B}(-1,1,1)$ にうつします．またその逆に，点 B を点 A にうつします．これから分かる結論として，$M^{yz}M^{\mathrm{ABGH}}$ は，直線 LM に関する 180° 回転になります．

同様にして，原点 O を中心にして向かい合った 2 辺の中点を結ぶ線を考え，その線を軸にする 180° 回転を考えると，それは立方体 ABCD-EFGH をそれ自身にうつす対称変換になっています．

4.2.4　M^{ABGH} と M^{DAFG} の合成：

標準形を使って M^{ABGH} を表す行列を求めました．同様にして，M^{DAFG} を表す行列を求めると，

$$M^{\mathrm{DAFG}} = \begin{pmatrix} 0 & 0 & 1 \\ 0 & 1 & 0 \\ 1 & 0 & 0 \end{pmatrix} \tag{4.4}$$

となります．

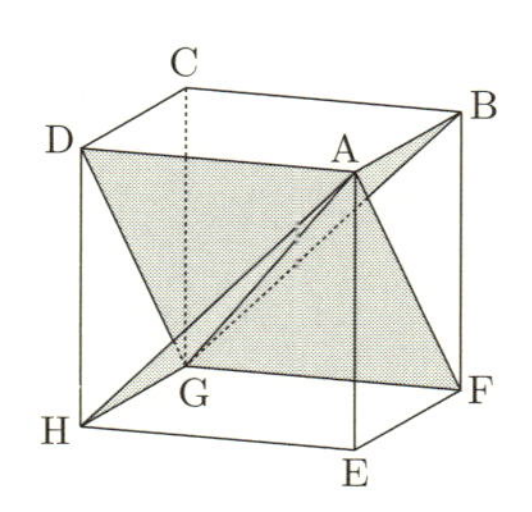

これを用いて合成 $M^{\mathrm{ABGH}}M^{\mathrm{DAFG}}$ を計算してみます.

$$M^{\mathrm{ABGH}}M^{\mathrm{DAFG}} = \begin{pmatrix} 1 & 0 & 0 \\ 0 & 0 & 1 \\ 0 & 1 & 0 \end{pmatrix}\begin{pmatrix} 0 & 0 & 1 \\ 0 & 1 & 0 \\ 1 & 0 & 0 \end{pmatrix} = \begin{pmatrix} 0 & 0 & 1 \\ 1 & 0 & 0 \\ 0 & 1 & 0 \end{pmatrix} \tag{4.5}$$

行列 (4.5) はどんな回転を表しているでしょうか. まず, この行列はベクトル $\overrightarrow{\mathrm{OA}} = \begin{pmatrix} 1 \\ 1 \\ 1 \end{pmatrix}$ を動かしません. 実際,

$$\begin{pmatrix} 0 & 0 & 1 \\ 1 & 0 & 0 \\ 0 & 1 & 0 \end{pmatrix}\begin{pmatrix} 1 \\ 1 \\ 1 \end{pmatrix} = \begin{pmatrix} 1 \\ 1 \\ 1 \end{pmatrix}$$

したがって, 行列 (4.5) の表す回転の回転軸は立方体の対角線 AG となります.

標準形を用いて, この回転の**回転角**を求めて見ましょう.

第 3 章の 3.4.2 で述べた手順で進みます. まず, $\overrightarrow{\mathrm{OA}}$ に直交するベクトル $\boldsymbol{u}$ を一つ選びます. ここでは簡単に,

$$\boldsymbol{u} = \begin{pmatrix} 1 \\ -1 \\ 0 \end{pmatrix}$$

を選びます. 内積は, 明らかに

$$\overrightarrow{\mathrm{OA}} \cdot \boldsymbol{u} = \begin{pmatrix} 1 \\ 1 \\ 1 \end{pmatrix} \cdot \begin{pmatrix} 1 \\ -1 \\ 0 \end{pmatrix} = 1 \cdot 1 + 1 \cdot (-1) + 1 \cdot 0 = 0$$

となり, $\overrightarrow{\mathrm{OA}}$ と $\boldsymbol{u}$ は直交しています.

外積を計算します.

$$\overrightarrow{\mathrm{OA}} \times \boldsymbol{u} = \begin{pmatrix} 1 \\ 1 \\ 1 \end{pmatrix} \times \begin{pmatrix} 1 \\ -1 \\ 0 \end{pmatrix} = \begin{pmatrix} 1 \\ 1 \\ -2 \end{pmatrix}$$

得られた結果のベクトルを $\boldsymbol{v}$ とおきます．

ベクトル $\overrightarrow{\mathrm{OA}}$, $\boldsymbol{u}$, $\boldsymbol{v}$ は互いに直交していますが，長さはいろいろです．

$$\|\overrightarrow{\mathrm{OA}}\| = \sqrt{3}, \quad \|\boldsymbol{u}\| = \sqrt{2}, \quad \|\boldsymbol{v}\| = \sqrt{6}$$

後の都合から，

$$\boldsymbol{a} = \frac{1}{\sqrt{2}}\boldsymbol{u}, \;\; \boldsymbol{b} = \frac{1}{\sqrt{6}}\boldsymbol{v}, \;\; \boldsymbol{c} = \frac{1}{\sqrt{3}}\overrightarrow{\mathrm{OA}}$$

とおきます．こうすると $\boldsymbol{a}$, $\boldsymbol{b}$, $\boldsymbol{c}$ の長さはすべて 1 となり，右手系の正規直交基底となります．

成分で書くと次のようになります．

$$\boldsymbol{a} = \begin{pmatrix} \frac{1}{\sqrt{2}} \\ -\frac{1}{\sqrt{2}} \\ 0 \end{pmatrix}, \;\; \boldsymbol{b} = \begin{pmatrix} \frac{1}{\sqrt{6}} \\ \frac{1}{\sqrt{6}} \\ -\frac{2}{\sqrt{6}} \end{pmatrix}, \;\; \boldsymbol{c} = \begin{pmatrix} \frac{1}{\sqrt{3}} \\ \frac{1}{\sqrt{3}} \\ \frac{1}{\sqrt{3}} \end{pmatrix}$$

直交行列 P を次のように定義します．

$$P = (\boldsymbol{a}\;\boldsymbol{b}\;\boldsymbol{c}) = \begin{pmatrix} \frac{1}{\sqrt{2}} & \frac{1}{\sqrt{6}} & \frac{1}{\sqrt{3}} \\ -\frac{1}{\sqrt{2}} & \frac{1}{\sqrt{6}} & \frac{1}{\sqrt{3}} \\ 0 & -\frac{2}{\sqrt{6}} & \frac{1}{\sqrt{3}} \end{pmatrix}$$

行列 P は基本ベクトル $\boldsymbol{e}_3$ を $\boldsymbol{c}$ にうつします．したがって，z 軸を直線 AG にうつします．P の逆行列 P^{-1} は，逆に，直線 AG を z 軸にうつします．

さて，(4.5) の行列の表す回転の回転角を求めるのが目標でした．この回転角を θ とおいてみます．第 3 章の 3.4.2 の手順によれば，ここに定義した直交行列 P を用いて，(4.5) の行列の標準形は $PR_\theta^z P^{-1}$ となるのでした．これが実際に (4.5) の行列に等しいとおいてみます．

$$PR_\theta^z P^{-1} = \begin{pmatrix} 0 & 0 & 1 \\ 1 & 0 & 0 \\ 0 & 1 & 0 \end{pmatrix}$$

この式を未知数 θ に関する方程式と考えて解きましょう．この式の両辺に，左から P^{-1}，右から P を掛け，$P^{-1}P = I$ (単位行列) を使うと，

$$\begin{aligned}
R_\theta^z &= P^{-1} \begin{pmatrix} 0 & 0 & 1 \\ 1 & 0 & 0 \\ 0 & 1 & 0 \end{pmatrix} P \\
&= \begin{pmatrix} \frac{1}{\sqrt{2}} & -\frac{1}{\sqrt{2}} & 0 \\ \frac{1}{\sqrt{6}} & \frac{1}{\sqrt{6}} & -\frac{2}{\sqrt{6}} \\ \frac{1}{\sqrt{3}} & \frac{1}{\sqrt{3}} & \frac{1}{\sqrt{3}} \end{pmatrix} \begin{pmatrix} 0 & 0 & 1 \\ 1 & 0 & 0 \\ 0 & 1 & 0 \end{pmatrix} \begin{pmatrix} \frac{1}{\sqrt{2}} & \frac{1}{\sqrt{6}} & \frac{1}{\sqrt{3}} \\ -\frac{1}{\sqrt{2}} & \frac{1}{\sqrt{6}} & \frac{1}{\sqrt{3}} \\ 0 & -\frac{2}{\sqrt{6}} & \frac{1}{\sqrt{3}} \end{pmatrix} \\
&= \begin{pmatrix} -\frac{1}{\sqrt{2}} & 0 & \frac{1}{\sqrt{2}} \\ \frac{1}{\sqrt{6}} & -\frac{2}{\sqrt{6}} & \frac{1}{\sqrt{6}} \\ \frac{1}{\sqrt{3}} & \frac{1}{\sqrt{3}} & \frac{1}{\sqrt{3}} \end{pmatrix} \begin{pmatrix} \frac{1}{\sqrt{2}} & \frac{1}{\sqrt{6}} & \frac{1}{\sqrt{3}} \\ -\frac{1}{\sqrt{2}} & \frac{1}{\sqrt{6}} & \frac{1}{\sqrt{3}} \\ 0 & -\frac{2}{\sqrt{6}} & \frac{1}{\sqrt{3}} \end{pmatrix} \\
&= \begin{pmatrix} -\frac{1}{2} & -\frac{\sqrt{3}}{2} & 0 \\ \frac{\sqrt{3}}{2} & -\frac{1}{2} & 0 \\ 0 & 0 & 1 \end{pmatrix} = \begin{pmatrix} \cos\frac{2\pi}{3} & -\sin\frac{2\pi}{3} & 0 \\ \sin\frac{2\pi}{3} & \cos\frac{2\pi}{3} & 0 \\ 0 & 0 & 1 \end{pmatrix}
\end{aligned} \tag{4.6}$$

得られた結果 (4.6) を $R_\theta^z = \begin{pmatrix} \cos\theta & -\sin\theta & 0 \\ \sin\theta & \cos\theta & 0 \\ 0 & 0 & 1 \end{pmatrix}$ と比べて，回転角 θ が求まります．$\theta = \dfrac{2\pi}{3}$ です．R_θ^z は z 軸に関する 120° 回転であることが分かりました．直交行列 P により z 軸は直線 AG にうつりますから，$PR_\theta^z P^{-1}$ (すなわち，(4.5) の行列) は回転軸 AG のまわりの 120° 回転であることが分か

ります．

さて，行列 (4.5) は 2 つの鏡映の合成 $M^{\mathrm{ABGH}}M^{\mathrm{DAFG}}$ を表す行列でした．念のため，この 2 つの鏡映の順序を入れ換えた合成 $M^{\mathrm{DAFG}}M^{\mathrm{ABGH}}$ について同様の考察をしますと，この合成は次の行列で表され，やはり AG を回転軸とする回転であることが分かります．

$$\begin{pmatrix} 0 & 1 & 0 \\ 0 & 0 & 1 \\ 1 & 0 & 0 \end{pmatrix} \tag{4.7}$$

先ほどと同様の手順で回転軸の周りの回転角 θ を求めると，$\theta = \dfrac{4\pi}{3}$，すなわち，240° となります．(いまは，回転の向きは考えず，回転の結果だけを考えていますので，$\theta = -\dfrac{2\pi}{3}$，すなわち，$-120°$ としても正しい答えです．)

このようにして，2 つの傾いた対称面であって隣り合っているものに対応する鏡映を合成したものとして，立方体 ABCD-EFGH の 4 つの対角線

AG, BH, CE, DF

の周りの 120° 回転と $-120°$ 回転が得られます．(全部で 8 つ．)

最後に，2 つの傾いた対称面で直角に交わるもの，例えば，ABGH と CDEF，に対応する鏡映の合成について注意しておきます．この 2 つの対称面の交わりは x 軸になりますので，鏡映 M^{ABGH} と M^{CDEF} の合成は x 軸を回転軸とする回転になり，回転角は 180° です．このような回転はすでに出てきました．(4.2.1 参照．)

4.3　まとめ

立方体 ABCD-EFGH の対称変換になっているような，いろいろな回転が得られました．これらをまとめてみましょう．

1) x 軸，y 軸，z 軸を軸とする回転で，回転角が 90°，$-90°$，180° のもの．これらは全部で $3 \times 3 = 9$ 個あります．(4.2.1 と 4.2.2 参照．)

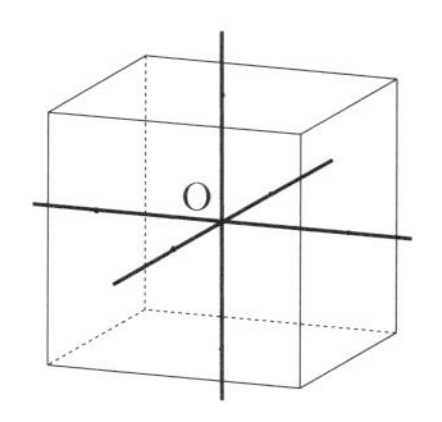

2) 原点を中心にして向かい合う 2 辺 (例えば，AB と GH) の中点 (N と L) を結ぶ直線を軸とする 180° 回転．立方体の辺は 12 本あり，これらの辺を原点を中心にして向かい合う 2 辺ずつに分けると 6 組できるので，このような 180° 回転は 6 つあります．(4.2.3 参照．)

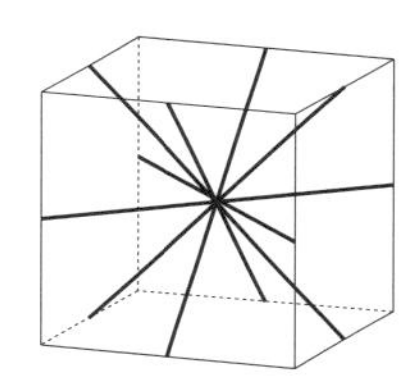

3) 立方体の対角線 (例えば，AG) を軸とする回転で，回転角が 120°，−120° のもの．対角線は 4 本あるので，このような回転は $4 \times 2 = 8$ 個あります．(4.2.4 参照．)

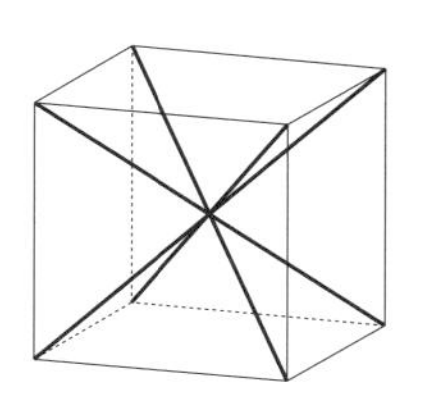

こうして，全部で $9 + 6 + 8 = 23$ 個の回転があります．これに，特別の回転として恒等変換 1 (何も動かさない「回転」) を付け加えた 24 個の回転からなる集合を G で表すことにします．G に含まれる任意の 2 つの回転 R_1 と R_2 の合成 $R_1 \circ R_2$ はまた G に含まれることが分かり，G は**群**の構造をもちます．G を**正 6 面体群**とよびます．

定理 4.2 立方体 ABCD-EFGH の対称変換になっているような回転は，上に列挙した 23 個の回転で尽くされます．(恒等変換も入れれば 24 個になります．)

証明. ひとつの辺 AB に着目し，これに任意の向きを与えます．たとえば，頂点 A から頂点 B に向かう向きを与えたとして，(ベクトルとまぎらわしい記号ですが) $\overrightarrow{\mathrm{AB}}$ で表すことにします．立方体 ABCD-EFGH の対称変換であるような回転は，向きの付いた辺 $\overrightarrow{\mathrm{AB}}$ をどの辺にうつすか (向きも込めて) で決まってしまいます．立方体には 12 本の辺がありますが，それに向きを付けて区別することにすると，全部で 12×2 本の「向きのついた辺」があります．これら 24 本の「向きのついた辺」のどれをとっても，$\overrightarrow{\mathrm{AB}}$ をその辺にうつす G の要素が (唯一つ) 存在することが確かめられますので，立方体 ABCD-EFGH の対称変換であるような回転は G の要素で尽くされています． □

演習問題

4.1　立方体 ABCD-EFGH の「傾いた対称面」DAFG 上に 2 点 P と Q をとり，

$$\mathrm{OP} = 1,\ \mathrm{OQ} = 1,\ \angle\mathrm{POQ} = \frac{\pi}{2}$$

が成り立つようにしなさい．

［ヒント］　まず，P(0, 1, 0) という点をとります．次に，DA の中点 K(1, 0, 1) をとります．$\overrightarrow{\mathrm{OP}} \cdot \overrightarrow{\mathrm{OK}} = 0$ が容易に確かめられます．あとは，線分 OK 上に点 Q をとり，OQ = 1 となるようにすればよいのです．点 Q の座標はどうなるでしょう？　なお，この問題 4.1 の解は無数にあります．ここで述べたヒントはそのなかから，一つの取り方を例示したにすぎません．

4.2　xy 平面を，前問で考えた「傾いた対称面」DAFG にうつす直交行列 P をひとつ求めなさい．

［ヒント］　前問で求めた 2 点 P，Q を用いて，$\boldsymbol{a} = \overrightarrow{\mathrm{OP}}$，$\boldsymbol{b} = \overrightarrow{\mathrm{OQ}}$ とおきます．本文 4.1 でやったようにして，ベクトル $\boldsymbol{a}$，$\boldsymbol{b}$ に直交する長さ 1 のベクトル $\boldsymbol{c}$ を求め，本文 4.1 と同じ手順で直交行列 P を求めなさい．

4.3　前問で求めた直交行列 P を用いて，DAFG を鏡映面とする鏡映 M^{DAFG} の標準形を求めなさい．また，この標準形から M^{DAFG} を表す行列を求めなさい．

［ヒント］　本文 4.1 の手順を参考にしなさい．

4.4　定理 4.2 の証明のなかで簡単に述べた部分，すなわち「24 本の向きのついた辺のどれをとっても，$\overrightarrow{\mathrm{AB}}$ をその辺にうつす G の要素が存在する」ことを確かめなさい．

第5章

空間内の曲線

《目標＆ポイント》空間内の点が動くと曲線ができます．空間の合同変換で対応する 2 つの曲線は同じ形の曲線であると考えて，曲線の形を分類することを考えます．その準備として，曲線のパラメーター表示，速度ベクトル，向きの変化，および曲率について説明します．

《キーワード》曲線のパラメーター表示，速度ベクトル，弧長，曲率

5.1 曲線のパラメーター表示

ユークリッド空間内の曲線は，その上を動く点を用いて表すことができます．この表し方を**パラメーター表示**といいます．$-\infty \leqq a < b \leqq \infty$ に対し，t を区間 (a,b) を動くパラメーターとします．各 t に対し $\boldsymbol{x}(t)$ を空間の点 (ベクトル) とします．

$$\boldsymbol{x}(t) = \begin{pmatrix} x_1(t) \\ x_2(t) \\ x_3(t) \end{pmatrix} \qquad (a < t < b)$$

ここで，$x_1(t), x_2(t), x_3(t)$ は区間 (a,b) 上の関数です．すなわち，曲線は (a,b) 上の関数を 3 つ並べたもので表すことができます．

例 5.1 1 次関数を 3 つ並べると

$$\boldsymbol{x}(t) = \begin{pmatrix} a_1 t + b_1 \\ a_2 t + b_2 \\ a_3 t + b_3 \end{pmatrix} = t \begin{pmatrix} a_1 \\ a_2 \\ a_3 \end{pmatrix} + \begin{pmatrix} b_1 \\ b_2 \\ b_3 \end{pmatrix} = t\,\boldsymbol{a} + \boldsymbol{b}$$

ですが，これは直線です．

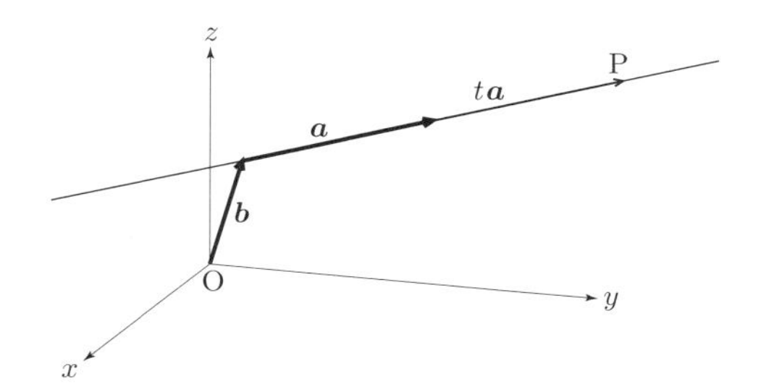

例 5.2　sin と cos を並べると

$$\boldsymbol{x}(t) = \begin{pmatrix} \cos t \\ \sin t \end{pmatrix}$$

は xy 平面の単位円になります.

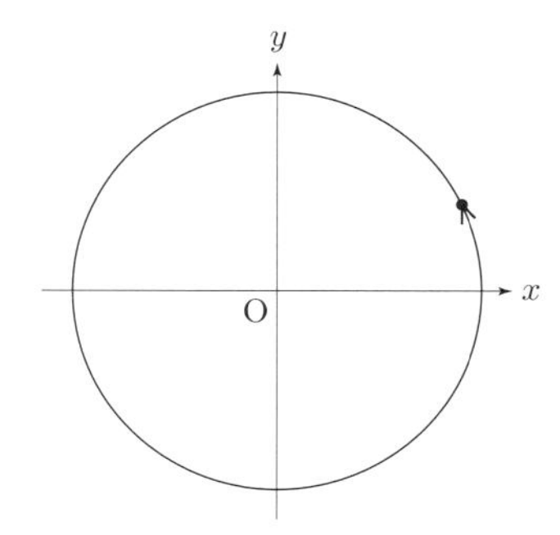

座標を a 倍すると，半径 a の円になります．さらに z 座標に 1 次関数 bt をつけ加えてみます.

$$\boldsymbol{x}(t) = \begin{pmatrix} a\cos t \\ a\sin t \\ bt \end{pmatrix}$$

これは，z 軸のまわりで，定速度で半径 a の円を描きつつ，定速度で上昇する点の軌跡を表しています．半径 a，傾き $\dfrac{b}{a}$ の**螺旋**といわれる曲線です.

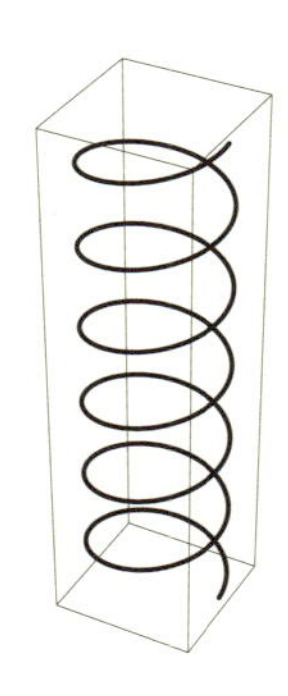

例 5.3 円運動を水平方向に平行移動して得られる曲線を調べましょう．

$$\boldsymbol{x}(t) = \begin{pmatrix} -\sin t \\ -\cos t \end{pmatrix} + \begin{pmatrix} a\,t \\ 1 \end{pmatrix} = \begin{pmatrix} a\,t - \sin t \\ 1 - \cos t \end{pmatrix}$$

$0 < a < 1$ のとき，曲線は自己交差をもちます．

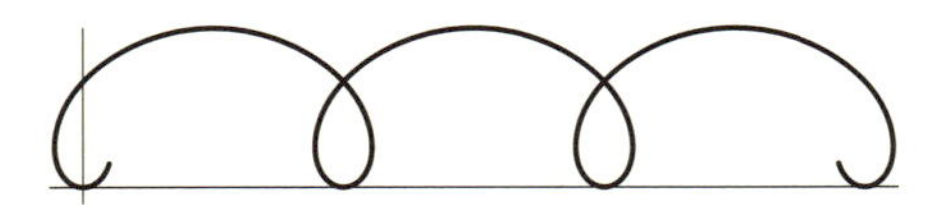

$a = 1$ のときは，**サイクロイド**といわれる曲線が得られます．この曲線には滑らかでないところが現れます．このような点を**尖点** (せんてん) といいます．直線 $y = 1$ 上に中心をおき，x 軸に接して，すべらないように回転して進む円板の周上の 1 点の軌跡です．

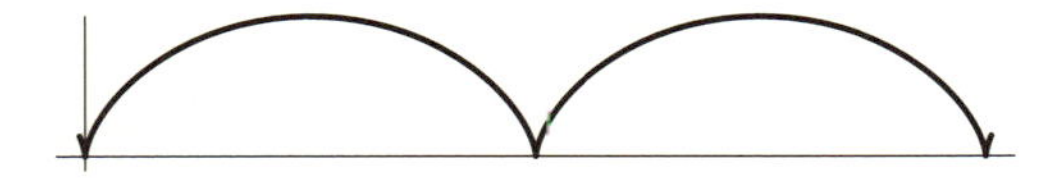

$a > 1$ ならば，曲線は自己交差も尖点ももたず，波形の滑らかな曲線になります．上下を逆にすると，海のうねりの波形を表す曲線ともいわれます．

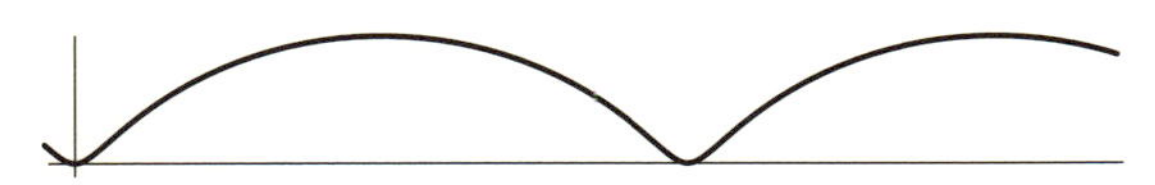

z 座標に 1 次関数 $b\,t$ をつけ加えると，斜めの螺旋になります．

$$\boldsymbol{x}(t) = \begin{pmatrix} a\,t - \sin t \\ 1 - \cos t \\ b\,t \end{pmatrix}$$

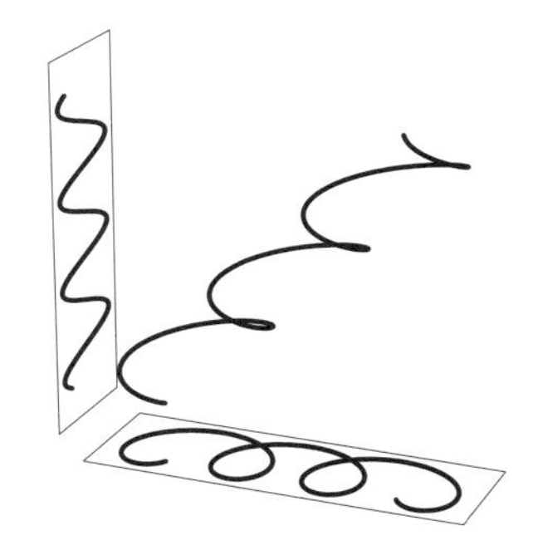

5.2　速度ベクトルと弧長

私たちの扱う曲線は，とがったところのない滑らかな曲線です．そのために，関数 $x_1(t), x_2(t), x_3(t)$ は微分可能なものを考えます．より強く，関数は C^r であると仮定します．すなわち，各 t に対し，r 階までの導関数が存在し，連続になることを仮定します．後になると，曲線に対し，曲率，捩率というものを定めますが，そのときには 3 階までの導関数が必要です．したがって，$r \geqq 3$ を考えています．

関数 $x_i(t)$ が C^r であるからといって，曲線が滑らかとは限りません．次の(悪い) 例を見てください．

例 5.4 (尖点)　t^2 と t^3 を並べると，パラメーター表示

$$\boldsymbol{x}(t) = \begin{pmatrix} t^2 \\ t^3 \end{pmatrix}$$

を得ますが，これは次の図のような尖点をもつ曲線です．

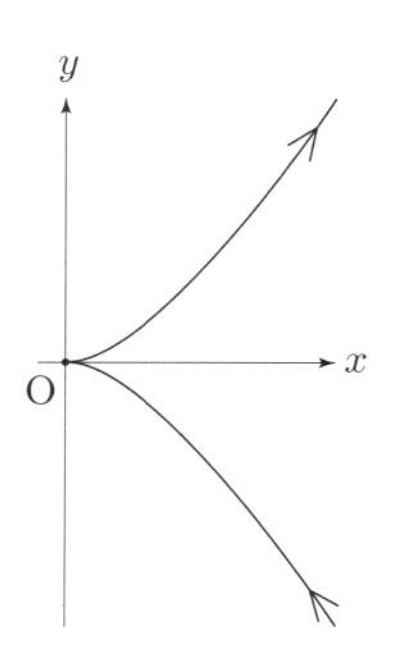

関数のグラフと思うと，$y = \pm(\sqrt{x})^3$ ですから，$\dfrac{dy}{dx} = \pm\dfrac{3}{2}\sqrt{x}$ となり，$x = 0$ で $y' = 0$ ですから，この曲線は原点で x 軸に接することがわかります．一方，$x \geqq 0$ で定義される領域に含まれることは明らかです．前節で $a = 1$ のときのサイクロイドも尖点をもちます．

尖点は，滑らかな曲線という概念から外れるので，これを禁止する条件を考えます．そのために，速度ベクトルが $\mathbf{0}$ にならないという仮定をおきます．時刻 t での**速度ベクトル**は $\boldsymbol{x}(t)$ の t に関する微分 $\dot{\boldsymbol{x}}(t)$ で与えられます．このように，t に関する微分は $\dot{}$ で表します．

$$
\begin{aligned}
\dot{\boldsymbol{x}}(t) &= \lim_{h \to 0} \frac{1}{h}\left(\boldsymbol{x}(t+h) - \boldsymbol{x}(t)\right) \\
&= \lim_{h \to 0} \begin{pmatrix} \dfrac{1}{h}\left(x_1(t+h) - x_1(t)\right) \\ \dfrac{1}{h}\left(x_2(t+h) - x_2(t)\right) \\ \dfrac{1}{h}\left(x_3(t+h) - x_3(t)\right) \end{pmatrix} = \begin{pmatrix} \dot{x_1}(t) \\ \dot{x_2}(t) \\ \dot{x_3}(t) \end{pmatrix}
\end{aligned}
$$

すなわち

$$
\dot{\boldsymbol{x}}(t) \neq \mathbf{0} \qquad (a < t < b)
$$

と仮定します．

速度ベクトルの大きさ $\|\dot{\boldsymbol{x}}(t)\|$ を**速さ**といいます．速さを積分すると，曲線の長さが得られます．

定理 5.5　$r \geqq 1$ のとき，C^r 曲線 $C = \{\boldsymbol{x}(t) \mid a_0 \leqq t \leqq b_0\}$ には長さ $l(C)$ が定まり

$$
l(C) = \int_{a_0}^{b_0} \|\dot{\boldsymbol{x}}(t)\|\, dt
$$

で与えられます．

すなわち，速さを積分すると，進んだ距離が求まるということです．詳しい証明は省きますが，その骨子は，分割 $a_0 = t_0 < t_1 < \cdots < t_N = b_0$ に対し，積分はリーマン和

$$
\sum_{i=1}^{N} \|\dot{\boldsymbol{x}}(t_{i-1})\| \,(t_i - t_{i-1})
$$

で近似され，その各項は線分の長さ $\|\boldsymbol{x}(t_i)-\boldsymbol{x}(t_{i-1})\|$ で近似されることがわかります．その結果，積分は折れ線 $\boldsymbol{x}(t_0),\boldsymbol{x}(t_1),\ldots,\boldsymbol{x}(t_N)$ の長さの極限で表されるということになります．

曲線の長さを利用して，新しい変数 $s=s(t)$ を

$$s(t)=\int_{t_0}^{t}\|\dot{\boldsymbol{x}}(\tau)\|\,d\tau$$

で定めます．s は t の単調増大関数で $\dfrac{d\,s}{d\,t}(t)=\|\dot{\boldsymbol{x}}(t)\|>0$ となります．$\|\dot{\boldsymbol{x}}(t)\|$ は t の C^{r-1} 関数ですから，$s(t)$ は t の C^r 関数になります．s の値は曲線上を進んだ長さだけ変化し，点 $\boldsymbol{x}(t_0)$ で 0 になり，$t<t_0$ では $s(t)<0$，$t_0<t$ では $0<s(t)$ です．変数 s は**弧長**といいます．

逆関数定理によると，$t=t(s)$ を s の C^r 関数と考えることができます．このとき

$$\frac{d\,t}{d\,s}(s)=\frac{1}{\dfrac{d\,s}{d\,t}(t(s))}=\frac{1}{\|\dot{\boldsymbol{x}}(t(s))\|}$$

が成り立ちます．

曲線 $\boldsymbol{x}(t)$ の t に関数 $t(s)$ を代入し，弧長 s をパラメーターとする表示 $\boldsymbol{x}(t(s))$ が得られます．もとの $\boldsymbol{x}(t)$ と同じ曲線ですが，パラメーターが t から s に変わったのです．その結果，パラメーターの変化と曲線上を進んだ長さが一致するような表示が得られます．このようなパラメーター表示を**弧長パラメーター**表示といいます．ちょっと乱暴ですが，通常，これを $\boldsymbol{x}(s)=\boldsymbol{x}(t(s))$ と書きます．誤解のないように，s はつねに弧長パラメーターを表し，一般のパラメーターは t で表します．また，s による微分は $\boldsymbol{x}'(s)$ で表し，t による微分 $\dot{\boldsymbol{x}}(t)$ と区別します．

$$\|\boldsymbol{x}'(s)\|=\left\|\frac{d\,\boldsymbol{x}(t(s))}{d\,s}\right\|=\left\|\dot{\boldsymbol{x}}(t(s))\,\frac{d\,t}{d\,s}(s)\right\|=1$$

が成り立ちます．

5.3 曲率ベクトルと曲率

曲線の向きは大きさを 1 とした速度ベクトル，すなわち，**単位接ベクトル**

$$\boldsymbol{e}_1(t) = \frac{1}{\|\dot{\boldsymbol{x}}(t)\|}\,\dot{\boldsymbol{x}}(t)$$

で与えられるとします．その変化率を考えます．ただし，t に関する変化率では，その大きさがパラメーターの選び方に依存してしまうので，曲線の進む長さあたりの変化率 $\boldsymbol{k}(t)$ を考えます．

$$\begin{aligned}\boldsymbol{k}(t) &= \lim_{h\to 0}\frac{\boldsymbol{e}_1(t+h)-\boldsymbol{e}_1(t)}{\|\boldsymbol{x}(t+h)-\boldsymbol{x}(t)\|} = \lim_{h\to 0}\frac{\frac{1}{h}\left(\boldsymbol{e}_1(t+h)-\boldsymbol{e}_1(t)\right)}{\left\|\frac{1}{h}\left(\boldsymbol{x}(t+h)-\boldsymbol{x}(t)\right)\right\|}\\ &= \frac{\dot{\boldsymbol{e}}_1(t)}{\|\dot{\boldsymbol{x}}(t)\|}\end{aligned}$$

これを**曲率ベクトル**，その大きさ $\kappa(t)$ を**曲率**といいます．ここで，κ はギリシア文字のカッパです．

$$\boldsymbol{k}(t) = \frac{\dot{\boldsymbol{e}}_1(t)}{\|\dot{\boldsymbol{x}}(t)\|},\ \kappa(t) = \|\boldsymbol{k}(t)\| \tag{5.1}$$

弧長パラメーターを用いると

$$\boldsymbol{k}(s) = \boldsymbol{e}_1'(s) = \boldsymbol{x}''(s),\ \kappa(s) = \|\boldsymbol{x}''(s)\| \tag{5.2}$$

となります．

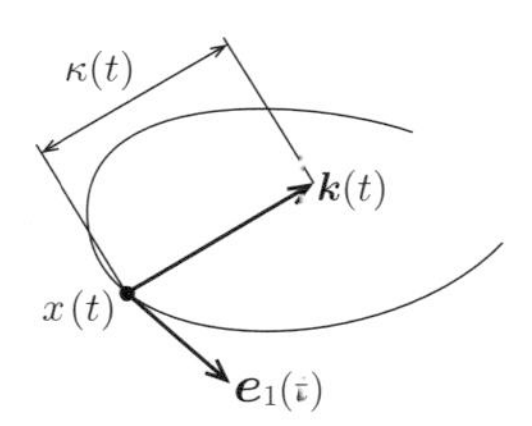

ここで，$\dot{\boldsymbol{e}}_1(t)$ に関して注意することがあります．通常，$\boldsymbol{e}_1(t)$ を描くときは，始点を $\boldsymbol{x}(t)$ にとりますが，$\dot{\boldsymbol{e}}_1(t)$ を計算するとき，$\boldsymbol{e}_1(t)$ の始点は原点です．したがって，その終点は単位球面上にあり，$\boldsymbol{e}_1(t)$ は球面上の曲線と考えられます．したがって，その速度ベクトル $\dot{\boldsymbol{e}}_1(t)$ は半径 $\boldsymbol{e}_1(t)$ と直交します．

$$\boldsymbol{e}_1(t) \perp \dot{\boldsymbol{e}}_1(t)$$

特に，単位接ベクトルと曲率ベクトルは直交します．

$$\boldsymbol{e}_1(t) \perp \boldsymbol{k}(t) \tag{5.3}$$

このことは，内積の微分の公式

$$\frac{d}{dt}(\boldsymbol{x}(t)\cdot\boldsymbol{y}(t)) = \dot{\boldsymbol{x}}(t)\cdot\boldsymbol{y}(t) + \boldsymbol{x}(t)\cdot\dot{\boldsymbol{y}}(t)$$

を，式 $\boldsymbol{e}_1(t)\cdot\boldsymbol{e}_1(t)\equiv 1$ の両辺を微分したものに適用することにより，確かめることができます．実際

$$0 \equiv \frac{d}{dt}(\boldsymbol{e}_1(t)\cdot\boldsymbol{e}_1(t)) = 2\,\boldsymbol{e}_1(t)\cdot\dot{\boldsymbol{e}}_1(t)$$

というわけです．

例 5.6 (直線) $\boldsymbol{x}(t) = t\,\boldsymbol{a}+\boldsymbol{b}$ とすると，$\dot{\boldsymbol{x}}(t)=\boldsymbol{a}$ ですから

$$\boldsymbol{e}_1(t) = \frac{1}{\|\boldsymbol{a}\|}\,\boldsymbol{a}$$

これは定ベクトルです．よって，$\dot{\boldsymbol{e}}_1(t)\equiv\boldsymbol{0}$

したがって，$\boldsymbol{k}(t)\equiv\boldsymbol{0}$，ゆえに，$\kappa(t)\equiv 0$

これは，直線は曲がっていないことを示しています．

例 5.7 (円) 空間の中の xy 平面に含まれる半径 a の円は

$$\boldsymbol{x}(t) = \begin{pmatrix} a\cos t \\ a\sin t \\ 0 \end{pmatrix}$$

と表されます．したがって

$$\dot{\boldsymbol{x}}(t) = \begin{pmatrix} -a\sin t \\ a\cos t \\ 0 \end{pmatrix},\quad \|\dot{\boldsymbol{x}}(t)\| = a$$

よって

$$\boldsymbol{e}_1(t) = \begin{pmatrix} -\sin t \\ \cos t \\ 0 \end{pmatrix},$$

$$\boldsymbol{k}(t) = \frac{1}{\|\dot{\boldsymbol{x}}(t)\|}\,\dot{\boldsymbol{e}}_1(t) = \frac{1}{a}\begin{pmatrix} -\cos t \\ -\sin t \\ 0 \end{pmatrix},$$

$$\kappa(t) \;=\; \|\boldsymbol{k}(t)\| = \frac{1}{a}$$

となります．確かに，$\boldsymbol{e}_1(t) \perp \boldsymbol{k}(t)$ です．円の曲率は半径の逆数です．一般に，曲率の逆数を**曲率半径**ということがあります．

例 5.8 (螺旋)　螺旋の場合は

$$\boldsymbol{x}(t) = \begin{pmatrix} a\,\cos t \\ a\,\sin t \\ b\,t \end{pmatrix},\ \dot{\boldsymbol{x}}(t) = \begin{pmatrix} -a\,\sin t \\ a\,\cos t \\ b \end{pmatrix},\ \|\dot{\boldsymbol{x}}(t)\| = \sqrt{a^2+b^2}$$

です．したがって

$$\boldsymbol{e}_1(t) \;=\; \frac{1}{\sqrt{a^2+b^2}} \begin{pmatrix} -a\,\sin t \\ a\,\cos t \\ b \end{pmatrix},$$

$$\boldsymbol{k}(t) \;=\; \frac{1}{\|\dot{\boldsymbol{x}}(t)\|}\,\dot{\boldsymbol{e}}_1(t) = \frac{a}{a^2+b^2} \begin{pmatrix} -\cos t \\ -\sin t \\ 0 \end{pmatrix},$$

$$\kappa(t) \;=\; \|\boldsymbol{k}(t)\| = \frac{a}{a^2+b^2}$$

となります．ここでも，$\boldsymbol{e}_1(t) \perp \boldsymbol{k}(t)$ です．同じ半径のバネでも，延ばせば曲率は減ることがわかります．

$\boldsymbol{k}(t)$, $\kappa(t)$ を，直接，$\boldsymbol{x}(t), \dot{\boldsymbol{x}}(t), \ddot{\boldsymbol{x}}(t)$ で表してみます．

$$\begin{aligned}
\boldsymbol{k}(t) \;&=\; \frac{1}{\|\dot{\boldsymbol{x}}(t)\|}\,\dot{\boldsymbol{e}}_1(t) \\
&=\; \frac{1}{\|\dot{\boldsymbol{x}}(t)\|}\,\frac{d}{dt}\left(\frac{1}{\|\dot{\boldsymbol{x}}(t)\|}\,\dot{\boldsymbol{x}}(t)\right) \\
&=\; \frac{1}{\|\dot{\boldsymbol{x}}(t)\|}\,\left\{\frac{d}{dt}\left(\frac{1}{\|\dot{\boldsymbol{x}}(t)\|}\right)\dot{\boldsymbol{x}}(t) + \frac{1}{\|\dot{\boldsymbol{x}}(t)\|}\,\ddot{\boldsymbol{x}}(t)\right\}
\end{aligned}$$

となります．ここで

$$\begin{aligned}
\frac{d}{dt}\left(\frac{1}{\|\dot{\boldsymbol{x}}(t)\|}\right) \;&=\; \frac{d}{dt}\,(\dot{\boldsymbol{x}}(t)\cdot\dot{\boldsymbol{x}}(t))^{-\frac{1}{2}} \\
&=\; -\frac{1}{2}\,(\dot{\boldsymbol{x}}(t)\cdot\dot{\boldsymbol{x}}(t))^{-\frac{3}{2}}\,\frac{d}{dt}\,(\dot{\boldsymbol{x}}(t)\cdot\dot{\boldsymbol{x}}(t))
\end{aligned}$$

$$= -\frac{\dot{\boldsymbol{x}}(t)\cdot\ddot{\boldsymbol{x}}(t)}{(\dot{\boldsymbol{x}}(t)\cdot\dot{\boldsymbol{x}}(t))\,\|\dot{\boldsymbol{x}}(t)\|}$$

ですから，したがって

$$\begin{aligned}\boldsymbol{k}(t) &= \frac{1}{\dot{\boldsymbol{x}}(t)\cdot\dot{\boldsymbol{x}}(t)}\,\ddot{\boldsymbol{x}}(t) - \frac{\dot{\boldsymbol{x}}(t)\cdot\ddot{\boldsymbol{x}}(t)}{(\dot{\boldsymbol{x}}(t)\cdot\dot{\boldsymbol{x}}(t))^2}\,\dot{\boldsymbol{x}}(t)\\ &= \frac{1}{\dot{\boldsymbol{x}}\cdot\dot{\boldsymbol{x}}}\,\ddot{\boldsymbol{x}} - \frac{\dot{\boldsymbol{x}}\cdot\ddot{\boldsymbol{x}}}{(\dot{\boldsymbol{x}}\cdot\dot{\boldsymbol{x}})^2}\,\dot{\boldsymbol{x}}\end{aligned}$$

が成り立ちます．また

$$\begin{aligned}\kappa(t)^2 &= \left(\frac{1}{\dot{\boldsymbol{x}}\cdot\dot{\boldsymbol{x}}}\,\ddot{\boldsymbol{x}} - \frac{\dot{\boldsymbol{x}}\cdot\ddot{\boldsymbol{x}}}{(\dot{\boldsymbol{x}}\cdot\dot{\boldsymbol{x}})^2}\,\dot{\boldsymbol{x}}\right)\cdot\left(\frac{1}{\dot{\boldsymbol{x}}\cdot\dot{\boldsymbol{x}}}\,\ddot{\boldsymbol{x}} - \frac{\dot{\boldsymbol{x}}\cdot\ddot{\boldsymbol{x}}}{(\dot{\boldsymbol{x}}\cdot\dot{\boldsymbol{x}})^2}\,\dot{\boldsymbol{x}}\right)\\ &= \frac{\ddot{\boldsymbol{x}}\cdot\ddot{\boldsymbol{x}}}{(\dot{\boldsymbol{x}}\cdot\dot{\boldsymbol{x}})^2} - 2\,\frac{(\dot{\boldsymbol{x}}\cdot\ddot{\boldsymbol{x}})\,(\dot{\boldsymbol{x}}\cdot\ddot{\boldsymbol{x}})}{(\dot{\boldsymbol{x}}\cdot\dot{\boldsymbol{x}})^3} + \frac{(\dot{\boldsymbol{x}}\cdot\ddot{\boldsymbol{x}})^2\,(\dot{\boldsymbol{x}}\cdot\dot{\boldsymbol{x}})}{(\dot{\boldsymbol{x}}\cdot\dot{\boldsymbol{x}})^4}\\ &= \frac{(\dot{\boldsymbol{x}}\cdot\dot{\boldsymbol{x}})\,(\ddot{\boldsymbol{x}}\cdot\ddot{\boldsymbol{x}}) - (\dot{\boldsymbol{x}}\cdot\ddot{\boldsymbol{x}})^2}{(\dot{\boldsymbol{x}}\cdot\dot{\boldsymbol{x}})^3}\end{aligned}$$

も成り立ちます．まとめると，次式が得られます．

$$\boldsymbol{k}(t) = \frac{1}{\dot{\boldsymbol{x}}\cdot\dot{\boldsymbol{x}}}\,\ddot{\boldsymbol{x}} - \frac{\dot{\boldsymbol{x}}\cdot\ddot{\boldsymbol{x}}}{(\dot{\boldsymbol{x}}\cdot\dot{\boldsymbol{x}})^2}\,\dot{\boldsymbol{x}} \tag{5.4}$$

$$\kappa(t) = \sqrt{\frac{(\dot{\boldsymbol{x}}\cdot\dot{\boldsymbol{x}})\,(\ddot{\boldsymbol{x}}\cdot\ddot{\boldsymbol{x}}) - (\dot{\boldsymbol{x}}\cdot\ddot{\boldsymbol{x}})^2}{(\dot{\boldsymbol{x}}\cdot\dot{\boldsymbol{x}})^3}} \tag{5.5}$$

ついでに，最後の式で $\sqrt{}$ の中の分子が正なのは，コーシー・シュワルツの不等式 $|\boldsymbol{a}\cdot\boldsymbol{b}| \leqq \|\boldsymbol{a}\|\,\|\boldsymbol{b}\|$ からも分かります．

演習問題

5.1　空間内の x 軸に平行な放物柱 $\{(x,y,z) \mid z=1-2y^2\}$ と y 軸に平行な放物柱 $\{(x,y,z) \mid z=2x^2-1\}$ の交わりの曲線のパラメーター表示を求めなさい.

5.2　xy 平面に傾き $\dfrac{b}{a}$ の直線を描き，半径 a の円柱 $\{(x,y,z) \mid x^2+y^2=a^2\}$ に巻き付けます．このとき，平面上の y 軸が，空間の z 軸に平行になるようにすると，半径 a，傾き $\dfrac{b}{a}$ の螺旋が描かれることを確かめなさい．特に，直線上の 2 点間の距離と，対応する螺旋上の 2 点間の弧長が一致することを示しなさい.

5.3　半径 π の円を平面上に描き，その平面を半径 1 の円柱に巻き付けることで得られる曲線の弧長パラメーター表示を求めなさい．また，概形を描きなさい.

5.4　関数 $f(x)$ のグラフ上の点 $(t, f(t))$ における曲率を f の導関数 $\dot{f}(t), \ddot{f}(t)$ を用いて表しなさい.

5.5　xy 平面上の曲線に対し，その曲線に接し，同じ曲率半径をもつ円を接触円といいます.

(1)　放物線 $y=x^2$ の頂点における接触円を描きなさい.

(2)　正弦曲線 $y=\sin x$ の頂点 $\left(\dfrac{\pi}{2}, 1\right)$ における接触円を描きなさい.

(3)　楕円 $\dfrac{x^2}{4}+y^2=1$ の頂点 $(2,0)$ と $(0,1)$ における接触円を描きなさい.

第 6 章

フレネ・セレーの公式

《目標＆ポイント》曲率だけでは曲線の形は決まりません．曲線の捩れぐあいを表す「捩率（れいりつ）」が必要です．曲線の形は，曲率と捩率を含んだフレネ・セレーの公式で記述されます．この式を調べると，曲率と捩率の 2 つで曲線の形が定まることがわかります．

《キーワード》捩率，フレネ・セレーの公式，自然方程式

6.1　円軌道と螺旋軌道

前章の例で分かるように，半径 a，傾き $\dfrac{b}{a}$ の螺旋の曲率は定数 $\dfrac{a}{a^2+b^2}$ で，半径 $a+\dfrac{b^2}{a}$ の円とまったく同じです．明らかにこの 2 つの曲線の形状は異なります．円周は平面に含まれますが，螺旋を含む平面は存在しません．しかし，この 2 つの曲線の曲率は同じです．何が違うのでしょうか．

このことを考えるために，思考実験として，海中を泳ぐクジラ君に登場してもらいます．私たちの想定としては，事実を単純化して，次のように考えます．クジラはほとんど背びれがありません．少なくとも，方向舵のように向きを変えることのできる背びれはありません．尾びれは水平についていて，上下に振ることができるだけです．その力は推進力だけを生みだします．向きを変えることのできるひれは，左右一対の胸びれだけです．胸びれは直進するときは体側につけていて，抵抗を少なくします．胸びれを広げると，揚力が生みだされ，上昇することができます．揚力は，角度を変えることにより，調整できます．片方だけ力を入れると，進行方向を軸として，体を回転させることもできます．

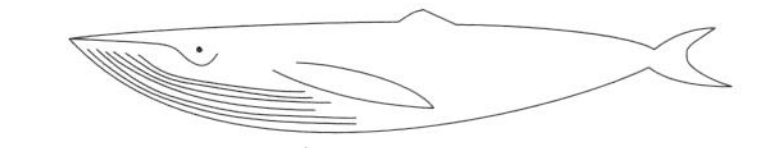

この想定 (事実に近いと思いますが) では，クジラには左右に曲がる装置が

ありません．でも，たとえば，右に曲がるときはどうすればいいのでしょうか．そのためには，体を 90° 回転させてお腹を左にして，胸びれを広げればいいのです．このようにして，お腹を外側にして，胸びれを使えば，水中で円軌道を描くことができます．

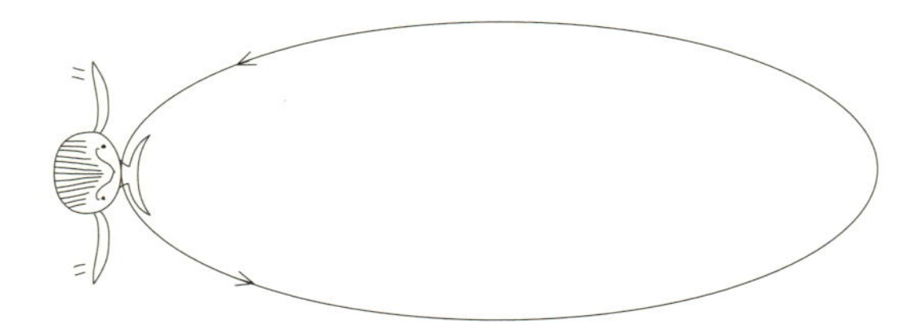

それでは，クジラが螺旋軌道を泳ごうと決心したら，ひれをどう動かせばよいのでしょうか．体を回転させながら，両胸びれを広げればいいのでしょうか．左右不均等に力を入れればいいのでしょうか．そうなのですが，でも，どうしてでしょう．左右どちらに力を入れればいいのでしょうか．

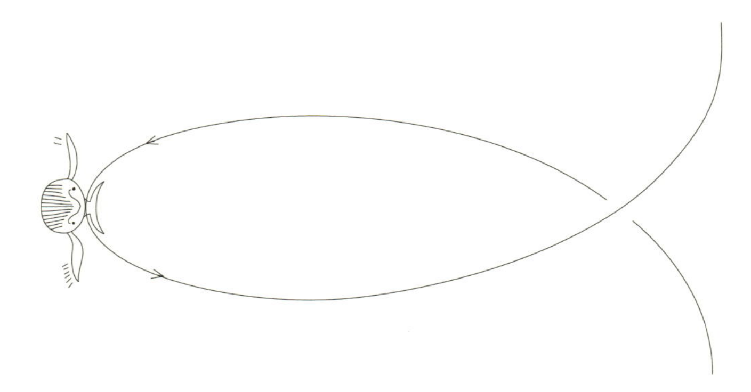

6.2　捩率とフレネ・セレーの公式

前節のようなことを調べるためには，曲がる方向の変化率を調べる必要があります．曲線 $C = \{\boldsymbol{x}(t)\}$ の曲がる方向は曲率ベクトル $\boldsymbol{k}(t)$ の方向と考えられます．そこで，曲がる方向 $\boldsymbol{e}_2(t)$ を

$$\boldsymbol{e}_2(t) = \frac{1}{\|\boldsymbol{k}(t)\|}\,\boldsymbol{k}(t) = \frac{1}{\kappa(t)}\,\boldsymbol{k}(t) \tag{6.1}$$

と定めます．前章で見たように，$\boldsymbol{e}_1(t) \perp \boldsymbol{e}_2(t)$ です．$\boldsymbol{e}_2(t)$ は**主法線ベクトル**といいます．ところで，曲がる方向は，曲線とともに曲がる方向に回転して

しまう，という欠点があります．そのため，曲線の捩れ方を捉えるには，もう少し精密な議論が必要です．

そこで，新たに考えるのは，曲がる方向に変化しない方向，それは，$\boldsymbol{e}_1(t)$ とも $\boldsymbol{e}_2(t)$ とも垂直な方向，すなわち，外積

$$\boldsymbol{e}_3(t) = \boldsymbol{e}_1(t) \times \boldsymbol{e}_2(t) \tag{6.2}$$

の方向です．曲線が曲がるための回転は，$\boldsymbol{e}_1(t)$ と $\boldsymbol{e}_2(t)$ を含む平面で起きていると考えられますから，$\boldsymbol{e}_3(t)$ 方向はその回転軸にあたります．$\boldsymbol{e}_3(t)$ を**従法線ベクトル**といいます．回転軸の変化率こそ，曲線の捩れる大きさを表していると期待できます．

$\boldsymbol{e}_1(t)$ と $\boldsymbol{e}_2(t)$ は直交する単位ベクトルですから，$\langle \boldsymbol{e}_1(t), \boldsymbol{e}_2(t), \boldsymbol{e}_3(t) \rangle$ は正規直交基底になります．すなわち，時刻 t とともに動く正規直交基底が得られました．これを**フレネ標構**といいます．フレネ標構は $\kappa(t) > 0$ のときだけ定義されます．

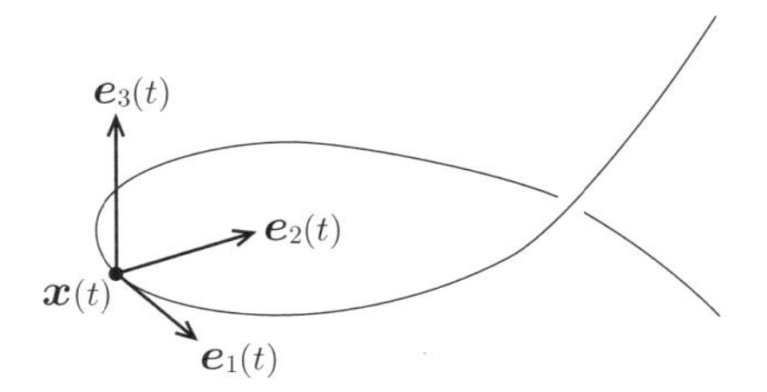

フレネ標構の，曲線の進む距離，すなわち，弧長に関する変化率を計算します．簡単のために弧長パラメーター s を用いて計算します．$i = 1, 2, 3$ に対して，s に関する微分 $\boldsymbol{e}_i{}'(s)$ を調べます．$\langle \boldsymbol{e}_1(s), \boldsymbol{e}_2(s), \boldsymbol{e}_3(s) \rangle$ は正規直交基底ですから，その係数

$$\boldsymbol{e}_i{}'(s) = a_{1i}(s)\,\boldsymbol{e}_1(s) + a_{2i}(s)\,\boldsymbol{e}_2(s) + a_{3i}(s)\,\boldsymbol{e}_3(s)$$

を調べます．このとき，$\boldsymbol{e}_j(s)$ との内積をとると

$$\boldsymbol{e}_i{}'(s) \cdot \boldsymbol{e}_j(s) = a_{ji}(s)$$

が分かります．ここで，正規直交関係

$$\boldsymbol{e}_i(s) \cdot \boldsymbol{e}_i(s) \equiv 1,\ \boldsymbol{e}_i(s) \cdot \boldsymbol{e}_j(s) \equiv 0 \quad (i \neq j)$$

を s に関して微分すると

$$2\,\boldsymbol{e}_i{}'(s)\cdot\boldsymbol{e}_i(s)\equiv 0,\ \boldsymbol{e}_i{}'(s)\cdot\boldsymbol{e}_j(s)+\boldsymbol{e}_i(s)\cdot\boldsymbol{e}_j{}'(s)\equiv 0\quad(i\neq j)$$

を得ます．したがって

$$a_{ii}(s)\equiv 0,\ a_{ji}(s)=-a_{ij}(s)\quad(i\neq j)$$

が成り立ちます．これで，実質的には 3 つの関数 $a_{21}(s), a_{31}(s), a_{32}(s)$ を求めればよいことになります．はじめの 2 つはわかっています．実際，曲率ベクトルと主法線ベクトルの定義より

$$\begin{aligned}\boldsymbol{e}_1{}'(s)&=\boldsymbol{k}(s)=\kappa(s)\,\boldsymbol{e}_2(s)\\&=a_{11}(s)\,\boldsymbol{e}_1(s)+a_{21}(s)\,\boldsymbol{e}_2(s)+a_{31}(s)\,\boldsymbol{e}_3(s)\end{aligned}$$

ですから

$$a_{21}(s)=-a_{12}(s)=\kappa(s),\ a_{31}(s)=-a_{13}(s)\equiv 0$$

です．3 つめの関数 $a_{32}(s)=\boldsymbol{e}_2{}'(s)\cdot\boldsymbol{e}_3(s)$ は新しい関数です．

定義　C^r 曲線 $\boldsymbol{x}(t)$ の**捩率**（れいりつ）$\tau(t)$ を

$$\tau(t)=\boldsymbol{e}_2{}'(s)\cdot\boldsymbol{e}_3(s)=\frac{1}{\|\dot{\boldsymbol{x}}(t)\|}\,\dot{\boldsymbol{e}}_2(t)\cdot\boldsymbol{e}_3(t)$$

と定めます．ただし，$\langle\boldsymbol{e}_1(t),\boldsymbol{e}_2(t),\boldsymbol{e}_3(t)\rangle$ はフレネ標構です．

すると，以上の定義，計算より，次の定理が成り立ちます．

定理 6.1（フレネ・セレーの公式）　C^r 曲線 $\boldsymbol{x}(t)$ の曲率を $\kappa(t)$，捩率を $\tau(t)$，フレネ標構を $\langle\boldsymbol{e}_1(t),\boldsymbol{e}_2(t),\boldsymbol{e}_3(t)\rangle$ とするとき，その変化率に関し次式が成り立ちます．

$$\begin{cases}\boldsymbol{e}_1{}'(s)= & & \kappa(s)\,\boldsymbol{e}_2(s) & \\ \boldsymbol{e}_2{}'(s)= & -\kappa(s)\,\boldsymbol{e}_1(s) & & +\tau(s)\,\boldsymbol{e}_3(s)\\ \boldsymbol{e}_3{}'(s)= & & -\tau(s)\,\boldsymbol{e}_2(s) & \end{cases}\tag{6.3}$$

同じ式を，一般のパラメーターを用いて表すと

$$\begin{cases}\dfrac{1}{\|\dot{\boldsymbol{x}}(t)\|}\,\dot{\boldsymbol{e}}_1(t)= & & \kappa(t)\,\boldsymbol{e}_2(t) & \\ \dfrac{1}{\|\dot{\boldsymbol{x}}(t)\|}\,\dot{\boldsymbol{e}}_2(t)= & -\kappa(t)\,\boldsymbol{e}_1(t) & & +\tau(t)\,\boldsymbol{e}_3(t)\\ \dfrac{1}{\|\dot{\boldsymbol{x}}(t)\|}\,\dot{\boldsymbol{e}}_3(t)= & & -\tau(t)\,\boldsymbol{e}_2(t) & \end{cases}\tag{6.4}$$

となります．

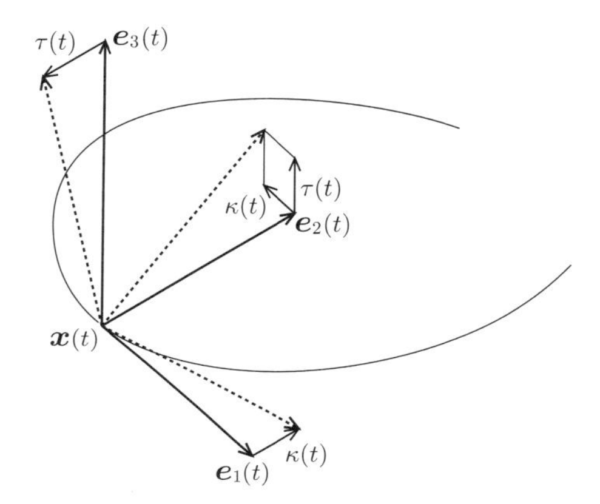

結果として，曲率 $\kappa(t)$ は $\boldsymbol{e}_1{}'(s)$ の大きさを与えるもの，捩率 $\tau(t)$ は $\boldsymbol{e}_3{}'(s)$ の大きさを与えるものといえます．ただし，$\kappa(t) \geqq 0$ ですが，$\tau(t)$ は正の値も，負の値もとることがあります．

捩率についても，直接，$\boldsymbol{x}(t)$ の導関数で表してみましょう．定義より

$$\begin{aligned}\tau(t) &= \frac{1}{\|\dot{\boldsymbol{x}}(t)\|}\,\dot{\boldsymbol{e}}_2(t)\cdot\boldsymbol{e}_3(t)\\ &= \frac{1}{\|\dot{\boldsymbol{x}}(t)\|}\,(\boldsymbol{e}_1(t)\times\boldsymbol{e}_2(t))\cdot\dot{\boldsymbol{e}}_2(t)\\ &= \frac{1}{\|\dot{\boldsymbol{x}}(t)\|}\,\det(\boldsymbol{e}_1(t)\ \boldsymbol{e}_2(t)\ \dot{\boldsymbol{e}}_2(t))\end{aligned}$$

となります．さらに

$$\begin{aligned}\boldsymbol{e}_1(t) &= \frac{1}{\|\dot{\boldsymbol{x}}\|}\,\dot{\boldsymbol{x}}\\ \boldsymbol{e}_2(t) &= \frac{1}{\kappa(t)}\,\boldsymbol{k}(t)\\ &= \sqrt{\frac{(\dot{\boldsymbol{x}}\cdot\dot{\boldsymbol{x}})^3}{(\dot{\boldsymbol{x}}\cdot\dot{\boldsymbol{x}})\,(\ddot{\boldsymbol{x}}\cdot\ddot{\boldsymbol{x}})-(\dot{\boldsymbol{x}}\cdot\ddot{\boldsymbol{x}})^2}}\,\left(\frac{1}{\dot{\boldsymbol{x}}\cdot\dot{\boldsymbol{x}}}\,\ddot{\boldsymbol{x}}-\frac{\dot{\boldsymbol{x}}\cdot\ddot{\boldsymbol{x}}}{(\dot{\boldsymbol{x}}\cdot\dot{\boldsymbol{x}})^2}\,\dot{\boldsymbol{x}}\right)\\ &= \sqrt{\frac{\dot{\boldsymbol{x}}\cdot\dot{\boldsymbol{x}}}{(\dot{\boldsymbol{x}}\cdot\dot{\boldsymbol{x}})\,(\ddot{\boldsymbol{x}}\cdot\ddot{\boldsymbol{x}})-(\dot{\boldsymbol{x}}\cdot\ddot{\boldsymbol{x}})^2}}\,\ddot{\boldsymbol{x}}+A\,\dot{\boldsymbol{x}}\\ \dot{\boldsymbol{e}}_2(t) &= \sqrt{\frac{\dot{\boldsymbol{x}}\cdot\dot{\boldsymbol{x}}}{(\dot{\boldsymbol{x}}\cdot\dot{\boldsymbol{x}})\,(\ddot{\boldsymbol{x}}\cdot\ddot{\boldsymbol{x}})-(\dot{\boldsymbol{x}}\cdot\ddot{\boldsymbol{x}})^2}}\,\dddot{\boldsymbol{x}}+B\,\ddot{\boldsymbol{x}}+C\,\dot{\boldsymbol{x}}\end{aligned}$$

と表されます．ここで，A, B, C は複雑な式で表される関数ですが，後の計算で必要なくなるのであえて計算しません．これらを代入します．

$$
\begin{aligned}
\tau(t) &= \frac{1}{\|\dot{\boldsymbol{x}}(t)\|} \det(\boldsymbol{e}_1(t)\ \boldsymbol{e}_2(t)\ \dot{\boldsymbol{e}}_2(t)) \\
&= \frac{1}{\|\dot{\boldsymbol{x}}\|} \det\left(\frac{1}{\|\dot{\boldsymbol{x}}\|}\,\dot{\boldsymbol{x}}\ \sqrt{}\ \ddot{\boldsymbol{x}} + A\,\dot{\boldsymbol{x}}\ \sqrt{}\ \dddot{\boldsymbol{x}} + B\,\ddot{\boldsymbol{x}} + C\,\dot{\boldsymbol{x}} \right) \\
&= \frac{1}{\|\dot{\boldsymbol{x}}\|} \det\left(\frac{1}{\|\dot{\boldsymbol{x}}\|}\,\dot{\boldsymbol{x}}\ \sqrt{}\ \ddot{\boldsymbol{x}}\ \sqrt{}\ \dddot{\boldsymbol{x}} \right) \\
&= \frac{1}{\dot{\boldsymbol{x}}\cdot\dot{\boldsymbol{x}}}\ \frac{\dot{\boldsymbol{x}}\cdot\dot{\boldsymbol{x}}}{(\dot{\boldsymbol{x}}\cdot\dot{\boldsymbol{x}})\ (\ddot{\boldsymbol{x}}\cdot\ddot{\boldsymbol{x}}) - (\dot{\boldsymbol{x}}\cdot\ddot{\boldsymbol{x}})^2} \det\left(\dot{\boldsymbol{x}}\ \ddot{\boldsymbol{x}}\ \dddot{\boldsymbol{x}}\right) \\
&= \frac{\det\left(\dot{\boldsymbol{x}}\ \ddot{\boldsymbol{x}}\ \dddot{\boldsymbol{x}}\right)}{(\dot{\boldsymbol{x}}\cdot\dot{\boldsymbol{x}})\ (\ddot{\boldsymbol{x}}\cdot\ddot{\boldsymbol{x}}) - (\dot{\boldsymbol{x}}\cdot\ddot{\boldsymbol{x}})^2}
\end{aligned}
$$

となります．ただし，計算の途中の根号の中身は省略しました．次式が得られました．

$$
\tau(t) = \frac{\det\left(\dot{\boldsymbol{x}}\ \ddot{\boldsymbol{x}}\ \dddot{\boldsymbol{x}}\right)}{(\dot{\boldsymbol{x}}\cdot\dot{\boldsymbol{x}})\ (\ddot{\boldsymbol{x}}\cdot\ddot{\boldsymbol{x}}) - (\dot{\boldsymbol{x}}\cdot\ddot{\boldsymbol{x}})^2} \tag{6.5}
$$

例 6.2 (直線と円)　直線に対しては，曲率 $\equiv 0$ ですから，捩率は定義されません．円に対しては

$$
\boldsymbol{x}(t) = \begin{pmatrix} a\cos t \\ a\sin t \\ 0 \end{pmatrix},\ \boldsymbol{e}_1(t) = \begin{pmatrix} -\sin t \\ \cos t \\ 0 \end{pmatrix},\ \boldsymbol{k}(t) = \frac{1}{a}\begin{pmatrix} -\cos t \\ -\sin t \\ 0 \end{pmatrix}
$$

より

$$
\boldsymbol{e}_2(t) = \begin{pmatrix} -\cos t \\ -\sin t \\ 0 \end{pmatrix},\ \boldsymbol{e}_3(t) = \begin{pmatrix} 0 \\ 0 \\ 1 \end{pmatrix}
$$

となります．$\dot{\boldsymbol{e}}_3(t) \equiv \boldsymbol{0}$ ですから，$\tau(t) \equiv 0$ です．

一般に，曲線 $C = \{\boldsymbol{x}(t)\}$ がある平面 H に含まれるとき，$\boldsymbol{e}_1(t)$ と $\boldsymbol{e}_2(t)$ も H に含まれ，$\boldsymbol{e}_3(t)$ は H と直交することがわかります．したがって，$\kappa(t) > 0$ であるかぎり，$\boldsymbol{e}_3(t)$ は定ベクトルで，$\tau(t) \equiv 0$ となります．逆に，$\tau(t) \equiv$

0 であれば，曲線はある平面 H に含まれることも分かります．

例 6.3 (螺旋) 螺旋について

$$\boldsymbol{x}(t)=\begin{pmatrix} a\cos t \\ a\sin t \\ bt \end{pmatrix},\ \boldsymbol{e}_1(t)=\frac{1}{\sqrt{a^2+b^2}}\begin{pmatrix} -a\sin t \\ a\cos t \\ b \end{pmatrix},$$

$$\boldsymbol{k}(t)=\frac{a}{a^2+b^2}\begin{pmatrix} -\cos t \\ -\sin t \\ 0 \end{pmatrix},\ \kappa(t)=\frac{a}{a^2+b^2}$$

でした．したがって

$$\boldsymbol{e}_2(t)=\begin{pmatrix} -\cos t \\ -\sin t \\ 0 \end{pmatrix},\ \boldsymbol{e}_3(t)=\frac{1}{\sqrt{a^2+b^2}}\begin{pmatrix} b\sin t \\ -b\cos t \\ a \end{pmatrix},$$

$$\dot{\boldsymbol{e}}_3(t)=\frac{1}{\sqrt{a^2+b^2}}\begin{pmatrix} b\cos t \\ b\sin t \\ 0 \end{pmatrix},\ \tau(t)=\frac{b}{a^2+b^2}$$

となります．螺旋は曲率，捩率がともに定数になります．捩率が 0 でないので，けっして，平面には含まれません．

例題 6.4 曲線 $\boldsymbol{x}(t)=\begin{pmatrix} t \\ t^2 \\ t^3 \end{pmatrix}$ の曲率，捩率を求めなさい．この曲線を xy 平面，yz 平面，xz 平面に射影するとき，どのような曲線になるでしょうか．それらの図を描き，曲線 $\boldsymbol{x}(t)$ の概形を描きなさい．

解 $\dot{\boldsymbol{x}}(t)=\begin{pmatrix} 1 \\ 2t \\ 3t^2 \end{pmatrix}$, $\ddot{\boldsymbol{x}}(t)=\begin{pmatrix} 0 \\ 2 \\ 6t \end{pmatrix}$, $\dddot{\boldsymbol{x}}(t)=\begin{pmatrix} 0 \\ 0 \\ 6 \end{pmatrix}$ より，(5.5)，(6.5) に代入すると

$$\kappa(t)=2\sqrt{\frac{1+9t^2+9t^4}{(1+4t^2+9t^4)^3}},\quad \tau(t)=\frac{3}{1+9t^2+9t^4}$$

となります．$\boldsymbol{x}(t)$ を xy 平面に射影すると，座標は (t, t^2) ですから，放物線 $y = x^2$ です．同じく，yz 平面ならば，(t^2, t^3) ですから，カスプ $z = \pm(\sqrt{y})^3$ です．また，xz 平面ならば，(t, t^3) ですから，x^3 のグラフ $z = x^3$ です．次のような図が得られます．

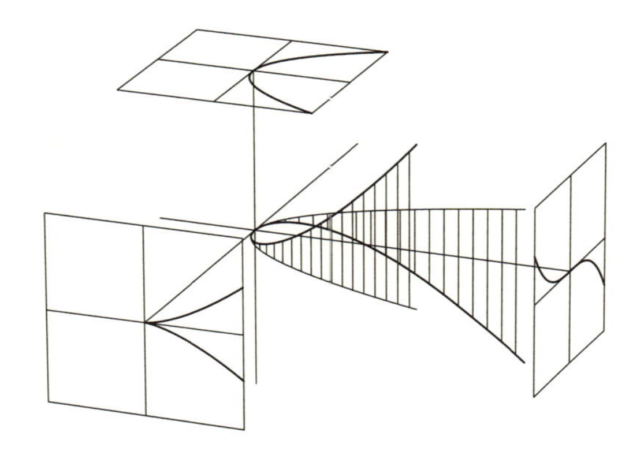

6.3　自然方程式

曲率と捩率を与えて曲線を求める問題を考えてみましょう．曲率と捩率はもとの曲線からみると，その導関数の式で与えられますから，先に，曲率と捩率を与えて，曲線を求める問題は特殊な形の微分方程式と考えられます．このように，曲率と捩率を先に与えて，それを曲率，捩率とする曲線を解と考えることができます．この考え方を**自然方程式**といいます．クジラの身になって考えれば，どうひれを動かせば，どんな曲線を描けるか，という問題です．

求める曲線が C^r だと仮定しましょう．すると，$\kappa(t)$ は C^{r-2} で $\geqq 0$ です．捩率が定義できないと，問題になりませんから，$\kappa(t) > 0$ と仮定します．そのとき，$\tau(t)$ は C^{r-3} になります．また，問題を単純にするために，パラメーターは弧長パラメーター s を用います．

定理 6.5 (曲線論の基本定理)　$r \geqq 3$ と $-\infty \leqq a < b \leqq \infty$ なる a, b に対し，区間 (a, b) 上に正値 C^{r-2} 関数 $\kappa(s) > 0$ と C^{r-3} 関数 $\tau(s)$ が与えられたとします．そのとき

(1)　$\kappa(s)$ を曲率，$\tau(s)$ を捩率とし，$a < s < b$ を弧長パラメーターとする C^r 曲線 $\{\boldsymbol{x}(s)\}$ が存在します．

(2) そのような曲線が 2 つあれば，空間の回転と平行移動で重ね合わすことができます．

弧長パラメーターですから，$\boldsymbol{x}'(s) = \boldsymbol{e}_1(s)$ です．$\boldsymbol{e}_1(s)$ があれば，$\boldsymbol{x}(s)$ は求まります．${\boldsymbol{e}_1}'(s) = \kappa(s)\,\boldsymbol{e}_2(s)$ ですから，$\boldsymbol{e}_2(s)$ があれば，$\boldsymbol{e}_1(s)$ は求まります．しかし，${\boldsymbol{e}_2}'(s) = -\kappa(s)\,\boldsymbol{e}_1(s) + \tau(s)\,\boldsymbol{e}_3(s)$ ですから，単純ではありません．

そこで，$\boldsymbol{e}_1(s), \boldsymbol{e}_2(s), \boldsymbol{e}_3(s)$ を横に並べた 3×3 行列 $F(s)$ を考えます．

$$F(s) = (\boldsymbol{e}_1(s)\ \boldsymbol{e}_2(s)\ \boldsymbol{e}_3(s))$$

とおくと，フレネ・セレーの公式より

$$\begin{aligned}
\frac{dF}{ds}(s) &= ({\boldsymbol{e}_1}'(s)\ {\boldsymbol{e}_2}'(s)\ {\boldsymbol{e}_3}'(s)) \\
&= (\kappa(s)\boldsymbol{e}_2(s)\ \ -\kappa(s)\boldsymbol{e}_1(s) + \tau(s)\boldsymbol{e}_3(s)\ \ -\tau(s)\boldsymbol{e}_2(s)) \\
&= (\boldsymbol{e}_1(s)\ \boldsymbol{e}_2(s)\ \boldsymbol{e}_3(s)) \begin{pmatrix} 0 & -\kappa(s) & 0 \\ \kappa(s) & 0 & -\tau(s) \\ 0 & \tau(s) & 0 \end{pmatrix} \\
&= F(s)\,K(s)
\end{aligned}$$

を得ます．よって，3×3 行列 $F(s)$ は行列の常微分方程式

$$\frac{dF}{ds}(s) = F(s)\,K(s) \tag{6.6}$$

を満たすことが分かります．ただし，$K(s)$ は 3 次正方行列

$$K(s) = \begin{pmatrix} 0 & -\kappa(s) & 0 \\ \kappa(s) & 0 & -\tau(s) \\ 0 & \tau(s) & 0 \end{pmatrix}$$

で，${}^tK(s) = -K(s)$ を満たします．

行列の常微分方程式 (6.6) は，$F(s)$ の各成分の式と考えて並べなおせば，通常の 1 階線形常微分方程式系になり，解の存在と一意性が成り立ちます．その結果，方程式 (6.6) に関して，次の (1), (2), (3) が成り立ちます．

(1) $K(s)$ は C^{r-3} ですから，$s = s_0$ における任意の初期値 F_0 に対して，C^{r-2} の解 $F(s)$ が区間 (a, b) 上で一意的に存在します．

(2)　単位行列 I を初期値とする (6.6) の解を，特に，$\Phi(s)$ とおきます．すると，任意の初期値 F_0 に対して，対応する解は $F(s) = F_0\,\Phi(s)$ で与えられます．

(3)　$\Phi(s)$ は行列式が 1 の直交行列です．

(1) については常微分方程式の教科書を見てください．

(2) は

$$\begin{cases} F(s_0) = F_0\,\Phi(s_0) = F_0\,I = F_0 \\ \dfrac{dF}{ds}(s) = F_0\,\dfrac{d\Phi}{ds}(s) = F_0\,\Phi(s)\,K(s) = F(s)\,K(s) \end{cases}$$

より明らかです．

(3) については次の議論ができます．一般に，関数行列の逆行列の微分は

$$\frac{d\,A(s)^{-1}}{d\,s} = -A(s)^{-1}\,\frac{d\,A(s)}{d\,s}\,A(s)^{-1}$$

で与えられます．これを用いて，$\dfrac{d\,{}^t\Phi(s)^{-1}}{d\,s}$ を計算します．

$$\begin{aligned} \frac{d\,{}^t\Phi(s)^{-1}}{d\,s} &= -{}^t\Phi(s)^{-1}\,\frac{d\,{}^t\Phi(s)}{d\,s}\,{}^t\Phi(s)^{-1} \\ &= -{}^t\Phi(s)^{-1}\,{}^t\left(\Phi(s)\,K(s)\right)\,{}^t\Phi(s)^{-1} \\ &= -{}^t\Phi(s)^{-1}\,{}^tK(s)\,{}^t\Phi(s)\,{}^t\Phi(s)^{-1} \\ &= -{}^t\Phi(s)^{-1}\,{}^tK(s) \\ &= {}^t\Phi(s)^{-1}\,K(s) \end{aligned}$$

したがって，${}^t\Phi(s)^{-1}$ もまた，方程式 (6.6) の解です．そして，初期値は ${}^tI^{-1} = I$ となり，$\Phi(s)$ の初期値と一致します．したがって，解の一意性より，全区間 (a,b) で ${}^t\Phi(s)^{-1} = \Phi(s)$ であることが分かります．

$\Phi(s)$ の行列式に関しては，s_0 で 1 であることと，直交行列の行列式が ±1 だけであることと，$\Phi(s)$ の行列式の連続性から，恒等的に 1 であることが分かります．

定理の証明 (一意性：定理の (2)). 同じ曲率，捩率をもつ曲線 $\{\boldsymbol{x}(s)\}$ と $\{\boldsymbol{y}(s)\}$ があったと仮定します．回転により $\{\boldsymbol{y}(s)\}$ を移動して，$s = s_0$ におけるフレネ標構を一致させることができます．すると，2 つの曲線のフレネ標

構は，同じ初期値に対する (6.6) の 2 つの解です．したがって，全区間で一致します．$\{\boldsymbol{x}(s)\}$ と $\{\boldsymbol{y}(s)\}$ は同じ $\boldsymbol{e}_1(s)$ を積分したものですから，平行移動で重なることがわかります．

(存在：定理の (1)) 与えられた $\kappa(s), \tau(s)$ より定まる行列 $K(s)$ に対して，方程式 (6.6) の解 $\Phi(s)$ が存在します．それを構成する 3 つの縦ベクトルを $\boldsymbol{e}_1(s), \boldsymbol{e}_2(s), \boldsymbol{e}_3(s)$ とおきます．

$\Phi(s)$ は行列式 1 の直交行列ですから，$\langle \boldsymbol{e}_1(s), \boldsymbol{e}_2(s), \boldsymbol{e}_3(s) \rangle$ は右手系の正規直交基底になります．これらのベクトルは求める曲線のフレネ標構であるかどうかは，まだ分かりませんが，$\kappa(s), \tau(s)$ に対する，フレネ・セレーの公式を満たすベクトルです．

ここで，$\boldsymbol{e}_1(s)$ を積分した曲線を $C = \{\boldsymbol{x}(s)\}$ とおきます．

$$\boldsymbol{x}(s) = \int_{s_0}^{s} \boldsymbol{e}_1(\sigma)\, d\sigma$$

すると，$\boldsymbol{x}'(s) = \boldsymbol{e}_1(s)$ かつ $\|\boldsymbol{e}_1(s)\| \equiv 1$ より，s は C の弧長パラメーターになり，$\boldsymbol{e}_1(s)$ はその第 1 フレネ標構になります．$\boldsymbol{e}_1{}'(s) = \kappa(s)\, \boldsymbol{e}_2(s)$ かつ $\|\boldsymbol{e}_2(s)\| \equiv 1$ より，$\kappa(s)$ は C の曲率になり，$\boldsymbol{e}_2(s)$ はその第 2 フレネ標構です．さらに，$\langle \boldsymbol{e}_1(s), \boldsymbol{e}_2(s), \boldsymbol{e}_3(s) \rangle$ は右手系の正規直交基底でしたから，$\boldsymbol{e}_3(s)$ は第 3 フレネ標構です．そして，$\boldsymbol{e}_2{}'(s) = -\kappa(s)\, \boldsymbol{e}_1(s) + \tau(s)\, \boldsymbol{e}_3(s)$ より，$\tau(s) = \boldsymbol{e}_2{}'(s) \cdot \boldsymbol{e}_3(s)$ で，したがって，$\tau(s)$ は C の捩率です．

最後に，滑らかさを確かめましょう．$K(s)$ は C^{r-3} ですから，$\boldsymbol{e}_2(s)$ は C^{r-2} です．$\boldsymbol{e}_1{}'(s) = \kappa(s)\, \boldsymbol{e}_2(s)$ で，$\kappa(s)$ は C^{r-2} ですから，$\boldsymbol{e}_1(s)$ は C^{r-1} です．それを積分した $\boldsymbol{x}(s)$ は C^r です． □

演習問題

6.1　関数 $f(x)$ のグラフ $y=f(x)$ を，x 軸が水平な円周になるように，半径 1 の円柱に巻き付けて得られる曲線のパラメーター表示を求めなさい．また，曲率，捩率を f の導関数 $\dot{f}(t), \ddot{f}(t), \dddot{f}(t)$ を用いて表しなさい．

6.2　互いに素な自然数 m, n に対し，$\sin\left(\dfrac{mx}{n}\right)$ のグラフの $0 \leqq x \leqq 2n\pi$ の部分を，半径 1 の円柱に (n 重に) 巻き付けて得られる曲線のパラメーター表示を求めなさい．このとき，パラメーターのスケールを変えて，$0 \leqq t \leqq 2\pi$ となるようにしなさい．この曲線を yz 平面に射影して得られる曲線はどのようなものでしょうか．いくつかの，m, n の値について調べなさい．

6.3　半径 a，傾き $\dfrac{b}{a}$ の螺旋に対して，a, b を動かして，曲率を一定に保ちつつ，捩率を無限大に発散させるようにできます．そのとき，螺旋はどのように変化するか述べなさい．

6.4　一般に，曲線 $\boldsymbol{x}(t)$ を，xy 平面に関する鏡映 M^{xy} で移すとき，曲率，捩率はどのように変わるか述べなさい．

6.5　次の曲線はビビアーニ (Viviani) の曲線といわれるものです．

$$\boldsymbol{x}(t) = \begin{pmatrix} 1+\cos 2t \\ \sin 2t \\ 2\sin t \end{pmatrix}$$

(1)　半径 2 の球面に含まれることを示しなさい．

(2)　半径 1 の円柱に含まれることを示しなさい．

(3)　概形を描きなさい．

(4)　曲率，捩率を求めなさい．

第 7 章

いろいろな曲面

《目標 & ポイント》曲線は 1 個のパラメーターで表されますが，曲面を表すには 2 個のパラメーターを用います．ここでは，平面や球面をはじめ，空間内のいろいろな曲面を考えてみます．

《キーワード》曲面のパラメーター表示，球面，2 次曲面，トーラス，螺旋面

7.1　曲面のパラメーター表示

もっとも単純な曲線が直線であるように，もっとも単純な曲面は平面です．空間内の平面は 2 つのパラメーターを用いて表すことができます．ここでは，u, v をパラメーターとします．

例 7.1　u, v の 1 次関数を 3 つ並べると

$$\boldsymbol{x}(u,v) = \begin{pmatrix} a_1\,u + b_1\,v + c_1 \\ a_2\,u + b_2\,v + c_2 \\ a_3\,u + b_3\,v + c_3 \end{pmatrix} = u \begin{pmatrix} a_1 \\ a_2 \\ a_3 \end{pmatrix} + v \begin{pmatrix} b_1 \\ b_2 \\ b_3 \end{pmatrix} + \begin{pmatrix} c_1 \\ c_2 \\ c_3 \end{pmatrix} = u\,\boldsymbol{a} + v\,\boldsymbol{b} + \boldsymbol{c}$$

となります．ベクトル $\boldsymbol{a}, \boldsymbol{b}$ が 1 次独立ならば，これは平面です．

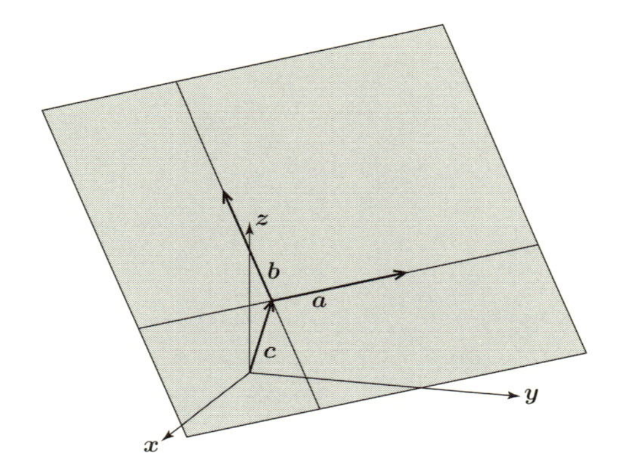

球面のパラメーター表示は u を緯度，v を経度とします．

例 7.2 (単位球面)

$$\boldsymbol{x}(u,v) = \begin{pmatrix} \cos u \cos v \\ \cos u \sin v \\ \sin u \end{pmatrix} \tag{7.1}$$

計算すると $x^2 + y^2 + z^2 = 1$ を満たします．

原点を中心とする単位球面は z 軸に関する回転面で，u をパラメーターとする xz 平面上の半円 $\left\{ \begin{pmatrix} \cos u \\ \sin u \end{pmatrix} \middle| -\frac{\pi}{2} \leqq u \leqq \frac{\pi}{2} \right\}$ をパラメーター v だけ回転して得られます．u は緯度で，ベクトル $\boldsymbol{x}(u,v)$ と赤道面 (xy 平面) のつ

くる角の値です．v は経度で，ベクトル $\boldsymbol{x}(u,v)$ と z 軸を含む平面が xz 平面とつくる角の値です．

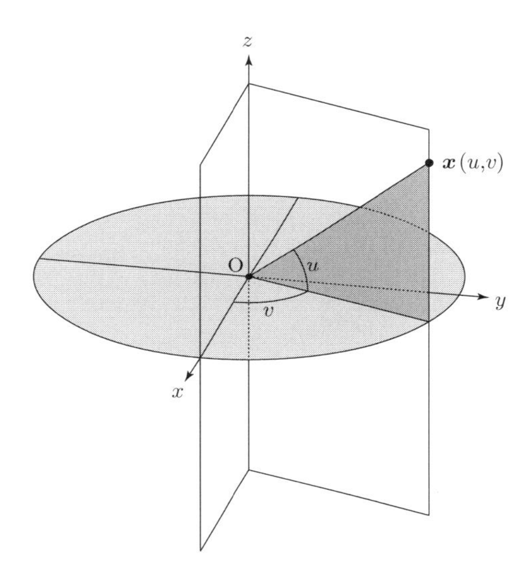

一般に，$U \subset \mathbb{R}^2$ を平面のある領域として，U 上の C^r 関数を 3 つ並べたもの

$$\boldsymbol{x}(u,v) = \begin{pmatrix} x_1(u,v) \\ x_2(u,v) \\ x_3(u,v) \end{pmatrix}$$

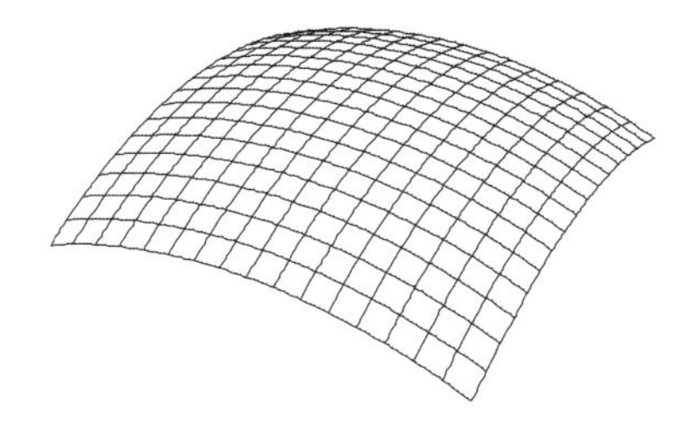

が C^r 曲面のパラメーター表示になるための条件を考えてみます．v を固定して $\boldsymbol{x}(u,v)$ を u をパラメーターとする曲線と考えます．この曲線を u **曲線**といいます．各 v に対して，u 曲線が定まり，曲面は u 曲線で覆われます．

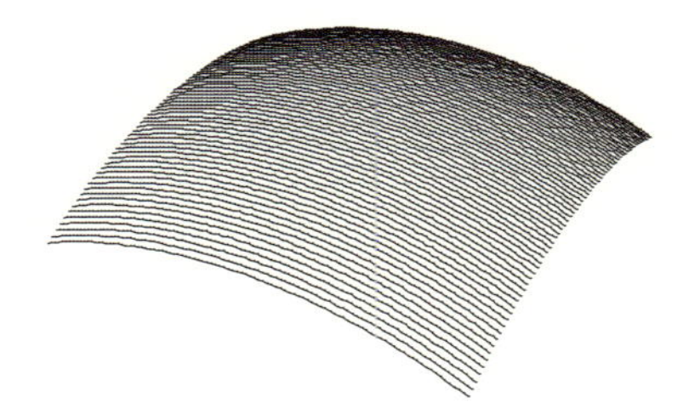

同様に v **曲線**を定めます．曲面は v 曲線でも覆われます．

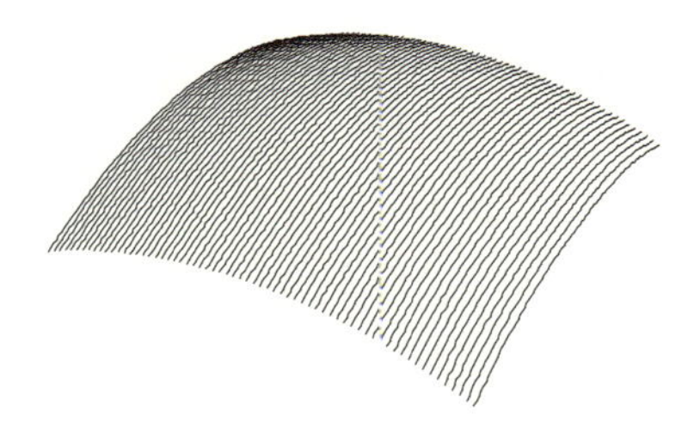

たとえば，u 曲線の速度ベクトルは，v を止めて，u で微分することで与えられますから，偏微分になります．

$$\boldsymbol{x}_u(u,v) = \frac{\partial \boldsymbol{x}}{\partial u}(u,v) = \begin{pmatrix} \dfrac{\partial x_1}{\partial u}(u,v) \\ \dfrac{\partial x_2}{\partial u}(u,v) \\ \dfrac{\partial x_3}{\partial u}(u,v) \end{pmatrix}$$

v 曲線の速度ベクトルも同様に偏微分になります．

$$\boldsymbol{x}_v(u,v) = \frac{\partial \boldsymbol{x}}{\partial v}(u,v) = \begin{pmatrix} \dfrac{\partial x_1}{\partial v}(u,v) \\ \dfrac{\partial x_2}{\partial v}(u,v) \\ \dfrac{\partial x_3}{\partial v}(u,v) \end{pmatrix}$$

u 曲線，v 曲線は尖点をもっては困りますから，これらは $\mathbf{0}$ でないと仮定しますが，より強く，$\boldsymbol{x}_u(u,v), \boldsymbol{x}_v(u,v)$ は **1 次独立**であると仮定します．これは，u 曲線と v 曲線が接せず，別の方向を向くことです．

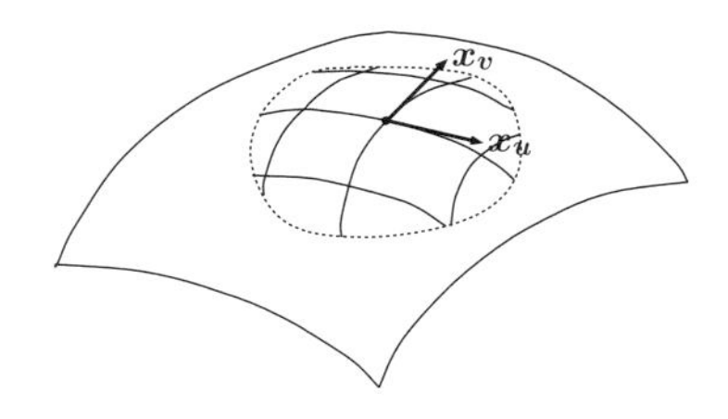

この仮定を満たす $\boldsymbol{x}(u,v)$ を C^r **曲面のパラメーター表示**といいます.

このようにパラメーター表示されるものを C^r 曲面といいたいのですが,困ったことがあります. 前の球面の例 7.2 を思い出してください. あのパラメーター表示 (7.1) では, 南北両極は表されないのです. 実際 (7.1) より

$$\boldsymbol{x}_u(u,v) = \begin{pmatrix} -\sin u \cos v \\ -\sin u \sin v \\ \cos u \end{pmatrix}, \quad \boldsymbol{x}_v(u,v) = \begin{pmatrix} -\cos u \sin v \\ \cos u \cos v \\ 0 \end{pmatrix}$$

ですから, $u = \pm\dfrac{\pi}{2}$ のとき, これらは 1 次独立ではありません. 南北両極の近傍を表すには, 別のパラメーター表示, たとえば

$$\boldsymbol{x}(u,v) = \begin{pmatrix} u \\ v \\ \pm\sqrt{1-u^2-v^2} \end{pmatrix}$$

など (あるいは, (7.1) の y 座標と z 座標を入れ替えたもの) が必要です. すなわち, 1 つの曲面を表すのに, 複数個のパラメーター表示を用いることがあります.

7.2　2 次曲面のパラメーター表示

x, y, z の 2 次式 $= 0$ で定義される曲面を **2 次曲面**といいます. 本質的な 2 次曲面として次のものが知られています.

- 楕円面：$\dfrac{x^2}{a^2} + \dfrac{y^2}{b^2} + \dfrac{z^2}{c^2} = 1$
- 1 葉双曲面：$\dfrac{x^2}{a^2} + \dfrac{y^2}{b^2} - \dfrac{z^2}{c^2} = 1$
- 2 葉双曲面：$\dfrac{x^2}{a^2} + \dfrac{y^2}{b^2} - \dfrac{z^2}{c^2} = -1$

- 楕円放物面：$z = \dfrac{x^2}{a^2} + \dfrac{y^2}{b^2}$
- 双曲放物面：$z = \dfrac{x^2}{a^2} - \dfrac{y^2}{b^2}$

それぞれのパラメーター表示を調べてみよう．

例 7.3 (楕円面)　球面上の点に対し，x 座標を a 倍，y 座標を b 倍，z 座標を c 倍して得られるものです．パラメーター表示は

$$\boldsymbol{x}(u,v) = \begin{pmatrix} a\cos u\cos v \\ b\cos u\sin v \\ c\sin u \end{pmatrix} \tag{7.2}$$

で与えられます．

u 曲線は z 軸を含む平面に含まれる楕円です．

v 曲線は水平面 $z = h$ に含まれる楕円です．

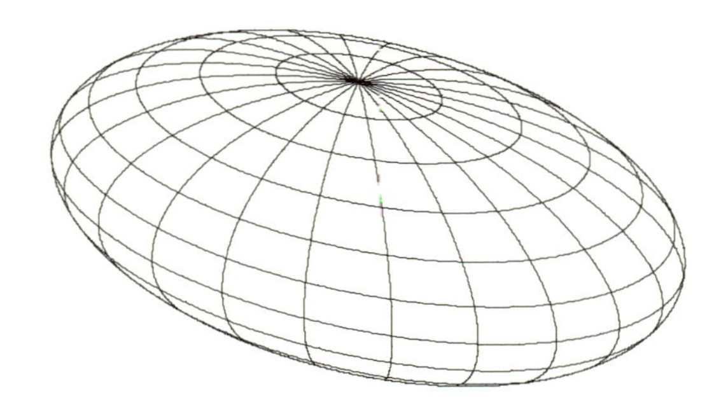

$$\boldsymbol{x}_u(u,v) = \begin{pmatrix} -a\sin u\cos v \\ -b\sin u\sin v \\ c\cos u \end{pmatrix},\ \boldsymbol{x}_v(u,v) = \begin{pmatrix} -a\cos u\sin v \\ b\cos u\cos v \\ 0 \end{pmatrix}$$

ですから，$-\dfrac{\pi}{2} < u < \dfrac{\pi}{2}$ のとき，これらは 1 次独立で，(7.2) は曲面のパラメーター表示を与えます．南北両極の近傍を表すには，別のパラメーター表示が必要です．

特に，$0 < a \leqq b \leqq c$ として，$a = b$ または $b = c$ のとき，(7.2) は回転楕円面といわれます．$a = b$ のときはラグビーボール状の，$b = c$ のときはレンズ状の回転楕円面になります．

次に，2 種類の双曲面のパラメーター表示を示したいのですが，少し準備が必要です．2 乗して引いて 1 という関係を持つ関数の対として，双曲線関数があります．

$$\sinh t = \frac{e^t - e^{-t}}{2},\ \cosh t = \frac{e^t + e^{-t}}{2}$$

とおくと，グラフは

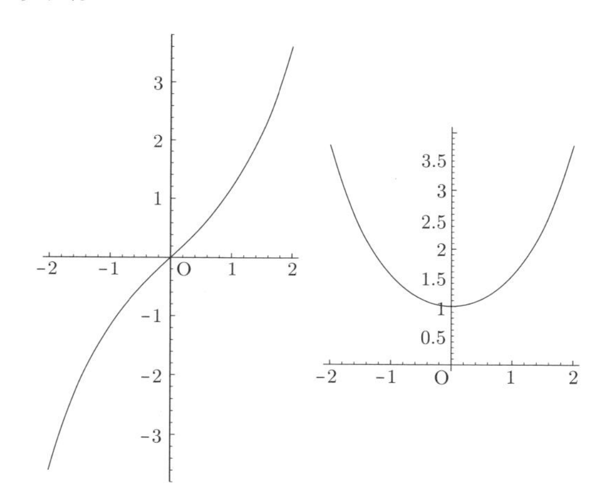

となります．明らかに $\cosh t > \sinh t$ で，計算すると

$$\cosh^2 t - \sinh^2 t \equiv 1$$

となることが分かります．したがって，パラメーター表示 $\boldsymbol{x}(t) = \begin{pmatrix} \cosh t \\ \sinh t \end{pmatrix}$ は直角双曲線になります．また双曲線関数を微分すると

$$\sinh' t = \cosh t,\ \cosh' t = \sinh t$$

が成り立ちます．双曲線関数を利用して，双曲面のパラメーター表示を構成します．

例 7.4 (1 **葉双曲面**)

$$\boldsymbol{x}(u, v) = \begin{pmatrix} a \cosh u \cos v \\ b \cosh u \sin v \\ c \sinh u \end{pmatrix} \tag{7.3}$$

明らかに，$\dfrac{x^2}{a^2} + \dfrac{y^2}{b^2} - \dfrac{z^2}{c^2} = 1$ を満たします．

u 曲線は z 軸を含む平面に含まれる左右に凸な双曲線です.

v 曲線は水平面 $z = h$ に含まれる楕円です.

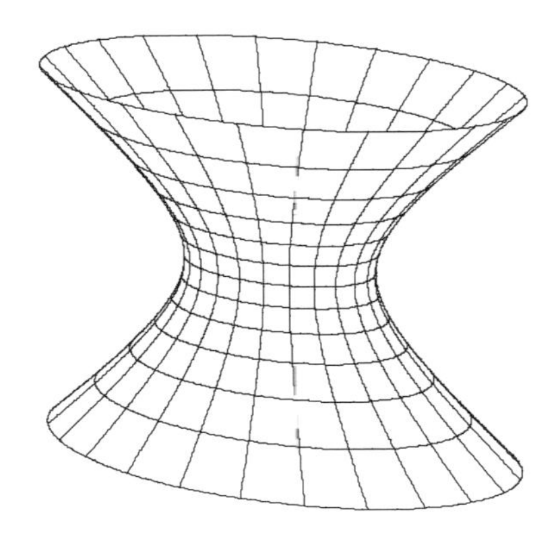

$$\boldsymbol{x}_u(u,v) = \begin{pmatrix} a \sinh u \cos v \\ b \sinh u \sin v \\ c \cosh u \end{pmatrix}, \quad \boldsymbol{x}_v(u,v) = \begin{pmatrix} -a \cosh u \sin v \\ b \cosh u \cos v \\ 0 \end{pmatrix}$$

ですから，これらは 1 次独立で，(7.3) は曲面のパラメーター表示を与えます.

特に，$a = b$ のとき，(7.3) は回転 1 葉双曲面になります.

例 7.5 (2 葉双曲面)

$$\boldsymbol{x}(u,v) = \begin{pmatrix} a \sinh u \cos v \\ b \sinh u \sin v \\ \pm c \cosh u \end{pmatrix} \tag{7.4}$$

明らかに，$\dfrac{x^2}{a^2} + \dfrac{y^2}{b^2} - \dfrac{z^2}{c^2} = -1$ を満たします.

u 曲線は z 軸を含む平面に含まれる上下に凸な双曲線です.

v 曲線は水平面 $z = h$ に含まれる楕円です.

$$\boldsymbol{x}_u(u,v) = \begin{pmatrix} a \cosh u \cos v \\ b \cosh u \sin v \\ \pm c \sinh u \end{pmatrix}, \quad \boldsymbol{x}_v(u,v) = \begin{pmatrix} -a \sinh u \sin v \\ b \sinh u \cos v \\ 0 \end{pmatrix}$$

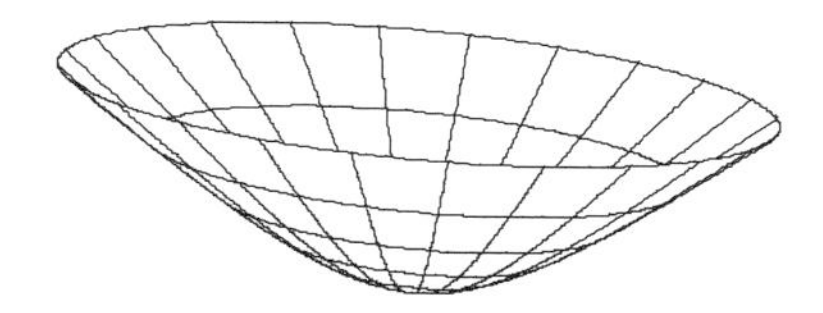

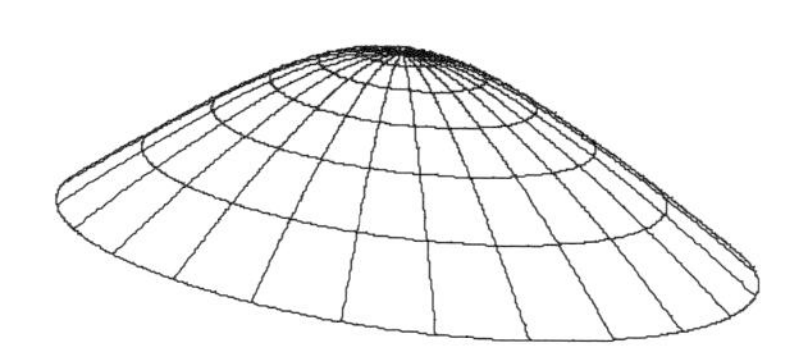

ですから，$u > 0$ のとき，これらは 1 次独立で，(7.4) は曲面のパラメーター表示を与えます．$u = 0$ のとき，両極 $(0, 0, \pm c)$ の近傍を表すには，別のパラメーター表示が必要です．

特に，$a = b$ のとき，(7.4) は回転 2 葉双曲面になります．

例 7.6 (楕円放物面)

$$\boldsymbol{x}(u, v) = \begin{pmatrix} a\,u \\ b\,v \\ u^2 + v^2 \end{pmatrix} \tag{7.5}$$

明らかに，$z = \dfrac{x^2}{a^2} + \dfrac{y^2}{b^2}$ を満たします．

u 曲線は平面 $y = b\,v$ に含まれる下に凸な放物線で，v によらずすべて合同です．

v 曲線は平面 $y = a\,u$ に含まれる下に凸な放物線で，u によらずすべて合同です．

水平面 $z = h$ による断面は楕円です．

$$\boldsymbol{x}_u(u, v) = \begin{pmatrix} a \\ 0 \\ 2\,u \end{pmatrix},\ \boldsymbol{x}_v(u, v) = \begin{pmatrix} 0 \\ b \\ 2\,v \end{pmatrix}$$

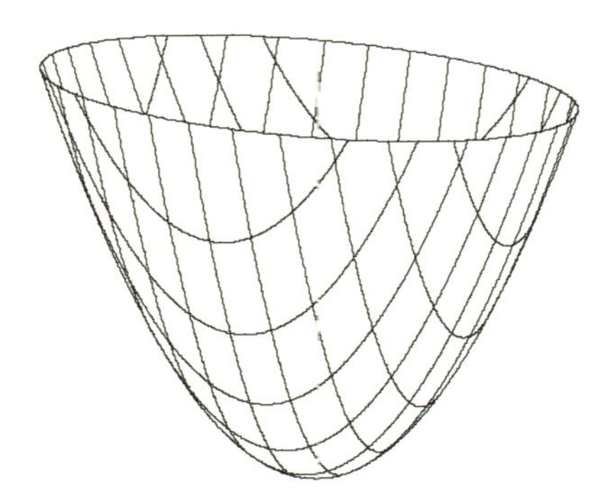

ですから，これらは 1 次独立で，(7.5) は曲面のパラメーター表示を与えます．

とくに，$a = b$ のとき，(7.5) は回転放物面になります．

例 7.7 (双曲放物面)

$$\boldsymbol{x}(u,v) = \begin{pmatrix} a\,u \\ b\,v \\ u^2 - v^2 \end{pmatrix} \tag{7.6}$$

明らかに，$z = \dfrac{x^2}{a^2} - \dfrac{y^2}{b^2}$ を満たします．

u 曲線は平面 $y = b\,v$ に含まれる下に凸な放物線で，v によらずすべて合同です．

v 曲線は平面 $y = a\,u$ に含まれる上に凸な放物線で，u によらずすべて合同です．

水平面 $z = h$ による断面は双曲線です．

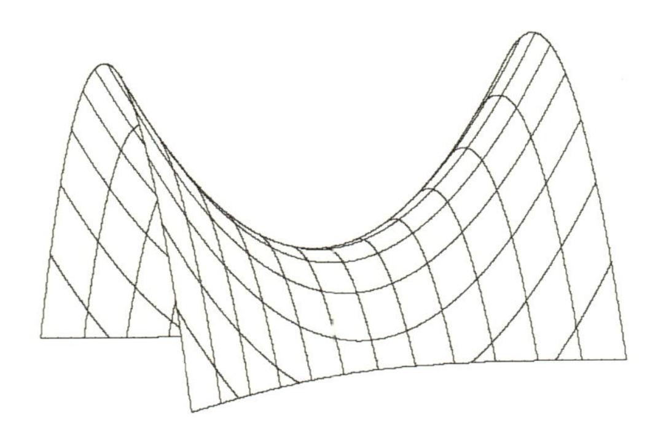

$$\boldsymbol{x}_u(u,v) = \begin{pmatrix} a \\ 0 \\ 2u \end{pmatrix}, \ \boldsymbol{x}_v(u,v) = \begin{pmatrix} 0 \\ b \\ -2v \end{pmatrix}$$

ですから，これらは 1 次独立で，(7.6) は曲面のパラメーター表示を与えます．

7.3　いろいろな曲面

2 次曲面以外の曲面として，ここではトーラスと螺旋面とメビウスの帯を取り上げます．

例 7.8 (トーラス) xz 平面上の z 軸と交わらない円が生成する，z 軸に関する回転面を**トーラス**といいます．そのような円は，たとえば，$0 < r < R$ に対しパラメーター表示 $\begin{pmatrix} R + r\cos t \\ r\sin t \end{pmatrix}$ で与えられます．

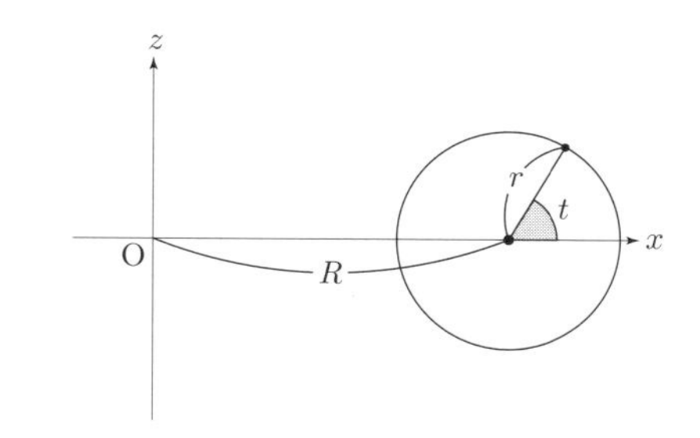

したがって，トーラスのパラメーター表示は

$$\boldsymbol{x}(u,v) = \begin{pmatrix} (R + r\cos u)\cos v \\ (R + r\cos u)\sin v \\ r\sin u \end{pmatrix} \tag{7.7}$$

となります．

u 曲線は z 軸を含む平面上の半径 r の円です．

v 曲線は水平面 $z = \sin u$ に含まれる円です．

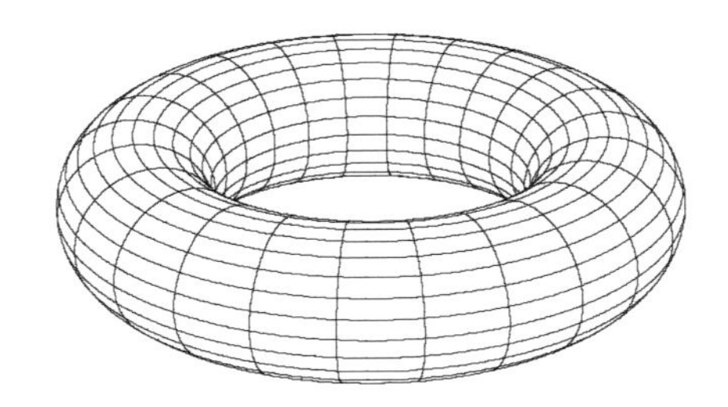

$$\boldsymbol{x}_u(u,v) = \begin{pmatrix} -r\,\sin u\,\cos v \\ -r\,\sin u\,\sin v \\ r\,\cos u \end{pmatrix},\ \boldsymbol{x}_v(u,v) = \begin{pmatrix} -(R + r\,\cos u)\sin v \\ (R + r\,\cos u)\cos v \\ 0 \end{pmatrix}$$

ですから，これらは直交し，1 次独立で，(7.7) は曲面のパラメーター表示を与えます．

例 7.9 (螺旋面)　z 軸と直交する直線が一定の速さで上昇しつつ回転するとき，軌跡として得られる曲面を**螺旋面**といいます．直線が x 軸となす角を v とするとき，高さが $a\,v$ であればよいのでパラメーター表示は

$$\boldsymbol{x}(u,v) = \begin{pmatrix} u\,\cos v \\ u\,\sin v \\ a\,v \end{pmatrix} \tag{7.8}$$

で与えられます．

u 曲線は z 軸と直交する直線です．

v 曲線は半径 u，傾き $\dfrac{a}{u}$ の螺旋です．

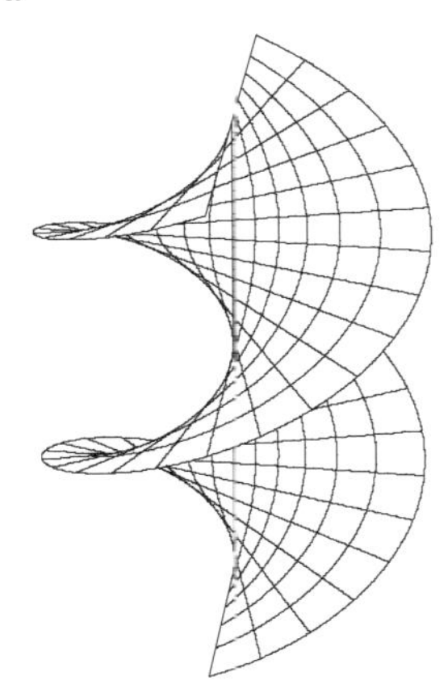

$$\boldsymbol{x}_u(u,v) = \begin{pmatrix} \cos v \\ \sin v \\ 0 \end{pmatrix}, \ \boldsymbol{x}_v(u,v) = \begin{pmatrix} -u \sin v \\ u \cos v \\ a \end{pmatrix}$$

ですから，これらは直交し，1 次独立で，(7.8) は曲面のパラメーター表示を与えます．

例 7.10 (メビウスの帯)　トーラスの経線にあたる u 曲線 (円) の直径を経度 (v の値) の $\dfrac{1}{2}$ だけ回転させて，一回りすると裏と表が入れ替わるようにします．その軌跡を**メビウスの帯**といいます．裏表の区別がつけられない曲面です．パラメーター表示は

$$\boldsymbol{x}(u,v) = \begin{pmatrix} \left(1 - v \sin \dfrac{u}{2}\right) \cos u \\ \left(1 - v \sin \dfrac{u}{2}\right) \sin u \\ v \cos \dfrac{u}{2} \end{pmatrix} \tag{7.9}$$

で与えられます．

u 曲線は $v = 0$ ならばセンターラインの円周で，そうでなければ，2 回りで元に戻る閉曲線です．

v 曲線はセンターラインと直交する線分です．

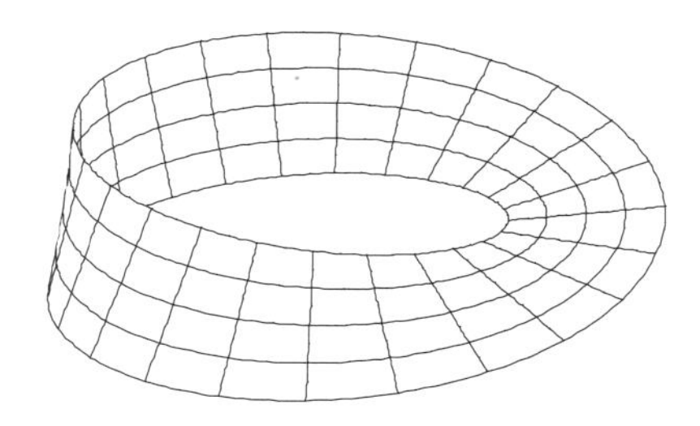

演習問題

7.1　パラメーター表示

$$\boldsymbol{x}(u,v) = \begin{pmatrix} u \\ v \\ uv \end{pmatrix}$$

について，u 曲線，v 曲線はどのような曲線でしょうか，述べなさい．また，この曲面は双曲放物面と合同であることを確かめなさい．

7.2　x^2 と C^r 関数 $f(t)$ の合成関数の xz 平面におけるグラフ $z = f(x^2)$ を z 軸に関して回転して得られる回転面のパラメーター表示を求めなさい．この曲面が，$(0, 0, f(0))$ の近傍でも C^r 曲面であることを確かめなさい．

7.3　u をパラメーターとする直線を $\boldsymbol{x}(u) = \begin{pmatrix} 1 \\ u \\ u \end{pmatrix}$ で定めます．z 軸に関する v だけの回転を R_v^z で表すとき，$\boldsymbol{x}(u,v) = R_v^z \boldsymbol{x}(u)$ とおきます．このとき，$\boldsymbol{x}(u,v)$ は回転 1 葉双曲面のパラメーター表示であることを示しなさい．また u 曲線，v 曲線を求めなさい．

7.4　単位球面 $x^2 + y^2 + z^2 = 1$ 上の点 $\boldsymbol{x}(u,v)$ を，xy 平面上の点 $(u, v, 0)$ と北極 $(0, 0, 1)$ を結ぶ直線が球面と交わる点とします．$\boldsymbol{x}(u,v)$ を u, v の式として求めなさい．さらに，$\boldsymbol{x}_u, \boldsymbol{x}_v$ が直交することを確かめ，$\boldsymbol{x}(u,v)$ は球面のパラメーター表示であることを示しなさい．また，u 曲線，v 曲線は円になることを示し，どのような円であるか述べなさい．

第 8 章

接平面と第 1 基本形式

《目標 & ポイント》曲面の各点に対して，その点で曲面に接する平面 (接平面) が定まります．接平面のベクトルには長さがあり，2 つのベクトルには内積があります．各点でこの内積を考えたもの (第 1 基本形式) と曲面の形との関係を調べます．

《キーワード》接ベクトル，接平面，第 1 基本形式，懸垂面，螺旋面

8.1 接ベクトルと接平面

曲面 $S = \{\boldsymbol{x}(u,v)\}$ とその点 $\boldsymbol{x}_0 = \boldsymbol{x}(u_0, v_0)$ が与えられたとします．一般のベクトル $\boldsymbol{a}$ が $\boldsymbol{x}_0$ で曲面に接するかどうかは，すぐにはわかりません．ベクトルが曲面に接するということをどう定義すればよいのでしょうか．

まず，u 曲線，v 曲線の速度ベクトル $\boldsymbol{x}_u(u_0, v_0), \boldsymbol{x}_v(u_0, v_0)$ は曲面に接していると考えます．そして，より一般に，曲面に含まれる曲線の速度ベクトルを ($\mathbf{0}$ も含めて) **接ベクトル**と定めます．すなわち，曲線 $\boldsymbol{x}(t)$ が，$\boldsymbol{x}(0) = \boldsymbol{x}_0$ で，各 t に対し，$\boldsymbol{x}(t) = \boldsymbol{x}(u,v)$ と表せるとき，$\boldsymbol{\xi} = \dot{\boldsymbol{x}}(0)$ が $\boldsymbol{x}_0$ における接ベクトルです．$\boldsymbol{x}_0$ における接ベクトル全体を $T_{\boldsymbol{x}_0}S$ で表します．

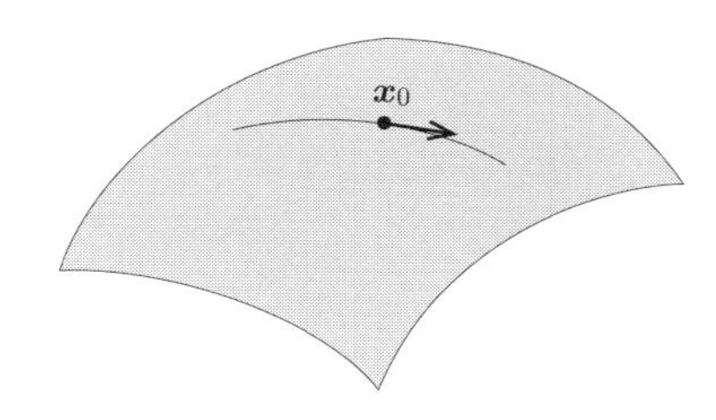

定理 8.1 接ベクトル全体 $T_{\boldsymbol{x}_0}S$ は $\boldsymbol{x}_u(u_0, v_0), \boldsymbol{x}_v(u_0, v_0)$ を基底とする 2 次元線形空間 (平面) です．

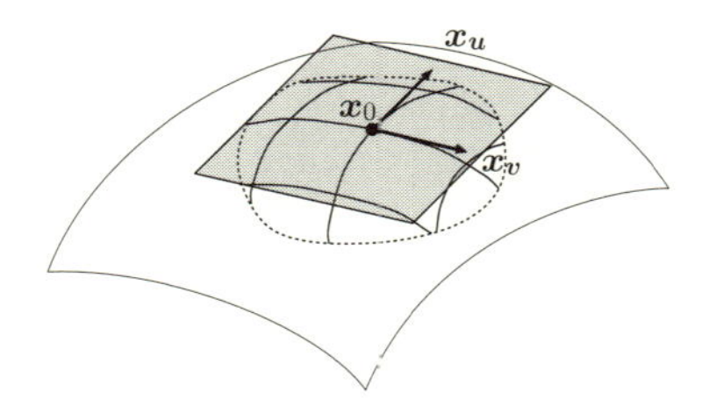

定義　接ベクトル全体のつくる線形空間 $T_{\boldsymbol{x}_0}S$ を $\boldsymbol{x}_0$ における S の**接平面**といいます.

定理の証明の前に，その準備として，曲面の一般的な性質を示します．それは，**曲面は局所的に 2 変数関数のグラフになっている**，という性質です．実際，$\boldsymbol{x}(u,v) = \begin{pmatrix} x_1(u,v) \\ x_2(u,v) \\ x_3(u,v) \end{pmatrix}$ と書くとき，$\boldsymbol{x}_u, \boldsymbol{x}_v$ は 1 次独立ですから，行列

$$\begin{pmatrix} \dfrac{\partial x_1}{\partial u}(u,v) & \dfrac{\partial x_1}{\partial v}(u,v) \\ \dfrac{\partial x_2}{\partial u}(u,v) & \dfrac{\partial x_2}{\partial v}(u,v) \\ \dfrac{\partial x_3}{\partial u}(u,v) & \dfrac{\partial x_3}{\partial v}(u,v) \end{pmatrix}$$

のランクは 2 です．したがって，ある i, j $(i \neq j)$ に対して

$$\begin{pmatrix} \dfrac{\partial x_i}{\partial u}(u,v) & \dfrac{\partial x_i}{\partial v}(u,v) \\ \dfrac{\partial x_j}{\partial u}(u,v) & \dfrac{\partial x_j}{\partial v}(u,v) \end{pmatrix}$$

は正則行列になります．すると，逆写像定理より，(u_0, v_0) の十分近い範囲で，(u,v) と $(x_i(u,v), x_j(u,v))$ の対応は全単射になります．したがって，その範囲で，残りの $x_k(u,v)$ は (u,v) の関数ですから，(x_i, x_j) の関数になります．したがって，(x_1, x_2, x_3) が曲面上にあることが，その 1 つ x_k が残りの (x_i, x_j) の関数になることを意味し，それは，曲面は局所的に 2 変数関数のグラフになっているということになります．たとえば，x_3 が (x_1, x_2) の関数だとすると，$x_3 = f(x_1, x_2)$ と表されますから，$S = \{(x_1, x_2, f(x_1, x_2))\}$

となるわけです．

ここで，$\boldsymbol{x}(t) = \begin{pmatrix} x_1(t) \\ x_2(t) \\ x_3(t) \end{pmatrix}$ を曲面 S に含まれる曲線とすると，各 t に対し，$u(t), v(t)$ が存在して，$\boldsymbol{x}(t) = \boldsymbol{x}(u(t), v(t))$ と表されるのですが，t と $x_i(t), x_j(t)$ の対応は C^r で，$(x_i(t), x_j(t))$ と $(u(t), v(t))$ の対応も C^r ですから，$u(t), v(t)$ は t の C^r 関数ということになります．

定理の証明． $\boldsymbol{\xi} = \dot{\boldsymbol{x}}(0) \in T_{\boldsymbol{x}_0}S$ とすると

$$\begin{aligned} \xi &= \dot{\boldsymbol{x}}(0) \\ &= \frac{d}{dt}(\boldsymbol{x}(u(t), v(t)))\bigg|_{t=0} \\ &= \dot{u}(0)\,\boldsymbol{x}_u(u_0, v_0) + \dot{v}(0)\,\boldsymbol{x}_v(u_0, v_0) \end{aligned}$$

となります．また，逆に，$\lambda, \mu \in \mathbb{R}$ に対して，曲線を $\boldsymbol{x}(t) = \boldsymbol{x}(u_0 + \lambda\, t, v_0 + \mu\, t)$ とおけば，上の計算より $\dot{\boldsymbol{x}}(0) = \lambda\,\boldsymbol{x}_u(u_0, v_0) + \mu\,\boldsymbol{x}_v(u_0, v_0)$ が成り立ちます． □

パラメーター表示 $\boldsymbol{x}(u, v)$ は接平面 $T_{\boldsymbol{x}_0}S$ の基底 $\boldsymbol{x}_u, \boldsymbol{x}_v$ を定めます．すると，接ベクトル ξ に対し，係数 λ, μ が $\boldsymbol{\xi} = \lambda\,\boldsymbol{x}_u + \mu\,\boldsymbol{x}_v$ により定まります．そこで，$du(\xi) = \lambda, dv(\xi) = \mu$ とおきます．du, dv は $T_{\boldsymbol{x}_0}S$ 上の 1 次形式で，$T_{\boldsymbol{x}_0}S$ 上の座標と考えることができます．したがって，$T_{\boldsymbol{x}_0}S$ 上の関数を du, dv の式として表すことができます．

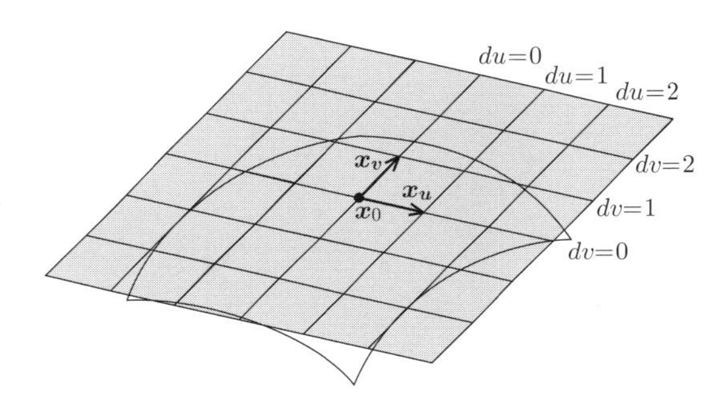

8.2　第 1 基本形式

定義　接ベクトル $\boldsymbol{\xi}$ に対して，その長さの 2 乗を対応させる関数 $g : T_{\boldsymbol{x}_0}S \to \mathbb{R}$ を**第 1 基本形式**といいます．

$$g(\boldsymbol{\xi}) = \|\boldsymbol{\xi}\|^2 = \boldsymbol{\xi} \cdot \boldsymbol{\xi}$$

第 1 基本形式は $T_{\boldsymbol{x}_0}S$ 上の正定値 2 次形式です．この定義は簡単すぎて，幾何的なイメージを結ぶことができません．むしろ，du, dv の式として表すことが重要です．$\boldsymbol{\xi} = \lambda\,\boldsymbol{x}_u + \mu\,\boldsymbol{x}_v$ とすると

$$\begin{aligned} g(\boldsymbol{\xi}) &= (\lambda\,\boldsymbol{x}_u + \mu\,\boldsymbol{x}_v) \cdot (\lambda\,\boldsymbol{x}_u + \mu\,\boldsymbol{x}_v) \\ &= \lambda^2\,\boldsymbol{x}_u \cdot \boldsymbol{x}_u + 2\,\lambda\,\mu\,\boldsymbol{x}_u \cdot \boldsymbol{x}_v + \mu^2\,\boldsymbol{x}_v \cdot \boldsymbol{x}_v \end{aligned}$$

ですから，$\lambda = du(\boldsymbol{\xi}), \mu = dv(\boldsymbol{\xi})$ より

$$\begin{cases} g = g_{11}\,(du)^2 + 2\,g_{12}\,du\,dv + g_{22}\,(dv)^2 \\ g_{11} = \boldsymbol{x}_u \cdot \boldsymbol{x}_u,\ g_{12} = \boldsymbol{x}_u \cdot \boldsymbol{x}_v,\ g_{22} = \boldsymbol{x}_v \cdot \boldsymbol{x}_v \end{cases} \tag{8.1}$$

が成り立ちます．g_{11}，g_{12}, g_{22} は次のような量を表しています．

- $g_{11}\,g_{22} - (\,g_{12})^2 > 0$ は $\boldsymbol{x}_u$ と $\boldsymbol{x}_v$ のつくる平行四辺形の面積の 2 乗
- $g_{11} > 0$ は $\boldsymbol{x}_u$ の長さの 2 乗
- $g_{22} > 0$ は $\boldsymbol{x}_v$ の長さの 2 乗
- $\theta = \arccos \dfrac{g_{12}}{\sqrt{g_{11}\,g_{22}}}$ は $\boldsymbol{x}_u$ と $\boldsymbol{x}_v$ のなす角

第 1 基本形式は uv 平面をどう伸ばし，どう縮めて曲面をつくるかを記述しています．

例 8.2 (単位球面)

$$\boldsymbol{x}(u,v) = \begin{pmatrix} \cos u\,\cos v \\ \cos u\,\sin v \\ \sin u \end{pmatrix}$$

$$\boldsymbol{x}_u(u,v) = \begin{pmatrix} -\sin u\,\cos v \\ -\sin u\,\sin v \\ \cos u \end{pmatrix},\ \boldsymbol{x}_v(u,v) = \begin{pmatrix} -\cos u\,\sin v \\ \cos u\,\cos v \\ 0 \end{pmatrix}$$

となることをすでに見ました．したがって

$$g_{11}=\boldsymbol{x}_u\cdot\boldsymbol{x}_u=1,\ g_{22}=\boldsymbol{x}_v\cdot\boldsymbol{x}_v=\cos^2 u,\ g_{12}=\boldsymbol{x}_u\cdot\boldsymbol{x}_v=0$$

すなわち

$$g=(du)^2+\cos^2 u\,(dv)^2$$

となります．これより，$\boldsymbol{x}_u$ の長さは 1，$\boldsymbol{x}_v$ の長さは $\cos u$ で，$\boldsymbol{x}_u$ と $\boldsymbol{x}_v$ は直交することが分かります．このことは uv 平面から球面にうつるときの様子を定めています．

- u 方向の長さは変化しません．原寸通りです．
- v 方向の長さは u の値で変化し，$\cos u$ 倍で縮みます．特に，極では 0 倍です．
- u 方向と v 方向のつくる角度は直角のままで変わりません．

その結果，球面の丸さが生ずるのです．

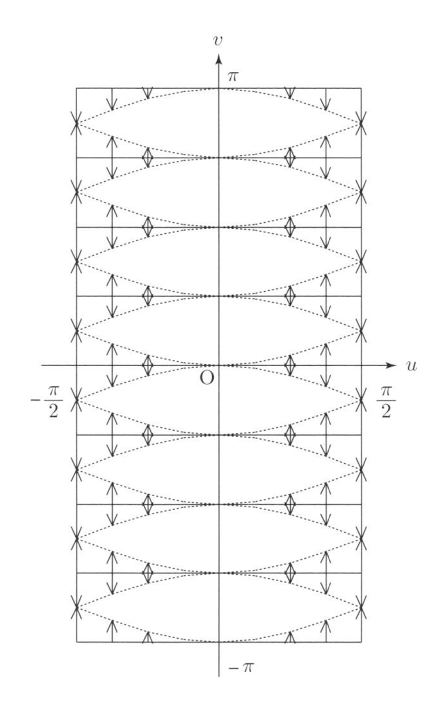

例 8.3 (楕円放物面，双曲放物面)

$$\boldsymbol{x} = \begin{pmatrix} a\,u \\ b\,v \\ u^2 \pm v^2 \end{pmatrix},\ \boldsymbol{x}_u = \begin{pmatrix} a \\ 0 \\ 2\,u \end{pmatrix},\ \boldsymbol{x}_v = \begin{pmatrix} 0 \\ b \\ \pm 2\,v \end{pmatrix}$$

でした．これより

$$g_{11} = a^2 + 4\,u^2,\ g_{22} = b^2 + 4\,v^2,\ g_{12} = \pm 4\,u\,v$$

すなわち

$$g = (a^2 + 4\,u^2)(du)^2 + 8\,u\,v\,du\,dv + (b^2 + 4\,v^2)(dv)^2$$

となります．この g_{11}, g_{12}, g_{22} にしたがって uv 平面を変形させてみましょう．

- g_{11} にしたがって，u 方向を $\sqrt{a^2 + 4\,u^2}$ 倍に延ばします．
- g_{22} にしたがって，v 方向を $\sqrt{b^2 + 4\,v^2}$ 倍に延ばします．
- 楕円放物面［双曲放物面］のときには，u 方向と v 方向のつくる角度を，
  $u\,v > 0$ のところで鋭角［鈍角］に，
  $u\,v < 0$ のところで鈍角［鋭角］に，
  変形させなければいけません．

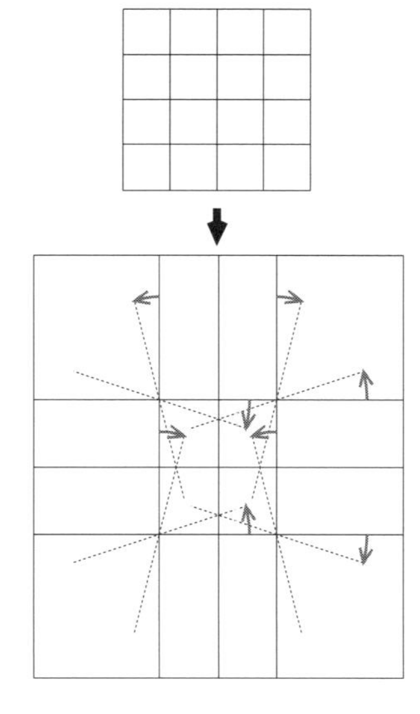

最後の変形は平面上ではできませんが，1 方向に曲げるとできるようになります．u 曲線，v 曲線の長さを変えずに，交わる角度だけを変えることができるのです．下図は楕円放物面の場合です．

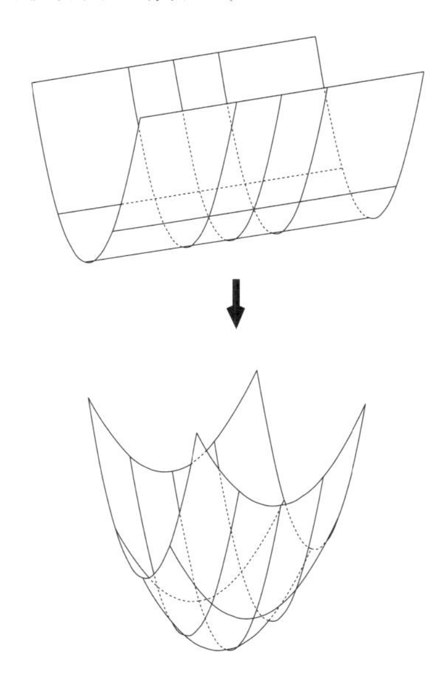

このように，第 1 基本形式は，曲面の形状に密接に関係しています．針金とハンダごてでかご状の曲面の模型をつくるとき，次の目までの間隔と，交わりの角度を指定していることになります．

8.3　懸垂面と螺旋面

ここでは 2 つの例を取り上げ，比較検討します．

例 8.4 (懸垂面)　双曲線関数 $\cosh x$ のグラフを x 軸に関して回転させて得られる回転面を**懸垂面**といいます．ここでは，a 倍に相似拡大して，次のパラメーター表示を用います．

$$\boldsymbol{x}(u,v) = \begin{pmatrix} a\cosh u\,\cos v \\ a\cosh u\,\sin v \\ a\,u \end{pmatrix} \tag{8.2}$$

したがって

$$\boldsymbol{x}_u(u,v) = \begin{pmatrix} a\sinh u\cos v \\ a\sinh u\sin v \\ a \end{pmatrix},\ \boldsymbol{x}_v(u,v) = \begin{pmatrix} -a\cosh u\sin v \\ a\cosh u\cos v \\ 0 \end{pmatrix}$$

ですから

$$g_{11} = a^2\left(\sinh^2 u + 1\right) = a^2\cosh^2 u,\ g_{22} = a^2\cosh^2 u,\ g_{12} = 0$$

すなわち

$$g = a^2\cosh^2 u\left((du)^2 + (dv)^2\right)$$

となります．ここで，$g_{11} = g_{22}, g_{12} = 0$ に注意してください．これは，u, v 曲線のつくる網目が，局所的に近似的に正方形になっていることを意味します．このような性質をもつパラメーターを**等温**パラメーターといいます．

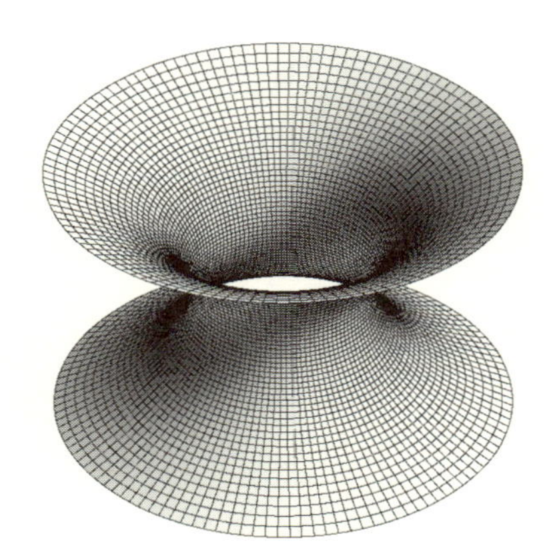

螺旋面に関しても等温パラメーターで表されることが知られています．以前のパラメーター u を $a\sinh u$ で置き換えたものです．

例 8.5 (螺旋面の等温パラメーター)

$$\boldsymbol{x}(u,v) = \begin{pmatrix} a\sinh u\cos v \\ a\sinh u\sin v \\ a\,v \end{pmatrix}$$

$$\boldsymbol{x}_u(u,v) = \begin{pmatrix} a \cosh u \cos v \\ a \cosh u \sin v \\ 0 \end{pmatrix}, \ \boldsymbol{x}_v(u,v) = \begin{pmatrix} -a \sinh u \sin v \\ a \sinh u \cos v \\ a \end{pmatrix}$$

明らかに

$$g_{11} = g_{22} = a^2 \cosh^2 u, \ g_{12} = 0$$

すなわち

$$g = a^2 \cosh^2 u \left((du)^2 + (dv)^2\right)$$

以上より，螺旋面は等温パラメーターをもつだけでなく，その第 1 基本形式は懸垂面に等しいことが分かりました．

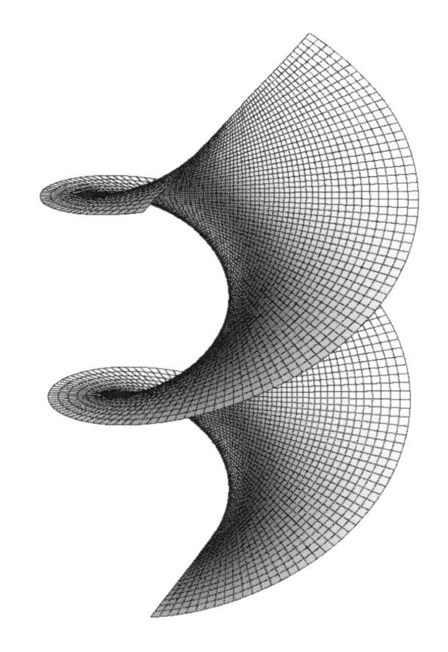

前節で，第 1 基本形式は曲面の形状に大きな影響をもつことを強調しました．ところが，この 2 つの例は，まったく異なる形状の曲面が，同じ第 1 基本形式をもつことがあり得ることを示しています．どういうことでしょうか．2 つの曲面の，同じパラメーター (u, v) で表される点を対応させてみましょう．第 1 基本形式が同じですから，uv 平面からの伸び縮みの割合がまったく同じです．これは，2 つの曲面を，紙やある種のプラスティックのような，しなやかに曲がるけれど伸び縮みしない素材でつくるとき，しなやかな変形でぴたりと重なることを想定させます．

このような，同じ第 1 基本形式をもつ点を対応させる変換を，**等長変換**といいます．

それでは，紙の組み立て模型で確かめてみましょう．懸垂面と螺旋面は同じ設計図から模型を作ることができるのです．設計図をつくるには，やや面倒な計算が必要で，それを正確に紙に描くにはかなりの忍耐が必要です．ところが，現代では数式処理ソフトウェアがかなりの部分を手伝ってくれます．そのようにして次の設計図が得られました．

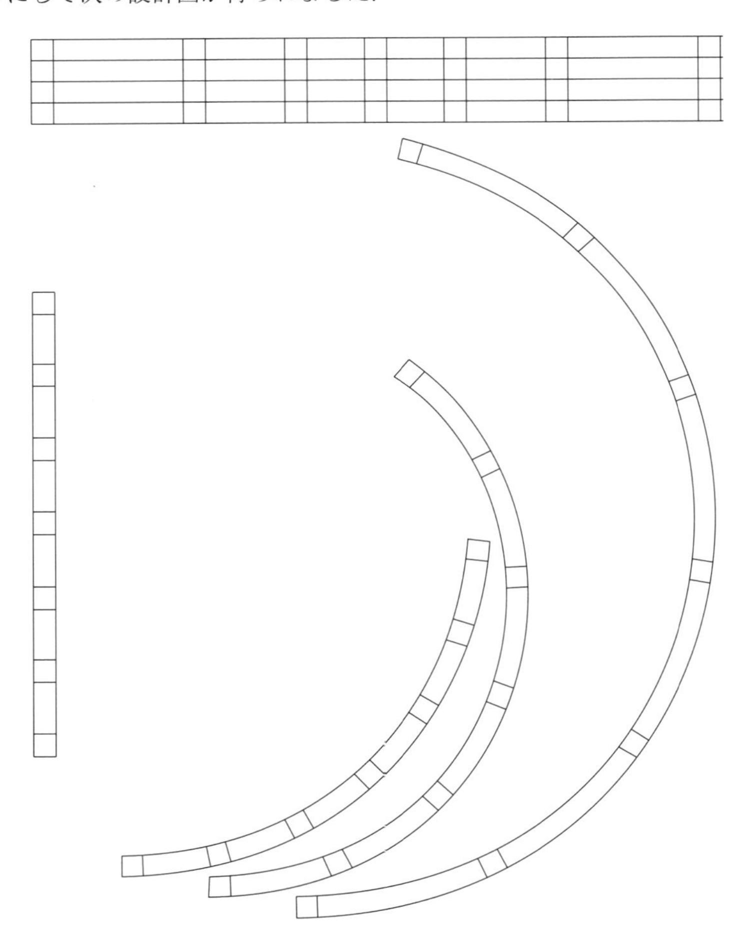

それを組み立てたものが次の写真です．実際に作るには，上の設計図を螺旋面用に 4 枚，懸垂面用に 4 枚，腰のある紙 (ケント紙等) にコピーして使って下さい．

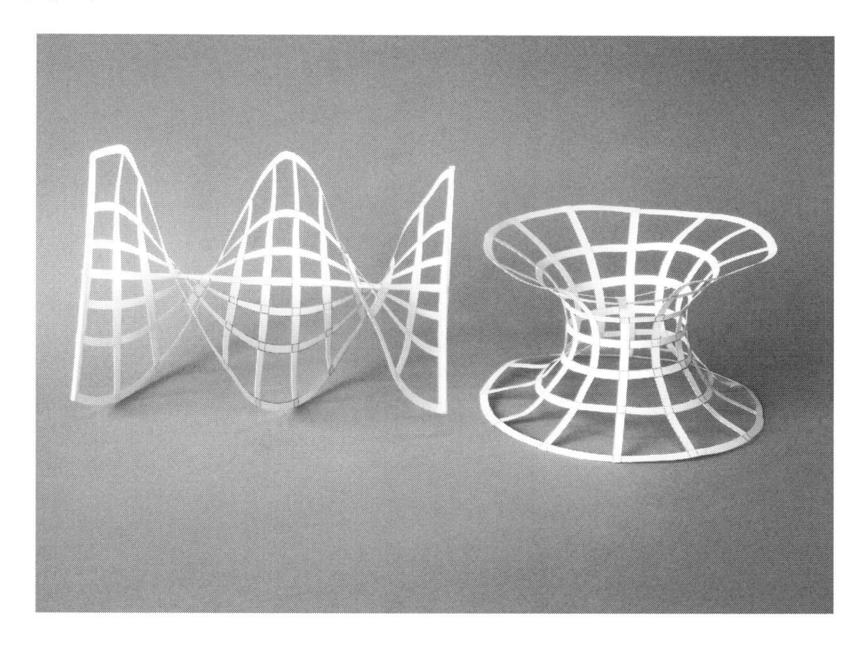

演習問題

8.1　球面 S^2 の点 $\boldsymbol{x}(u,v)$ における接平面はベクトル $\boldsymbol{x}(u,v)$ と直交するベクトルの全体と一致することを示しなさい.

8.2　2 変数の C^r 関数 $f(x,y)$ のグラフ $z=f(x,y)$ のパラメーター表示は

$$\boldsymbol{x}(u,v)=\begin{pmatrix} u \\ v \\ f(u,v) \end{pmatrix}$$

で与えられます. 第 1 基本形式を $f(x,y)$ の偏微分係数を用いて表しなさい.

8.3　$f(t)>0$ を正の値をとる C^r 関数とします. zx 平面におけるグラフ $x=f(z)$ を, z 軸に関して回転して得られる回転面のパラメーター表示は

$$\boldsymbol{x}(u,v)=\begin{pmatrix} f(u)\cos v \\ f(u)\sin v \\ u \end{pmatrix}$$

で与えられます. 第 1 基本形式を $f(t)$ の微分係数を用いて表しなさい.

8.4　パラメーター表示

$$\boldsymbol{x}(u,v)=\begin{pmatrix} \dfrac{2\,e^{u}\cos v}{e^{2u}+1} \\ \dfrac{2\,e^{u}\sin v}{e^{2u}+1} \\ \dfrac{e^{2u}-1}{e^{2u}+1} \end{pmatrix}$$

は球面の等温パラメーター表示を与えていることを示しなさい.

第 9 章

第 2 基本形式

《目標 & ポイント》曲面の形状は第 1 基本形式だけでは決まりません．曲面の各点において接平面に直交するベクトル (法ベクトル) の変化を調べることが重要です．法ベクトルの変化と曲面の曲がり方の関係を記述するために第 2 基本形式を考えます．

《キーワード》法ベクトル，ガウス写像，第 2 基本形式

9.1　単位法ベクトルとガウス写像

曲線の向きは単位接ベクトル $\boldsymbol{e}_1(t)$ で表され，その変化率を考えて曲率を得ました．曲面の向きは接平面が表すわけですが，向きを表すベクトルとして，接平面と直交する単位ベクトルが考えられます．この単位ベクトルを**単位法ベクトル**といい，$\boldsymbol{n}(u,v)$ で表します．

$$\boldsymbol{n}(u,v) = \frac{1}{\|\boldsymbol{x}_u(u,v) \times \boldsymbol{x}_v(u,v)\|}\, \boldsymbol{x}_u(u,v) \times \boldsymbol{x}_v(u,v) \tag{9.1}$$

実際には，接平面と直交する単位ベクトルは $\pm\boldsymbol{n}(u,v)$ の 2 つあり，その選択 $\boldsymbol{n}(u,v)$ はパラメーター表示に依存します．

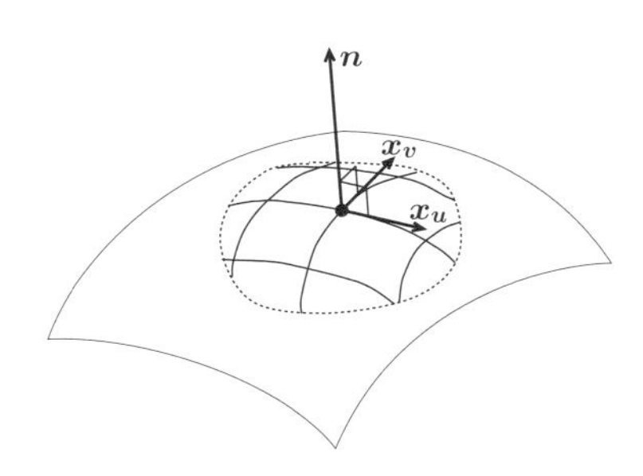

曲面の各点 $\boldsymbol{x}(u,v)$ に対し，$\boldsymbol{n}(u,v)$ が対応しています．$\boldsymbol{n}(u,v)$ を原点を始点とするベクトルと考えると，$\boldsymbol{n}(u,v)$ は単位球面 S^2 上の点を表します．そ

こで，$\boldsymbol{n}(u,v)$ を曲面 $S=\{\boldsymbol{x}(u,v)\}$ から S^2 への写像と考えることができます．この写像 $\Gamma : S \to S^2, \Gamma(\boldsymbol{x}(u,v)) = \boldsymbol{n}(u,v)$ を**ガウス写像**といいます．

例 9.1 (回転 1 葉双曲面：$x^2+y^2-z^2=1$)

$$\boldsymbol{x}(u,v)=\begin{pmatrix}\cosh u\,\cos v\\ \cosh u\,\sin v\\ \sinh u\end{pmatrix}$$

$$\boldsymbol{x}_u(u,v)=\begin{pmatrix}\sinh u\,\cos v\\ \sinh u\,\sin v\\ \cosh u\end{pmatrix},\ \boldsymbol{x}_v(u,v)=\begin{pmatrix}-\cosh u\,\sin v\\ \cosh u\,\cos v\\ 0\end{pmatrix}$$

でした．計算すると

$$\boldsymbol{n}(u,v)=\frac{1}{\sqrt{\cosh 2u}}\begin{pmatrix}-\cosh u\,\cos v\\ -\cosh u\,\sin v\\ \sinh u\end{pmatrix}$$

となります．$-1<\dfrac{\sinh u}{\cosh u}<1$ ですから，ガウス写像による像は球面上の南緯 45° から北緯 45° の間の，赤道を含む領域になります．

ガウス写像は曲面の曲がり方をよく表していると考えられます．曲面の曲がり方がガウス写像にどう反映しているか調べてみましょう．

- 球面のような上に凸の曲面では，ガウス写像は恒等写像に近い写像です．

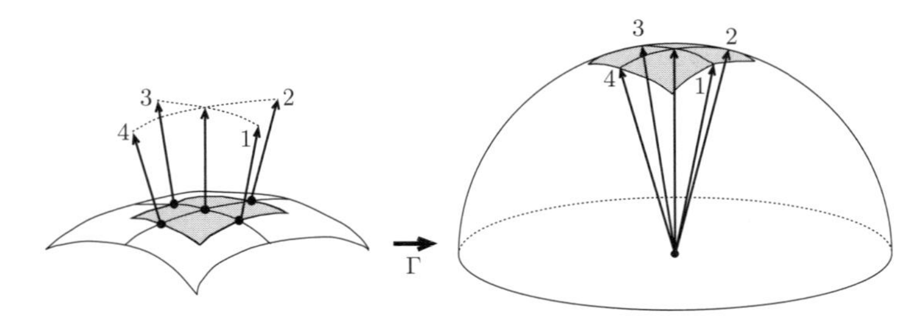

- 曲がり方が強いと，拡大率が大きくなります．

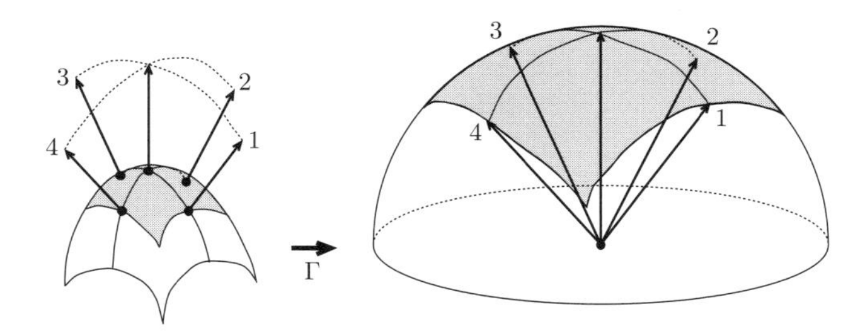

- 逆に，下に凸の曲面では，だいたい，180° 回転します．

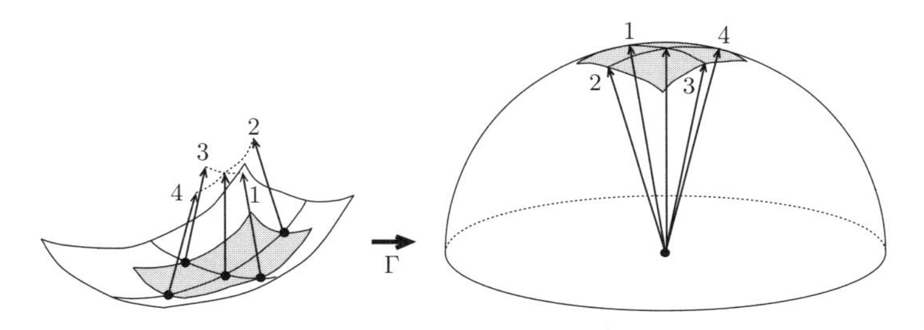

- 鞍形の曲面では，鏡映に近い写像です．

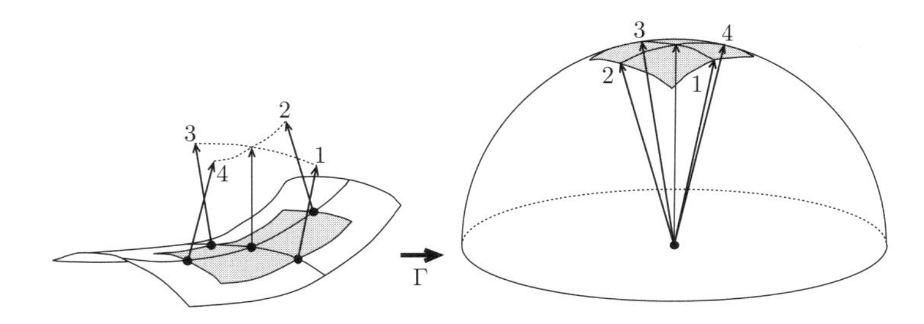

- 円柱状の曲面では，像は曲線になります．

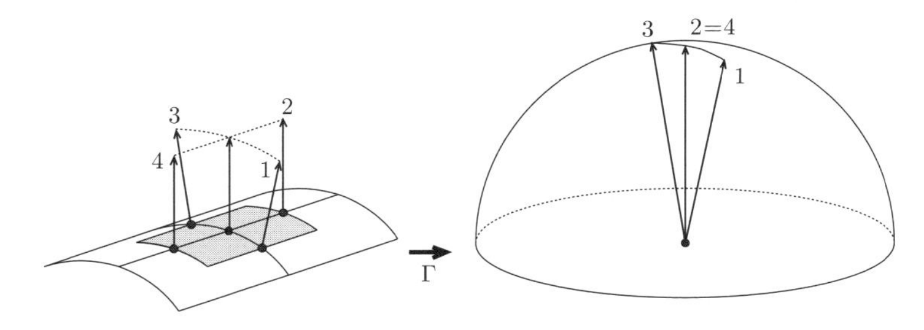

• 曲がっていないと，1 点です．

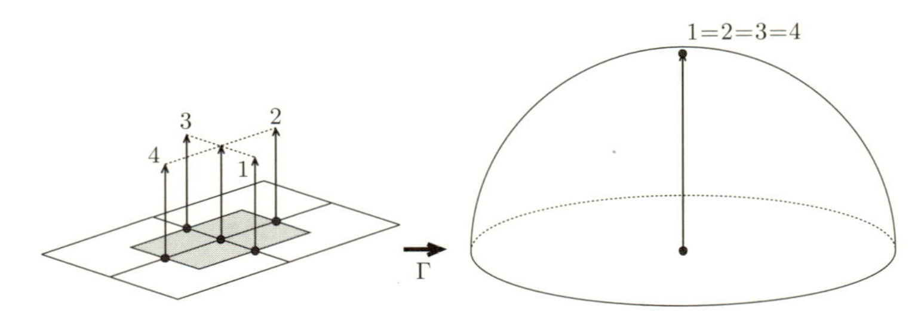

9.2　第 2 基本形式

接ベクトル $\boldsymbol{\xi} = \lambda\,\boldsymbol{x}_u + \mu\,\boldsymbol{x}_v \in T_{\boldsymbol{x}_0}S$ に対し，曲面上を $\boldsymbol{\xi}$ 方向に動くとき，接平面 $T_{\boldsymbol{x}_0}S$ の上に昇るか，下に降るかを示す量を考えます．そのときの単位法ベクトルの変化を想像します．上に昇るとすると，$\boldsymbol{\xi}$ 方向に進む曲線の向きは水平から少しずつ上向きに変化します．それに伴って，法ベクトルは垂直から，手前の方に傾きます．すなわち，$\boldsymbol{n}$ は $\boldsymbol{\xi}$ と逆の方向に変化します．

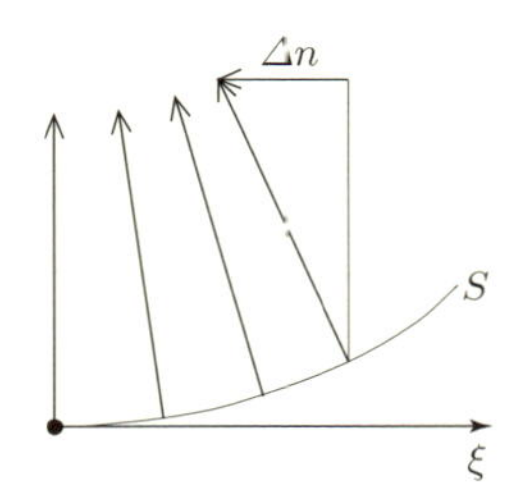

このようなことを，数式で表すためにはガウス写像の微分 (1 次近似) を用いる必要があります．ガウス写像は $\boldsymbol{x}(u,v)$ を $\boldsymbol{n}(u,v)$ に対応させる写像ですから，その微分 ($d\boldsymbol{n}$ で表します) は $\boldsymbol{x}_u(u,v)$ を $\boldsymbol{n}_v(u,v)$ に，$\boldsymbol{x}_v(u,v)$ を $\boldsymbol{n}_v(u,v)$ に対応させる線形写像です．

$$d\boldsymbol{n} = \boldsymbol{n}_u\,du + \boldsymbol{n}_v\,dv \tag{9.2}$$

すなわち

$$\begin{aligned} d\boldsymbol{n}(\boldsymbol{\xi}) &= d\boldsymbol{n}(\lambda\,\boldsymbol{x}_u + \mu\,\boldsymbol{x}_v) = \lambda\,d\boldsymbol{n}(\boldsymbol{x}_u) + \mu\,d\boldsymbol{n}(\boldsymbol{x}_v) \\ &= \lambda\,\boldsymbol{n}_u + \mu\,\boldsymbol{n}_v = du(\xi)\,\boldsymbol{n}_u + dv(\xi)\,\boldsymbol{n}_v \end{aligned}$$

となります．ここで，$\boldsymbol{n}(u,v)\cdot\boldsymbol{n}(u,v) \equiv 1$ を u または v で偏微分すると

$$\boldsymbol{n}_u(u,v)\cdot\boldsymbol{n}(u,v)\equiv 0,\ \boldsymbol{n}_v(u,v)\cdot\boldsymbol{n}(u,v)\equiv 0$$

を得ますが，これは，$\boldsymbol{n}_u(u,v), \boldsymbol{n}_v(u,v)$ が $\boldsymbol{n}(u,v)$ と直交することを示し，それはまた，$\boldsymbol{n}_u(u,v), \boldsymbol{n}_v(u,v) \in T_{\boldsymbol{x}_0}S$ を示しています．したがって，$d\boldsymbol{n} = \boldsymbol{n}_u\,du + \boldsymbol{n}_v\,dv$ は接平面 $T_{\boldsymbol{x}_0}S$ の線形変換を定めます．この線形変換を，特に，**形状作用素**ということがあります．

$\boldsymbol{x}(u,v)$ の変化 ξ と $\boldsymbol{n}(u,v)$ の変化 $d\boldsymbol{n}(\boldsymbol{\xi})$ が逆方向のとき，$\boldsymbol{\xi}$ 方向で，曲面が上昇するのですから，上昇分を測る量として，**第 2 基本形式**を

$$\varphi(\boldsymbol{\xi}) = -\boldsymbol{\xi}\cdot d\boldsymbol{n}(\boldsymbol{\xi}) \tag{9.3}$$

で定めます．$\varphi(\boldsymbol{\xi})$ も du, dv の 2 次式で表すことができます．

$$\begin{aligned}\varphi(\boldsymbol{\xi}) &= -\,\boldsymbol{\xi}\cdot d\boldsymbol{n}(\boldsymbol{\xi})\\ &= -\,(\lambda\,\boldsymbol{x}_u + \mu\,\boldsymbol{x}_v)\cdot(\lambda\,\boldsymbol{n}_u + \mu\,\boldsymbol{n}_v)\\ &= -\,\lambda^2\,\boldsymbol{x}_u\cdot\boldsymbol{n}_u - \lambda\,\mu\,(\boldsymbol{x}_u\cdot\boldsymbol{n}_v + \boldsymbol{x}_v\cdot\boldsymbol{n}_u) - \mu^2\,\boldsymbol{x}_v\cdot\boldsymbol{n}_v\\ &= -\,\boldsymbol{x}_u\cdot\boldsymbol{n}_u\,(du(\boldsymbol{\xi}))^2 - (\boldsymbol{x}_u\cdot\boldsymbol{n}_v + \boldsymbol{x}_v\cdot\boldsymbol{n}_u)\,du(\boldsymbol{\xi})\,dv(\boldsymbol{\xi})\\ &\quad -\,\boldsymbol{x}_v\cdot\boldsymbol{n}_v\,(dv(\boldsymbol{\xi}))^2\end{aligned}$$

さらにここで，$\boldsymbol{n}_u(u,v)\cdot\boldsymbol{n}(u,v)\equiv 0, \boldsymbol{n}_v(u,v)\cdot\boldsymbol{n}(u,v)\equiv 0$ を u または v で偏微分すると

$$\begin{aligned}-\boldsymbol{x}_u\cdot\boldsymbol{n}_u &= \boldsymbol{x}_{uu}\cdot\boldsymbol{n}\\ -\boldsymbol{x}_v\cdot\boldsymbol{n}_v &= \boldsymbol{x}_{vv}\cdot\boldsymbol{n}\\ -\boldsymbol{x}_u\cdot\boldsymbol{n}_v &= \boldsymbol{x}_{uv}\cdot\boldsymbol{n}\\ -\boldsymbol{x}_v\cdot\boldsymbol{n}_u &= \boldsymbol{x}_{vu}\cdot\boldsymbol{n}\end{aligned}$$

が成り立ちます．最後の 2 式は値が等しいです．したがって，次式が得られます．

$$\left\{\begin{array}{l}\varphi = H_{11}\,(du)^2 + 2\,H_{12}\,du\,dv + H_{22}\,(dv)^2\\ H_{11} = \boldsymbol{x}_{uu}\cdot\boldsymbol{n},\ H_{12} = \boldsymbol{x}_{uv}\cdot\boldsymbol{n},\ H_{22} = \boldsymbol{x}_{vv}\cdot\boldsymbol{n}\end{array}\right. \tag{9.4}$$

このように 2 階以上の偏導関数についても，下付きの文字でその変数に関する偏導関数を表します．

点 $\boldsymbol{x}_0 = \boldsymbol{x}(u_0, v_0)$ を固定するとき，接平面からの $\boldsymbol{x}(u,v)$ の高さ $h(u,v)$ を計算してみましょう．

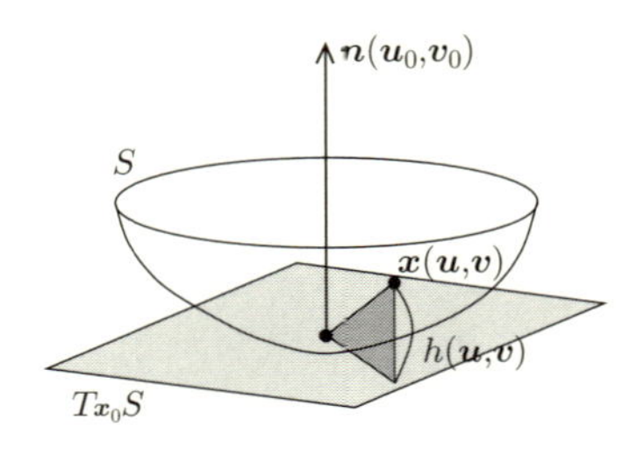

$$h(u,v) = (\boldsymbol{x}(u,v) - \boldsymbol{x}(u_0,v_0)) \cdot \boldsymbol{n}(u_0,v_0)$$

$\boldsymbol{x}(u,v)$ の 2 階までのテイラー展開をします.

$$\begin{aligned}
&\boldsymbol{x}(u,v) - \boldsymbol{x}(u_0,v_0)\\
&= (u-u_0)\,\boldsymbol{x}_u(u_0,v_0) + (v-v_0)\,\boldsymbol{x}_v(u_0,v_0)\\
&\quad + \frac{1}{2}\,(u-u_0)^2\,\boldsymbol{x}_{uu}(u_0,v_0) + (u-u_0)\,(v-v_0)\,\boldsymbol{x}_{uv}(u_0,v_0)\\
&\quad + \frac{1}{2}\,(v-v_0)^2\,\boldsymbol{x}_{vv}(u_0,v_0) + \boldsymbol{o}\Big((u-u_0)^2 + (v-v_0)^2\Big)
\end{aligned}$$

$\boldsymbol{n}(u_0,v_0)$ との内積をとります．1 次の項が消えて

$$\begin{aligned}
h(u,v) &= \frac{1}{2}\,\boldsymbol{x}_{uu}\cdot\boldsymbol{n}\,(u-u_0)^2 + \boldsymbol{x}_{uv}\cdot\boldsymbol{n}\,(u-u_0)\,(v-v_0)\\
&\quad + \frac{1}{2}\,\boldsymbol{x}_{vv}\cdot\boldsymbol{n}\,(v-v_0)^2 + o\Big((u-u_0)^2 + (v-v_0)^2\Big)\\
&= \frac{1}{2}\,\big\{H_{11}\,(u-u_0)^2 + 2\,H_{12}\,(u-u_0)\,(v-v_0) + H_{22}\,(v-v_0)^2\big\}\\
&\quad + o\Big((u-u_0)^2 + (v-v_0)^2\Big)
\end{aligned}$$

となります.

$\xi = (u-u_0)\,\boldsymbol{x}_u + (v-v_0)\,\boldsymbol{x}_v$ とおくと

$$h(u,v) = \frac{1}{2}\,\varphi(\boldsymbol{\xi}) + o\left(\|\boldsymbol{\xi}\|^2\right) \tag{9.5}$$

と表せます．したがって，第 2 基本形式 (正確には，$\frac{1}{2}\,\varphi(\boldsymbol{\xi})$) は接平面上の 2 次形式で，各点でそのグラフの 2 次曲面が，接平面と曲面の位置関係の近似になっているものということができます.

H_{ij} を，定義にしたがって計算するのはやや大変です．単位法ベクトル $\boldsymbol{n}$ はしばしば複雑な式になってしまうのです．そこで，H_{ij} を $\boldsymbol{x}$ の偏導関数で表す公式を求めましょう．ここで，何度も出てきますが，i とか j は 1 または

2 を表す添え字です．簡単のために，$\boldsymbol{x}_{11}$ は $\boldsymbol{x}_{uu}$ を，$\boldsymbol{x}_{22}$ は $\boldsymbol{x}_{vv}$ を，$\boldsymbol{x}_{12}$ は $\boldsymbol{x}_{uv}$ を表すものとします．すると，$H_{ij} = \boldsymbol{x}_{ij} \cdot \boldsymbol{n}$ が成り立ちます．したがって

$$\begin{aligned} H_{ij} &= \boldsymbol{x}_{ij} \cdot \boldsymbol{n} \\ &= \boldsymbol{x}_{ij} \cdot \left(\frac{1}{\|\boldsymbol{x}_u \times \boldsymbol{x}_v\|} \boldsymbol{x}_u \times \boldsymbol{x}_v \right) \\ &= \frac{\boldsymbol{x}_{ij} \cdot (\boldsymbol{x}_u \times \boldsymbol{x}_v)}{\|\boldsymbol{x}_u \times \boldsymbol{x}_v\|} \\ &= \frac{\det(\boldsymbol{x}_{ij}\ \boldsymbol{x}_u\ \boldsymbol{x}_v)}{\|\boldsymbol{x}_u \times \boldsymbol{x}_v\|} \end{aligned}$$

です．一方

$$\|\boldsymbol{x}_u \times \boldsymbol{x}_v\|^2 = \|\boldsymbol{x}_u\|^2 \|\boldsymbol{x}_v\|^2 - (\boldsymbol{x}_u \cdot \boldsymbol{x}_v)^2 = g_{11}\, g_{22} - (g_{12})^2$$

より

$$H_{ij} = \frac{\det(\boldsymbol{x}_{ij}\ \boldsymbol{x}_u\ \boldsymbol{x}_v)}{\sqrt{g_{11}\, g_{22} - (g_{12})^2}} \tag{9.6}$$

を得ます．

例 9.2 (トーラス)

$$\boldsymbol{x}(u, v) = \begin{pmatrix} (R + r\ \cos u) \cos v \\ (R + r\ \cos u) \sin v \\ r\ \sin u \end{pmatrix}$$

$$\boldsymbol{x}_u = \begin{pmatrix} -r\ \sin u\ \cos v \\ -r\ \sin u\ \sin v \\ r\ \cos u \end{pmatrix},\ \boldsymbol{x}_v = \begin{pmatrix} -(R + r\ \cos u) \sin v \\ (R + r\ \cos u) \cos v \\ 0 \end{pmatrix}$$

でした．これより

$$\begin{aligned} &g_{11} = r^2,\ g_{12} = 0,\ g_{22} = (R + r\ \cos u)^2 \\ &\sqrt{g_{11}\, g_{22} - (g_{12})^2} = r\,(R + r\ \cos u) \\ &g = r^2\,(du)^2 + (R + r\ \cos u)^2\,(dv)^2 \end{aligned}$$

を得ます．さらに

$$\boldsymbol{x}_{uu}(u,v) = \begin{pmatrix} -r\cos u\cos v \\ -r\cos u\sin v \\ -r\sin u \end{pmatrix},\ \boldsymbol{x}_{uv}(u,v) = \begin{pmatrix} r\sin u\sin v \\ -r\sin u\cos v \\ 0 \end{pmatrix}$$

$$\boldsymbol{x}_{vv}(u,v) = \begin{pmatrix} -(R+r\cos u)\cos v \\ -(R+r\cos u)\sin v \\ 0 \end{pmatrix}$$

より，計算すれば

$$H_{11} = r,\ H_{12} = 0,\ H_{22} = (R+r\cos u)\cos u$$
$$\varphi = r\,(du)^2 + (R+r\cos u)\cos u\,(dv)^2$$

となります．

これより，次のことが分かります．

- $\cos u > 0$ のところ，すなわち，トーラスの外周部分では，第 2 基本形式は正定値で，曲面は接平面の片側にあり，曲面は接平面と 1 点で接しています (下図左).

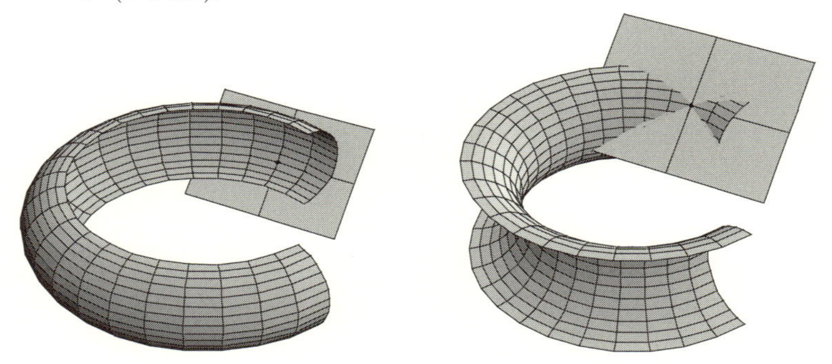

- $\cos u < 0$ のところ，すなわち，トーラスの内周部分では，第 2 基本形式は不定値で，曲面は接平面の上にも下にもあり，曲面は接平面により，削ぐように切断されています (上図右).

演習問題

9.1　例 9.2 のトーラスのガウス写像はトーラス上の $\boldsymbol{x}(u,v)$ を，球面のパラメーター表示の $-\boldsymbol{x}(u,v)$ に対応させます．このことを確かめ，ちょうど同じ (u,v) で表される理由を考えなさい．

9.2　$f(x,y)$ を $\dfrac{\partial f}{\partial x}(0,0)=0, \dfrac{\partial f}{\partial y}(0,0)=0$ を満たす C^r 関数とします．そのグラフ $z=f(x,y)$ のパラメーター表示は演習問題 8.2 で与えられています．点 $\boldsymbol{x}(0,0)$ における第 2 基本形式を $f(x,y)$ の偏微分係数を用いて表しなさい．

9.3　$f(t)>0$ を正の値をとる C^r 関数とします．zx 平面におけるグラフ $x=f(z)$ を，z 軸に関して回転して得られる回転面のパラメーター表示は演習問題 8.3 で与えられています．その第 2 基本形式を $f(t)$ の微分係数を用いて表しなさい．

9.4　例 8.4 の懸垂面と例 8.5 の螺旋面の第 2 基本形式を求めて，比較しなさい．

9.5　$\boldsymbol{x}(u,v)$ を曲面のパラメーター表示とします．

(1)　A を回転行列，$\boldsymbol{b}$ を空間ベクトルとします．$\boldsymbol{x}(u,v)$ を合同変換で移動して得られる曲面を $\boldsymbol{y}(u,v)=A\,\boldsymbol{x}(u,v)+\boldsymbol{b}$ とするとき，$\boldsymbol{x}(u,v)$ と $\boldsymbol{y}(u,v)$ は同じ第 1 基本形式，第 2 基本形式をもつことを確かめなさい．

(2)　B を鏡映 M_{xy} を表す行列とします．$\boldsymbol{y}(u,v)=B\,\boldsymbol{x}(u,v)$ と $\boldsymbol{x}(u,v)$ の第 1 基本形式，第 2 基本形式をそれぞれ比較しなさい．

(3)　$0<\lambda<1$ に対し，$\boldsymbol{x}(u,v)$ を相似変換で縮小して得られる曲面を $\boldsymbol{y}(u,v)=\lambda\,\boldsymbol{x}(u,v)$ とするとき，$\boldsymbol{y}(u,v)$ と $\boldsymbol{x}(u,v)$ の第 1 基本形式，第 2 基本形式は，それぞれどう変わるか説明しなさい．

第 10 章

曲面の種々の曲率

《目標＆ポイント》曲面を，その接平面に垂直な平面で切ると，断面に曲線が現れます．この曲線の曲率は第 2 基本形式で表すことができます．このことを手がかりにして，主曲率，ガウス曲率，平均曲率などを導くことができます．

《キーワード》主曲率，ガウス曲率，平均曲率，楕円点，双曲点，放物点

10.1 曲面に含まれる曲線の曲率

曲面の曲がり方を測るために，曲面に含まれる曲線の曲率を考えます．$S = \{\boldsymbol{x}(u, v)\}$ を C^r 曲面として，$C = \{\boldsymbol{x}(s)\}$ を S に含まれる C^r 曲線とします．$\boldsymbol{x}(s) = \boldsymbol{x}(u(s), v(s))$ と表すこともできます．s はその弧長パラメーターです．すると，単位接ベクトルは $\boldsymbol{e}_1(s) = \boldsymbol{x}'(s)$ と表され，曲率ベクトルは $\boldsymbol{k}(s) = \boldsymbol{x}''(s)$ と表されました．すなわち，曲率ベクトルは曲線 C 上を定速度 1 で動く点の加速度ベクトルです．定速度で曲面上を走る車を想像しましょう．ハンドルを切ると左右方向に加速度を受けます．道に凹凸があると上下方向に加速度を受けます．両方の合成が実際の加速度です．そこで，加速度ベクトル $\boldsymbol{k}(s)$ を曲面に接しているベクトル $\boldsymbol{k}_g(s)$ と曲面に垂直なベクトル $\boldsymbol{k}_n(s)$ の和

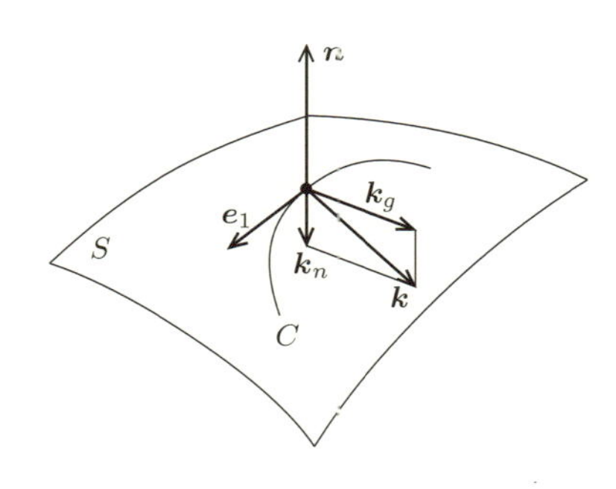

に分解します．それぞれ，**測地曲率ベクトル**と**法曲率ベクトル**といいます．

$$\boldsymbol{k}(s) = \boldsymbol{k}_g(s) + \boldsymbol{k}_n(s),\ \boldsymbol{k}_g(s) \in T_{\boldsymbol{x}(s)}S,\ \boldsymbol{k}_n(s) \perp T_{\boldsymbol{x}(s)}S \tag{10.1}$$

法曲率ベクトルの長さに，法ベクトルの方向により符号をつけたものを**法曲率**といいます．また，測地曲率ベクトルの大きさを**測地曲率**といいます．

$$\kappa_n(s) = \boldsymbol{k}(s) \cdot \boldsymbol{n}(u(s), v(s)),\ \kappa_g(s) = \sqrt{\kappa(s)^2 - \kappa_n(s)^2} \tag{10.2}$$

測地という言葉の由来は後で説明します．ここでまず，法曲率を計算し，書き換えてみます．

$$\kappa_n(s) = \boldsymbol{k}(s) \cdot \boldsymbol{n}(u(s), v(s)) = \boldsymbol{x}''(s) \cdot \boldsymbol{n}(u(s), v(s))$$

$\boldsymbol{x}'(s) \in T_{\boldsymbol{x}(s)}S$ ですから，$\boldsymbol{x}'(s) \cdot \boldsymbol{n}(u(s), v(s)) \equiv 0$

これを微分すると

$$\boldsymbol{x}''(s) \cdot \boldsymbol{n}(u(s), v(s)) + \boldsymbol{x}'(s) \cdot \frac{d}{ds}\{\boldsymbol{n}(u(s), v(s))\} \equiv 0$$

となります．したがって

$$\begin{aligned}
\kappa_n(s) &= -\boldsymbol{x}'(s) \cdot \frac{d}{ds}\{\boldsymbol{n}(u(s), v(s))\} \\
&= -\boldsymbol{x}'(s) \cdot (u'(s)\,\boldsymbol{n}_u + v'(s)\,\boldsymbol{n}_v) \\
&= -\boldsymbol{x}'(s) \cdot d\boldsymbol{n}(u'(s)\,\boldsymbol{x}_u + v'(s)\,\boldsymbol{x}_v) \\
&= -\boldsymbol{x}'(s) \cdot d\boldsymbol{n}(\boldsymbol{x}'(s)) \\
&= \varphi(\boldsymbol{x}'(s))
\end{aligned}$$

が成り立ちます．以上で，次の定理が示されました．

定理 10.1　C^r 曲面 $\boldsymbol{x}(u, v)$ に含まれる C^r 曲線を $\boldsymbol{x}(t) = \boldsymbol{x}(u(t), v(t))$ とします．単位接ベクトルを $\boldsymbol{e}_1(t)$ とすると，法曲率 $\kappa_n(t)$ について

$$\kappa_n(t) = \varphi(\boldsymbol{e}_1(t)) \tag{10.3}$$

が成り立ちます．(φ は第 2 基本形式．)

この定理は，曲面に含まれる曲線の法曲率は，向き $\xi = \boldsymbol{e}_1(s)$ だけで定まり，曲線の曲がり方によらないことを示しています．曲面上に単位接ベクトル ξ を固定するとき，ξ を速度ベクトルにもつ曲線は，どのような曲がり方をしようとも，曲率ベクトルの曲面に垂直な成分 $\boldsymbol{k}_n$ は一定で，その大きさは第 2 基本形式 $|\varphi(\xi)|$ で与えられるわけです．このことは，曲面の ξ 方向の曲がり方が $\varphi(\xi)$ であるということを示唆しています．

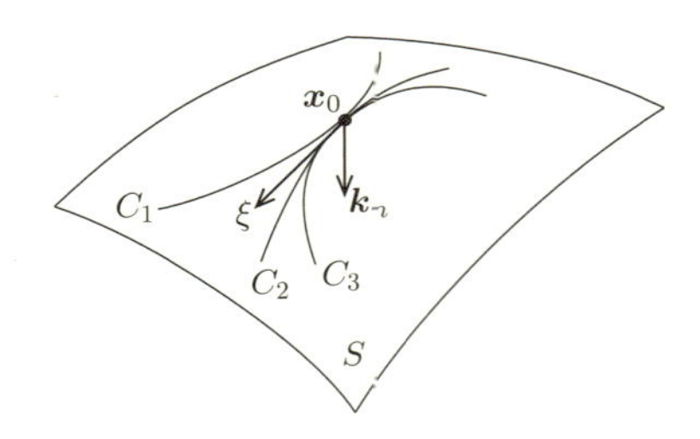

曲面に含まれる曲線 $\boldsymbol{x}(t)$ に関して，その曲率ベクトルを $\boldsymbol{k}(t) = \boldsymbol{k}_g(t) + \boldsymbol{k}_n(t)$ と表したのですが，ここで，$\boldsymbol{k}_n(t)$ は曲面が曲がっているため，曲がらざるを得ない成分，$\boldsymbol{k}_g(t)$ は自分の意志でハンドルを切って，勝手に曲がっている成分と考えることができます．

$\boldsymbol{n}$ と ξ で生成され，$\boldsymbol{x}_0$ を含む平面を H_ξ とします．H_ξ は曲面 S と $\boldsymbol{x}_0$ において垂直ですから，それらの交わりは $\boldsymbol{x}_0$ の近傍で，曲線 C_ξ を定めます．C_ξ の $\boldsymbol{x}_0$ における曲率ベクトル $\boldsymbol{k}$ は H_ξ に含まれ，ξ と垂直ですから $\boldsymbol{n}$ と平行です．したがって，$\boldsymbol{k}_n = \boldsymbol{k}, \boldsymbol{k}_g = \boldsymbol{0}$ です．ゆえに，$\kappa_g = 0$ で C_ξ の $\boldsymbol{x}_0$ における曲率は $\kappa_n = \varphi(\xi)$ です．

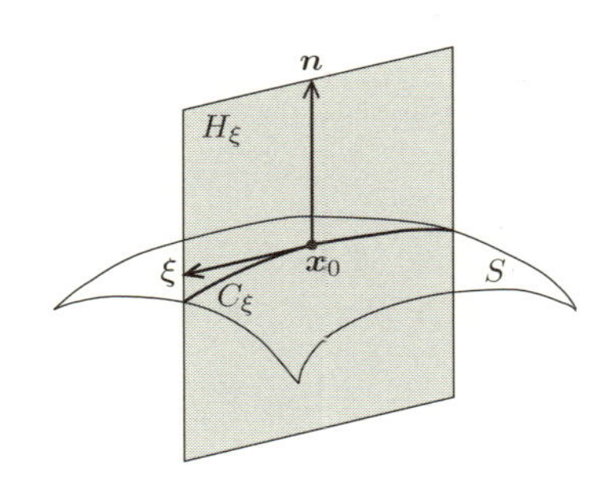

S に含まれる曲線で，測地曲率 κ_g が恒等的に 0 であるものを**測地線**といいます．測地線は，その各点で，もっとも曲率が小さい曲線，すなわち，ハンドルを切らない状態で曲面上を走る (極小の) 自動車の描く曲線です．そのような曲線は，曲面上の 2 点間を結ぶ最短曲線の特徴であることが知られています．曲面をゆるやかな凹凸のある地面と思い，地面に接して 2 点間にロープをぴんと張るときの曲線ですから，地面を測る線として，測地線というわけです．

例 10.2　球面を，中心を通る平面で切るとき，切り口に得られる円を大円といいます．球面に含まれる円のうち，最も半径の大きい円です．緯度経度パラメーターを用いると，赤道と経度一定の経線 (u 曲線) は大円です．大円は球面の測地線です．実際，その各点において，大円は法ベクトルを含む平面による切り口になっています．

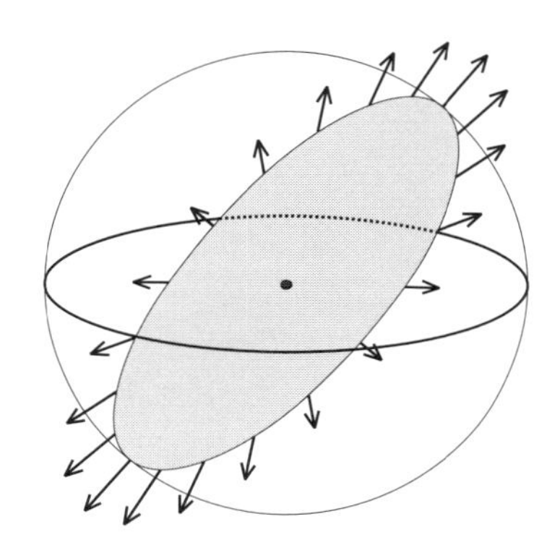

10.2 主方向と主曲率

2 次形式に関する線形代数の理論を第 2 基本形式に適用してみましょう．線形空間は接平面 $T_{\boldsymbol{x}_0}S$ です．2 次元で，内積 $\xi \cdot \eta$ があります．ここで，$\varphi(\xi) = -\xi \cdot d\boldsymbol{n}(\xi)$ ですから，第 2 基本形式は線形変換 $-d\boldsymbol{n}$ の定める 2 次形式です．$d\boldsymbol{n}$ は形状作用素とよばれているものでした．

補題 10.3 $T_{\boldsymbol{x}_0}S$ 上の線形変換 $d\boldsymbol{n}$ は対称変換です．

証明. $\xi, \eta \in T_{\boldsymbol{x}_0}S$ に対して，$\xi \cdot d\boldsymbol{n}(\eta) = \eta \cdot d\boldsymbol{n}(\xi)$ を示します．ξ, η が基底のベクトル $\boldsymbol{x}_u, \boldsymbol{x}_v$ のときに調べれば十分です．ところが

$$\boldsymbol{x}_u \cdot d\boldsymbol{n}(\boldsymbol{x}_v) = \boldsymbol{x}_u \cdot \boldsymbol{n}_v = -\boldsymbol{x}_{uv} \cdot \boldsymbol{n} = -\boldsymbol{x}_{vu} \cdot \boldsymbol{n} = \boldsymbol{x}_v \cdot d\boldsymbol{n}(\boldsymbol{x}_u)$$

です． □

単位接ベクトル $\boldsymbol{f}_1$ を選び，$\boldsymbol{f}_2 = \boldsymbol{n} \times \boldsymbol{f}_1$ とおきます．$\boldsymbol{f}_1, \boldsymbol{f}_2$ は $T_{\boldsymbol{x}_0}S$ の正規直交基底になります．この基底に関して，$d\boldsymbol{n}$ を表す行列を $A = \begin{pmatrix} a_{11} & a_{12} \\ a_{21} & a_{22} \end{pmatrix}$ とおくと

$$d\boldsymbol{n}(\boldsymbol{f}_1) = a_{11}\,\boldsymbol{f}_1 + a_{21}\,\boldsymbol{f}_2,\ d\boldsymbol{n}(\boldsymbol{f}_2) = a_{12}\,\boldsymbol{f}_1 + a_{22}\,\boldsymbol{f}_2$$

となります．第 1 式と $\boldsymbol{f}_2$，第 2 式と $\boldsymbol{f}_1$ の内積をとると

$$a_{21} = \boldsymbol{f}_2 \cdot d\boldsymbol{n}(\boldsymbol{f}_1),\ a_{12} = \boldsymbol{f}_1 \cdot d\boldsymbol{n}(\boldsymbol{f}_2)$$

を得ます．したがって，上の補題より $a_{12} = a_{21}$ です．すなわち，A は対称行列です．これより，A は対角化可能であることがわかります．これは線形代数の結果ですが，簡単に確かめてみましょう．A の固有方程式は

$$\det(t\,I - A) = 0 \quad \text{すなわち} \quad t^2 - \mathrm{Tr}(A)\,t + \det(A) = 0$$

です．その判別式は

$$\begin{aligned}\mathrm{Tr}(A)^2 - 4\det(A) &= (a_{11} + a_{22})^2 - 4\,(a_{11}\,a_{22} - (a_{12})^2) \\ &= (a_{11} - a_{22})^2 + 4\,(a_{12})^2 \geqq 0\end{aligned}$$

ですから，つねに実数解をもちます．後の議論の都合のために，固有方程式の解を $-\kappa_1, -\kappa_2$ とし，$-\kappa_1 \geqq -\kappa_2$ とします．重解になるのは A がスカラー行列 $-\kappa_1 I$ になるときだけです．それ以外のときは，2 つの固有値をもち，2 つの固有ベクトルがあります．しかも対称性から，2 つの固有ベクトルは直交します．実際，固有値 $-\kappa_1, -\kappa_2$ に対応する，長さ 1 の固有ベクトルを $\boldsymbol{\xi}_1, \boldsymbol{\xi}_2$ とおくと

$$\begin{aligned}-\kappa_1\,(\boldsymbol{\xi}_1 \cdot \boldsymbol{\xi}_2) &= (-\kappa_1\,\boldsymbol{\xi}_1) \cdot \boldsymbol{\xi}_2 = d\boldsymbol{n}(\boldsymbol{\xi}_1) \cdot \boldsymbol{\xi}_2 = \boldsymbol{\xi}_1 \cdot d\boldsymbol{n}(\boldsymbol{\xi}_2) \\ &= \boldsymbol{\xi}_1 \cdot (-\kappa_2\,\boldsymbol{\xi}_2) = -\kappa_2\,(\boldsymbol{\xi}_1 \cdot \boldsymbol{\xi}_2)\end{aligned}$$

よって，$(\kappa_2 - \kappa_1)(\boldsymbol{\xi}_1 \cdot \boldsymbol{\xi}_2) = 0$．左の因子は $\neq 0$ ですから，$\boldsymbol{\xi}_1 \cdot \boldsymbol{\xi}_2 = 0$　すなわち，$\boldsymbol{\xi}_1, \boldsymbol{\xi}_2$ は直交します．

$T_{\boldsymbol{x}_0}S$ の一般の単位接ベクトルは $\boldsymbol{\xi} = \cos\theta\,\boldsymbol{\xi}_1 + \sin\theta\,\boldsymbol{\xi}_2$ と表されます．この方向の曲線の法曲率 $\varphi(\boldsymbol{\xi})$ を計算します．

$$\begin{aligned}\varphi(\boldsymbol{\xi}) &= -\boldsymbol{\xi} \cdot d\boldsymbol{n}(\boldsymbol{\xi}) \\ &= -(\cos\theta\,\boldsymbol{\xi}_1 + \sin\theta\,\boldsymbol{\xi}_2) \cdot d\boldsymbol{n}(\cos\theta\,\boldsymbol{\xi}_1 + \sin\theta\,\boldsymbol{\xi}_2) \\ &= (\cos\theta\,\boldsymbol{\xi}_1 + \sin\theta\,\boldsymbol{\xi}_2) \cdot (\kappa_1\,\cos\theta\,\boldsymbol{\xi}_1 + \kappa_2\,\sin\theta\,\boldsymbol{\xi}_2) \\ &= \cos^2\theta\,\kappa_1 + \sin^2\theta\,\kappa_2\end{aligned}$$

よって

$$\kappa_1 \leqq \varphi(\boldsymbol{\xi}) \leqq \kappa_2 \tag{10.4}$$

が成り立ちます．以上のことから，次の定理が示されました．

定理 10.4 $T_{\boldsymbol{x}_0}S$ 上の形状作用素 $d\boldsymbol{n}$ は対角化可能で，その固有値を $-\kappa_1 \geqq -\kappa_2$ とします．

(1) $\kappa_1 = \kappa_2$ のとき，$\boldsymbol{x}_0$ を通る曲線の法曲率は，曲線の向きによらず一定で $\kappa_1 = \kappa_2$ で与えられます．

(2) $\kappa_1 < \kappa_2$ のとき，$\boldsymbol{x}_0$ を通る曲線の法曲率は，曲線の向きにより異なります．直交する 2 つの方向 $\pm\xi_1, \pm\xi_2$ が定まって，$\pm\xi_1$ 方向で法曲率は最小値 κ_1 をとり，$\pm\xi_2$ 方向で最大値 κ_2 をとります．

定義 ● 上の定理において，$\kappa_1 = \kappa_2$ のとき，$\boldsymbol{x}_0$ を**臍点** (せいてん) といいます．

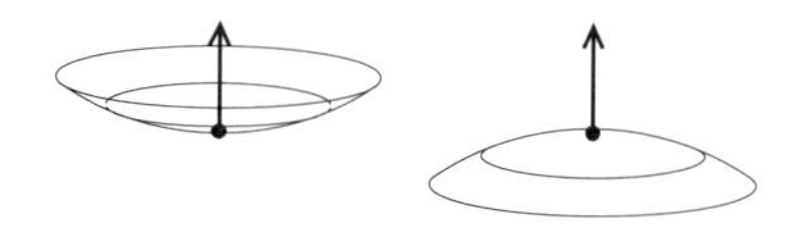

特に，$\kappa_1 = \kappa_2 = 0$ のとき，$\boldsymbol{x}_0$ を**平坦点**ということがあります．

● $\kappa_1 < \kappa_2$ のとき，曲線の法曲率が極値をとる方向 $\pm\xi_1, \pm\xi_2$ を**主方向**といいます．

● $\kappa_1 < \kappa_2$ のとき，$\boldsymbol{x}_0$ を通る曲線の法曲率の極値 κ_1, κ_2 を**主曲率**といいます．

● $\kappa_1 < \kappa_2 < 0$ または $0 < \kappa_1 < \kappa_2$ のとき，$\boldsymbol{x}_0$ を**楕円点**といいます．

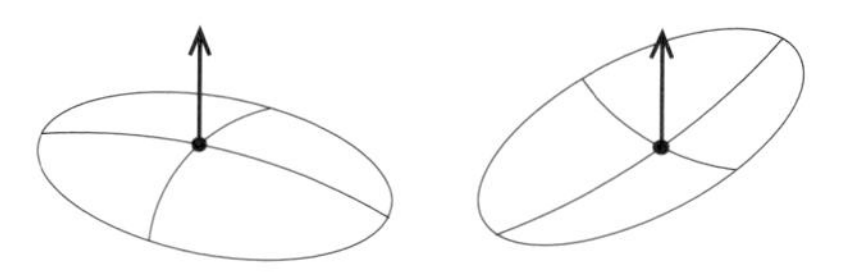

● $\kappa_1 < 0 < \kappa_2$ のとき，$\boldsymbol{x}_0$ を**双曲点**といいます．

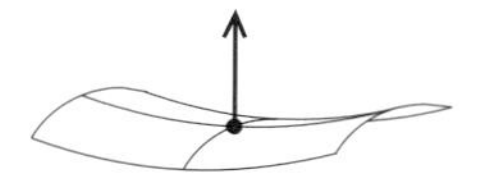

● $\kappa_1 < \kappa_2 = 0$ または $0 = \kappa_1 < \kappa_2$ のとき，$\boldsymbol{x}_0$ を**放物点**といいます．

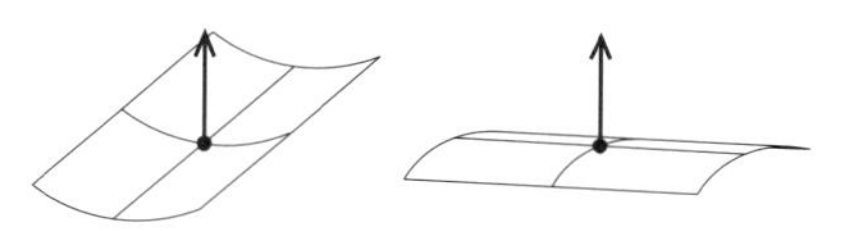

例 10.5　例 9.1 (トーラス) において，外周部分 ($\cos u > 0$) の各点は楕円点です．内周部分 ($\cos u < 0$) の各点は双曲点です．その他の部分，すなわち，南北両極にあたる 2 つの円周 ($u = \pm\dfrac{\pi}{2}$) の各点は放物点です．

10.3　ガウス曲率と平均曲率

前節では，正規直交基底 $\boldsymbol{f}_1, \boldsymbol{f}_2$ に関して，形状作用素 $d\boldsymbol{n}$ を表す行列 A を考えましたが，ここでは，本来の基底 $\boldsymbol{x}_u, \boldsymbol{x}_v$ に関して，$d\boldsymbol{n}$ を表す行列 $B = \begin{pmatrix} b_{11} & b_{12} \\ b_{21} & b_{22} \end{pmatrix}$ を考えます．すなわち

$$d\boldsymbol{n}(\boldsymbol{x}_u) = b_{11}\,\boldsymbol{x}_u + b_{21}\,\boldsymbol{x}_v,\ d\boldsymbol{n}(\boldsymbol{x}_v) = b_{12}\,\boldsymbol{x}_u + b_{22}\,\boldsymbol{x}_v$$

です．$d\boldsymbol{n}(\boldsymbol{x}_u) = \boldsymbol{n}_u, d\boldsymbol{n}(\boldsymbol{x}_v) = \boldsymbol{n}_v$ でした．そこで，$\boldsymbol{x}_u, \boldsymbol{x}_v$ との，それぞれ内積をとります．4 つの式が得られます．

$$\begin{aligned}
-H_{11} &= \boldsymbol{x}_u \cdot \boldsymbol{n}_u = b_{11}\,\boldsymbol{x}_u \cdot \boldsymbol{x}_u + b_{21}\,\boldsymbol{x}_u \cdot \boldsymbol{x}_v = b_{11}\,g_{11} + b_{21}\,g_{12} \\
-H_{12} &= \boldsymbol{x}_v \cdot \boldsymbol{n}_u = b_{11}\,\boldsymbol{x}_v \cdot \boldsymbol{x}_u + b_{21}\,\boldsymbol{x}_v \cdot \boldsymbol{x}_v = b_{11}\,g_{12} + b_{21}\,g_{22} \\
-H_{12} &= \boldsymbol{x}_u \cdot \boldsymbol{n}_v = b_{12}\,\boldsymbol{x}_u \cdot \boldsymbol{x}_u + b_{22}\,\boldsymbol{x}_u \cdot \boldsymbol{x}_v = b_{12}\,g_{11} + b_{22}\,g_{12} \\
-H_{22} &= \boldsymbol{x}_v \cdot \boldsymbol{n}_v = b_{12}\,\boldsymbol{x}_v \cdot \boldsymbol{x}_u + b_{22}\,\boldsymbol{x}_v \cdot \boldsymbol{x}_v = b_{12}\,g_{12} + b_{22}\,g_{22}
\end{aligned}$$

これらの式は，よく見ると，$G = \begin{pmatrix} g_{11} & g_{12} \\ g_{12} & g_{22} \end{pmatrix}$，$\Phi = \begin{pmatrix} H_{11} & H_{12} \\ H_{12} & H_{22} \end{pmatrix}$ とおくとき，関係 $-\Phi = G\,B$ を示しています．第 1 基本形式は正定値ですから，$\det G > 0$ で，G は正則ですから，形状作用素の行列表示

$$B = -G^{-1}\,\Phi \tag{10.5}$$

を得ます．$-\kappa_1, -\kappa_2$ は B の固有値ですから，κ_1, κ_2 は $G^{-1}\,\Phi$ の固有方程式

$$t^2 - \mathrm{Tr}(G^{-1}\,\Phi)\,t + \det(G^{-1}\,\Phi) = 0 \tag{10.6}$$

の 2 解です．解と係数の関係から

$$\kappa_1 + \kappa_2 = \mathrm{Tr}(G^{-1}\,\Phi),\ \kappa_1\,\kappa_2 = \det(G^{-1}\,\Phi)$$

が成り立ちます．

定義　点 $\boldsymbol{x}_0$ における曲面 S の**ガウス曲率** K を

$$K = \det(G^{-1}\,\Phi) = \kappa_1\,\kappa_2 \tag{10.7}$$

で定めます．また，同じく**平均曲率** H を

$$H = \frac{1}{2}\,\mathrm{Tr}(G^{-1}\,\Phi) = \frac{\kappa_1 + \kappa_2}{2} \tag{10.8}$$

で定めます．

ガウス曲率は形状作用素を表す行列の行列式ですから，ガウス写像の面積の変換率を表します．次の式で計算できます．

$$K = \det(G^{-1}\,\Phi) = \frac{\det\Phi}{\det G} = \frac{H_{11}\,H_{22} - (H_{12})^2}{g_{11}\,g_{22} - (g_{12})^2} \tag{10.9}$$

平均曲率は 2 つの主曲率の平均です．その点における曲面の曲がり方の平均を表しています．次の式で計算できます．

$$H = \frac{1}{2}\,\mathrm{Tr}(G^{-1}\,\Phi) = \frac{g_{11}\,H_{22} - 2\,g_{12}\,H_{12} + g_{22}\,H_{11}}{2\,\{g_{11}\,g_{22} - (g_{12})^2\}} \tag{10.10}$$

石けん膜のような表面張力のある素材の膜を考えます．膜が上に曲がっていると (下に凸だと)，膜の中心は上向きに力を受けます．平均曲率は上向きの力と，下向きの力の平均と考えることができます．そう考えると，平均曲率は膜の内外の局所的な圧力差を表していることになります．

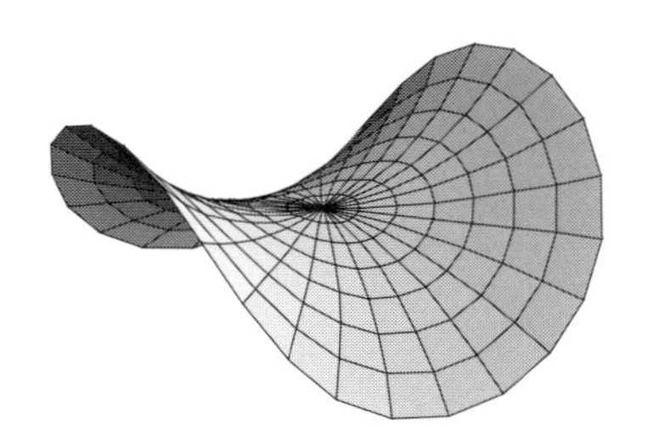

平均曲率が恒等的に 0 の曲面は**極小曲面**といいます．空間に置かれた針金の枠を張る石けん膜のような面積最小の曲面は極小曲面になることが知られています．

平均曲率 H とガウス曲率 K を用いると固有方程式は $t^2 - 2\,H\,t + K = 0$ となります．したがって，主曲率は

$$\kappa_1 = H - \sqrt{H^2 - K},\ \kappa_2 = H + \sqrt{H^2 - K} \tag{10.11}$$

と表されます．また，点のタイプの分類は

- 点 $\boldsymbol{x}_0$ は臍点 $\iff H^2 = K$

- 点 $\boldsymbol{x}_0$ は楕円点 $\iff H^2 > K > 0$
- 点 $\boldsymbol{x}_0$ は双曲点 $\iff K < 0$
- 点 $\boldsymbol{x}_0$ は放物点 $\iff H^2 > K = 0$

で与えられます．さらに，点 $\boldsymbol{x}_0$ は臍点であることの必要十分条件は固有方程式が重解をもつことで，それは形状作用素が $-\kappa$ 倍になることでした．したがって

- 点 $\boldsymbol{x}_0$ は臍点 $\iff \dfrac{H_{11}}{g_{11}} = \dfrac{H_{12}}{g_{12}} = \dfrac{H_{22}}{g_{22}} = \kappa$

も成り立ちます．

最後に，主方向を求めてみましょう．主方向の傾きを m とします．すると $\xi = \boldsymbol{x}_u + m\,\boldsymbol{x}_v$ は $d\boldsymbol{n}$ の固有ベクトルになります．したがって，$\begin{pmatrix} 1 \\ m \end{pmatrix}$ は行列 $-G^{-1}\,\Phi$ の固有ベクトルです．よって

$$\lambda G \begin{pmatrix} 1 \\ m \end{pmatrix} = \Phi \begin{pmatrix} 1 \\ m \end{pmatrix}$$

すなわち

$$\begin{cases} \lambda\,(g_{11} + m\,g_{12}) = H_{11} + m\,H_{12} \\ \lambda\,(g_{12} + m\,g_{22}) = H_{12} + m\,H_{22} \end{cases}$$

λ を消去して

$$(g_{11} + m\,g_{12})\,(H_{12} + m\,H_{22}) = (g_{12} + m\,g_{22})\,(H_{11} + m\,H_{12})$$

これより，m の 2 次方程式

$$\begin{aligned} (g_{12}\,H_{22} - g_{22}\,H_{12})\,m^2 + (g_{11}\,H_{22} - g_{22}\,H_{11})\,m \\ +(g_{11}\,H_{12} - g_{12}\,H_{11}) = 0 \end{aligned} \tag{10.12}$$

を得ます．

例 10.6 (螺旋面)　例 8.5 の計算で

$$\boldsymbol{x} = \begin{pmatrix} a\,\sinh u\,\cos v \\ a\,\sinh u\,\sin v \\ a\,v \end{pmatrix}$$

$$\boldsymbol{x}_u = \begin{pmatrix} a\cosh u\cos v \\ a\cosh u\sin v \\ 0 \end{pmatrix},\ \boldsymbol{x}_v = \begin{pmatrix} -a\sinh u\sin v \\ a\sinh u\cos v \\ a \end{pmatrix}$$

$$g = a^2\cosh^2 u\left((du)^2 + (dv)^2\right)$$

$$G = \begin{pmatrix} a^2\cosh^2 u & 0 \\ 0 & a^2\cosh^2 u \end{pmatrix},\ \det G = a^4\cosh^4 u$$

を得ました．さらに，演習問題 9.3 の答えにもなりますが

$$\boldsymbol{x}_{uu} = \begin{pmatrix} a\sinh u\cos v \\ a\sinh u\sin v \\ 0 \end{pmatrix},\ \boldsymbol{x}_{uv} = \begin{pmatrix} -a\cosh u\sin v \\ a\cosh u\cos v \\ 0 \end{pmatrix}$$

$$\boldsymbol{x}_{vv} = \begin{pmatrix} -a\sinh u\cos v \\ -a\sinh u\sin v \\ 0 \end{pmatrix}$$

$$\varphi = -2\,a\,du\,dv,\ \Phi = \begin{pmatrix} 0 & -a \\ -a & 0 \end{pmatrix}$$

となります．したがって

$$K = \frac{\det\Phi}{\det G} = \frac{-1}{a^2\cosh^4 u},\ H \equiv 0$$

です．螺旋面は極小曲面です．主方向の方程式は

$$a^3\cosh^2 u\,(m^2 - 1) = 0 \quad ゆえに \quad m = \pm 1$$

となります．したがって，u 曲線，v 曲線に対し，$45°$ の方向に主方向があります．

10.4 曲面論の展開

本書で扱える範囲を超えてしまうので，曲面に関する話はここまでです．しかし，曲面論にはこの後に重要な展開があります．今まで，第 1，第 2 の基本形式について述べてきました．実は，曲面の，空間における合同類はこれらの基本形式で定まってしまうことがわかります．すなわち，2 つの曲面 $\boldsymbol{x}(u,v), \boldsymbol{y}(u,v)$ が同じ第 1，第 2 基本形式をもてば (6 つの関数 $g_{ij}(u,v), H_{ij}(u,v)$ が一致す

れば)，これらの曲面は空間の回転と平行移動で重ね合わすことができるのです．

第 8 章で考えたように，第 1 基本形式だけで，曲面の形状はかなり定まってしまいます．ということは，第 2 基本形式は第 1 基本形式により，かなり制約されることになります．曲線の場合の曲率と捩率のように，独立には選べないのです．どのように制約されるかというのは昔からよく調べられていて，第 1 基本形式と第 2 基本形式とそれらの偏導関数を含む非常に複雑な式を満たさなくてはいけないことがわかります．またその複雑な式を満たせば，与えられた 6 つの関数 $g_{ij}(u,v), H_{ij}(u,v)$ を第 1，第 2 基本形式とする曲面が存在することも知られています．この複雑な式は基本方程式といわれるものです．

基本方程式は複雑な式なのですが，その 1 つの応用があります．ガウス曲率 K は $g_{ij}(u,v), H_{ij}(u,v)$ の式 ((10.9) 式) で表されますが，基本方程式を用いると $g_{ij}(u,v)$ とその偏導関数の式 (当然複雑!!) で表されることがわかります．ですから，2 つの曲面が同じ第 1 基本形式をもてば，たとえ第 2 基本形式が異なっていようと (螺旋面と懸垂面のように)，同じガウス曲率をもつことがわかります．この事実は 19 世紀にガウスにより発見されました．ガウス自身，すばらしい定理だと信じ，美しい定理 (therema egregium) とよびました．

演習問題

10.1　例 7.3 の楕円面のパラメーター表示において $0 < a < b < c$ と仮定します．以下の問では，xz 平面との交わり $(v = 0, \pi)$ の各点において考えます．

(1) 第 1 基本形式を計算しなさい．単位法ベクトルが xz 平面に含まれることを確かめ，xz 平面との交わりは測地線であることを確かめなさい．

(2) 第 2 基本形式を計算しなさい．xz 平面との交わりはつねに主方向を含んでいることを確かめなさい．

(3) xz 平面との交わりはちょうど 4 点の臍点を含み，それ以外の各点は楕円点であることを確かめなさい．楕円点は臍点の前後では性質を異にします．どう変わるでしょうか．臍点の接平面と平行な平面で楕円面を切ると，断面は円になることを確かめなさい．

10.2　演習問題 9.3 の続きとして，回転面に関して，次の問に答えなさい．

(1) u 曲線は測地線であること，v 曲線が測地線になるのは $f'(u) = 0$ となるときで，そのときに限ることを確かめなさい．

(2) ガウス曲率 K，平均曲率 H を f とその導関数を用いて表しなさい．

(3) $\boldsymbol{x}(u, v)$ が楕円点，双曲点，臍点になる条件を f とその導関数を用いて表しなさい．

(4) 懸垂面が極小曲面であることを確かめなさい．

10.3　次のエネパーの曲面は極小曲面であることを確かめなさい．

$$\boldsymbol{x} = \begin{pmatrix} 3\,u + 3\,u\,v^2 - u^3 \\ v^3 - 3\,v - 3\,u^2\,v \\ 3\,(u^2 - v^2) \end{pmatrix}$$

第 11 章

ベクトル場

《目標＆ポイント》たとえば，平面の上の水の流れを数学的に記述しようとすると，各点ごとに流れの向きと速さを考えなければなりません．これは，平面の各点にベクトルを対応させることに相当します．このように空間の各点にベクトルを対応させたものをベクトル場といいます．この章では，関数やベクトル場について種々の微分操作を考えます．

《キーワード》ベクトル場，勾配，発散，回転

11.1　平面上のベクトル場

はじめに平面上のベクトル場を考えます．平面の各点 $\mathrm{P}(x,y)$ に，その点 $\mathrm{P}(x,y)$ を始点とするベクトル $\boldsymbol{v}(x,y)$ が対応している状況が**ベクトル場**です．平面上のベクトルは 2 つの成分をもちますから，

$$\boldsymbol{v}(\boldsymbol{x}) = \begin{pmatrix} v_1(\boldsymbol{x}) \\ v_2(\boldsymbol{x}) \end{pmatrix}$$

のように，2 つの成分を並べて成分表示することができます．ただし，$\boldsymbol{x} = (x,y)$ は点 $\mathrm{P}(x,y)$ の座標を表します．このように，座標 $\boldsymbol{x}$ の関数としてベクトル $\boldsymbol{v}(\boldsymbol{x})$ が与えられたものがベクトル場であり，ベクトルの各成分は $\boldsymbol{x}$ の関数になっています．

逆に，2 つの関数 $v_1(\boldsymbol{x}), v_2(\boldsymbol{x})$ を与えると，平面上のベクトル場 $\boldsymbol{v}(\boldsymbol{x})$ が決まります．

例 11.1 平面の各点 $\mathrm{P}(\boldsymbol{x})$ に x 軸方向の単位ベクトル $\boldsymbol{e}_1 = \begin{pmatrix} 1 \\ 0 \end{pmatrix}$ を対応させることによって，ベクトル場

$$\boldsymbol{v}(\boldsymbol{x}) = \boldsymbol{e}_1$$

が得られます．これは，いわば「定数ベクトル場」です．成分を表す関数も定数関数です．$v_1(\boldsymbol{x}) = 1$，$v_2(\boldsymbol{x}) = 0$ となります．

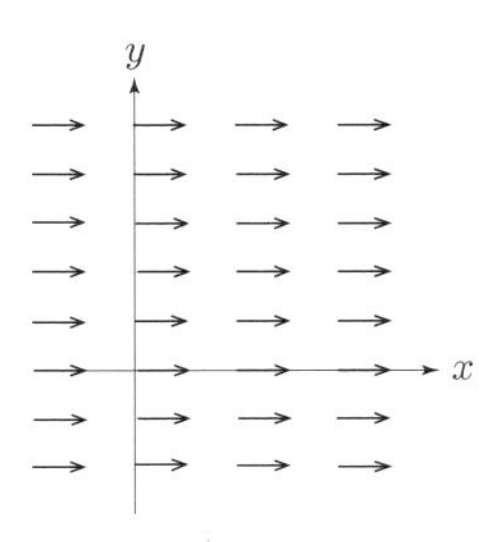

例 11.2 各点 $\mathrm{P}(\boldsymbol{x})$ に，その点の座標 $\boldsymbol{x} = (x, y)$ を縦ベクトルに直したベクトル $\begin{pmatrix} x \\ y \end{pmatrix}$ を対応させたベクトル場

$$\boldsymbol{v}(\boldsymbol{x}) = \begin{pmatrix} x \\ y \end{pmatrix}$$

を考えてみましょう．下図がそのベクトル場です．成分の関数は

$$v_1(\boldsymbol{x}) = x,\ v_2(\boldsymbol{x}) = y$$

となります．

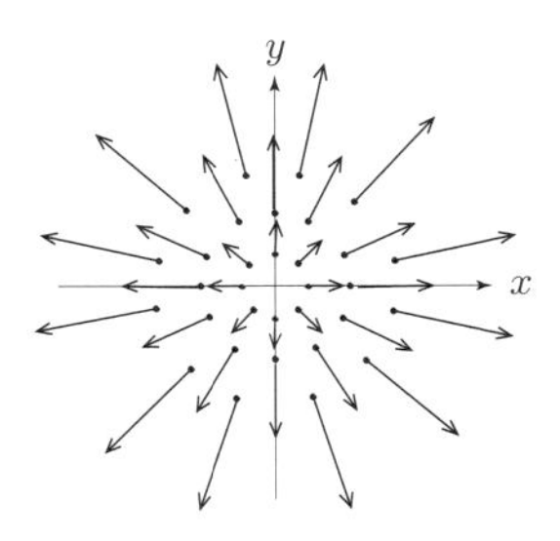

例 11.3 前の例と似ていますが，各点 $\mathrm{P}(\boldsymbol{x})$ の座標 $\boldsymbol{x} = (x, y)$ を縦ベクトルに変え，さらにそれを 90° 回転させたベクトル $\begin{pmatrix} -y \\ x \end{pmatrix}$ を考えて，それを点 $\mathrm{P}(\boldsymbol{x})$ に対応させたベクトル場

$$\boldsymbol{v}(\boldsymbol{x}) = \begin{pmatrix} -y \\ x \end{pmatrix}$$

を考えます．下図がそのベクトル場です．成分を表す関数は，$v_1(\boldsymbol{x}) = -y$，$v_2(\boldsymbol{x}) = x$ となります．

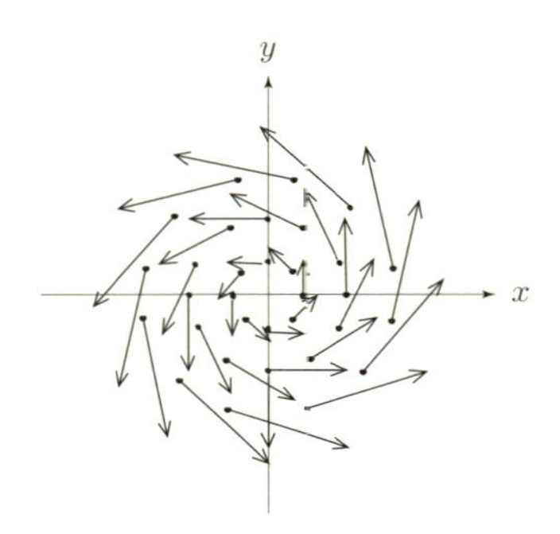

定義　ベクトル場 $\boldsymbol{v}(\boldsymbol{x}) = \begin{pmatrix} v_1(\boldsymbol{x}) \\ v_2(\boldsymbol{x}) \end{pmatrix}$ が**連続ベクトル場**であるとは，$v_1(\boldsymbol{x})$ と $v_2(\boldsymbol{x})$ が $\boldsymbol{x}$ の連続関数であることです．また，$\boldsymbol{v}(\boldsymbol{x})$ が C^r であるとは，$v_1(\boldsymbol{x})$ と $v_2(\boldsymbol{x})$ が $\boldsymbol{x}$ の C^r 関数であることです．

以下，関数やベクトル場は C^∞ なものに限って議論することにします．例 11.1，11.2，11.3 であげたベクトル場は，すべて C^∞ です．

11.2　勾配ベクトル場

理論的に重要なベクトル場に，**関数の勾配ベクトル場**があります．この節では，これについて説明しましょう．実数の値をとる 2 変数関数 $f(x,y)$ を考えます．例えば，$f(x,y)$ は地点 $\mathrm{P}(x,y)$ における土地の高さ (たとえば，海抜) を表しています．そのように考えたとき，$f(x,y)$ の勾配ベクトル場とは，各地点に，そこにおける土地の傾きの一番急な (登る) 方向とその傾きの大きさを同時に表すベクトルを対応させたものです．

もう少し正確に説明しましょう．x 軸の正の方向と θ の角をなす方向の単位ベクトル (長さ 1 のベクトル) を $\boldsymbol{e}_\theta$ とします．成分で書けば

$$\boldsymbol{e}_\theta = \begin{pmatrix} \cos\theta \\ \sin\theta \end{pmatrix}$$

となります．θ をいろいろ変化させれば，$\boldsymbol{e}_\theta$ もいろいろな方向を向きます．以下，任意の方向 $\boldsymbol{e}_\theta$ を一つ定めて，この方向の土地の傾き ($f(\boldsymbol{x})$ の増加率) を考えてみましょう．

点 $\mathrm{P}(\boldsymbol{x})$ における，ベクトル $\boldsymbol{e}_\theta$ 方向の $f(\boldsymbol{x})$ の微分係数 (**方向微分**) を

$$\lim_{h\to 0}\frac{f(\boldsymbol{x}+h\,\boldsymbol{e}_\theta)-f(\boldsymbol{x})}{h}$$

と定義します．これは，点 $\mathrm{P}(\boldsymbol{x})$ から $\boldsymbol{e}_\theta$ の方向へ h だけずれた点 $\mathrm{P}(\boldsymbol{x}+h\,\boldsymbol{e}_\theta)$ における f の値 $f(\boldsymbol{x}+h\,\boldsymbol{e}_\theta)$ から，もとの点 $\mathrm{P}(\boldsymbol{x})$ における f の値 $f(\boldsymbol{x})$ を引いて，その差を h で割って，$h\to 0$ の極限をとったものです．

xy 座標をつかって丁寧に書けば，

$$\lim_{h\to 0}\frac{f(x+h\,\cos\theta,\ y+h\,\sin\theta)-f(x,y)}{h}$$

となります．これは微分係数

$$\frac{d}{dt}f(x+t\,\cos\theta, y+t\,\sin\theta)|_{t=0} \tag{11.1}$$

に他なりません．これが，点 $\mathrm{P}(\boldsymbol{x})$ における，$\boldsymbol{e}_\theta$ 方向の傾きを表しています．

2 変数関数についての，合成関数の微分の公式を思い出しましょう．その公式によれば，任意の定数 a, b について

$$\frac{d}{dt}f(x+a\,t, y+b\,t)|_{t=0} = a\,\frac{\partial f}{\partial x}(x,y)+b\,\frac{\partial f}{\partial y}(x,y) \tag{11.2}$$

が成り立ちます．(11.1) と (11.2) を比べると，$\boldsymbol{e}_\theta$ 方向の $f(x,y)$ の方向微分は

$$\cos\theta\,\frac{\partial f}{\partial x}(\boldsymbol{x})+\sin\theta\,\frac{\partial f}{\partial y}(\boldsymbol{x})$$

に等しいことが分かります．これは 2 つのベクトル，$\boldsymbol{e}_\theta = \begin{pmatrix} \cos\theta \\ \sin\theta \end{pmatrix}$ と $\begin{pmatrix} \dfrac{\partial f}{\partial x}(\boldsymbol{x}) \\ \dfrac{\partial f}{\partial y}(\boldsymbol{x}) \end{pmatrix}$ の内積に他なりません．

ここに現れたベクトル $\begin{pmatrix} \dfrac{\partial f}{\partial x}(\boldsymbol{x}) \\ \dfrac{\partial f}{\partial y}(\boldsymbol{x}) \end{pmatrix}$ を $\mathrm{grad}\ f(\boldsymbol{x})$ と書いて，点 $\mathrm{P}(\boldsymbol{x})$ における，関数 f の**勾配ベクトル** (gradient vector) とよびます．これまでの議論で，次の定理が証明されたことになります．

定理 11.4　点 $\mathrm{P}(\boldsymbol{x})$ における，関数 $f(\boldsymbol{x})$ の $\boldsymbol{e}_\theta$ 方向の方向微分は内積

$$\boldsymbol{e}_\theta \cdot \mathrm{grad}\ f(\boldsymbol{x})$$

で与えられます．

§1.1 の最後に述べた公式から，2 つのベクトル $\boldsymbol{e}_\theta$ と $\mathrm{grad}\ f(\boldsymbol{x})$ のなす角を ψ とすると，内積は次のように表されます．

$$\begin{aligned} \boldsymbol{e}_\theta \cdot \mathrm{grad}\ f(\boldsymbol{x}) &= \|\boldsymbol{e}_\theta\|\ \|\mathrm{grad}\ f(\boldsymbol{x})\| \cos\psi \\ &= \sqrt{\left(\frac{\partial f}{\partial x}(\boldsymbol{x})\right)^2 + \left(\frac{\partial f}{\partial y}(\boldsymbol{x})\right)^2}\ \cos\psi \end{aligned} \tag{11.3}$$

勾配ベクトル $\mathrm{grad}\ f(\boldsymbol{x})$ は，関数 f と点 $\mathrm{P}(\boldsymbol{x})$ が与えられると決まってしまいますが，$\boldsymbol{e}_\theta$ のほうは θ を変えるといろいろ動きます．それに伴って 2 つのベクトルのなす角 ψ もいろいろ変わります．$\boldsymbol{e}_\theta$ をいろいろな方向に向けたとき，(11.3) の値が最大になるのはいつでしょうか．それは，明らかに $\psi = 0$ となるときです．これは，$\boldsymbol{e}_\theta$ の方向が $\mathrm{grad}\ f(\boldsymbol{x})$ の方向に一致したときです．そのときの方向微分の値は，(11.3) において $\psi = 0$ と置いた値

$$\sqrt{\left(\frac{\partial f}{\partial x}(\boldsymbol{x})\right)^2 + \left(\frac{\partial f}{\partial y}(\boldsymbol{x})\right)^2}$$

に等しくなります．この値は勾配ベクトルの長さ $\|\mathrm{grad}\ f(\boldsymbol{x})\|$ に他なりません．こうして，次の定理が証明できました．

定理 11.5　関数 $f(\boldsymbol{x})$ の ($\boldsymbol{e}_\theta$ 方向の) 方向微分が最大になるのは，$\boldsymbol{e}_\theta$ が $\mathrm{grad}\ f(\boldsymbol{x})$ の方向と一致するときで，その値は $\|\mathrm{grad}\ f(\boldsymbol{x})\|$ です．

勾配ベクトル $\mathrm{grad}\ f(\boldsymbol{x})$ の性質の一つに「$\mathrm{grad}\ f(\boldsymbol{x})$ は等高線に直交する」という性質があります．等高線は $f(\boldsymbol{x}) =$ 一定 という条件できまります．

grad $f(\boldsymbol{x}) \neq \mathbf{0}$ のときは，点 P$(\boldsymbol{x})$ 付近で等高線が滑らかな曲線になることが知られていますから，そのように仮定しましょう．そして，$\boldsymbol{e}_\theta$ を等高線の接線方向に向けてみます．このときの方向微分は (等高線に沿って $f(\boldsymbol{x})$ の値が変化しないので) ゼロとなるはずです．

$$\boldsymbol{e}_\theta \cdot \mathrm{grad}\, f(\boldsymbol{x}) = 0$$

いま，ベクトル $\boldsymbol{e}_\theta$ を等高線の接線方向にとりましたから，この式から，grad $f(\boldsymbol{x})$ が等高線に直交することが分かります．

このように，関数 $f(\boldsymbol{x})$ の値の変化を調べる上で，勾配ベクトル grad $f(\boldsymbol{x})$ は大切な役割を果たします．

定義 各点 P$(\boldsymbol{x})$ に，その点における $f(\boldsymbol{x})$ の勾配ベクトル grad $f(\boldsymbol{x})$ を対応させるベクトル場を $f(\boldsymbol{x})$ の**勾配ベクトル場**とよび，

$$\mathrm{grad}\, f$$

という記号で表します．

勾配ベクトル場 grad f を成分で表示すると

$$\mathrm{grad}\, f = \begin{pmatrix} \dfrac{\partial f}{\partial x} \\ \dfrac{\partial f}{\partial y} \end{pmatrix}$$

となります．

例 11.6 $f(x, y) = x^2 + y^2$ の勾配ベクトル場を求めてみましょう．

$$\frac{\partial f}{\partial x} = 2x, \quad \frac{\partial f}{\partial y} = 2y$$

ですから，

$$\mathrm{grad}\, f = \begin{pmatrix} 2x \\ 2y \end{pmatrix}$$

となって，grad f は例 11.2 のベクトル場の 2 倍になります．

11.3　回転

一般のベクトル場にもどります．ベクトル場 $\boldsymbol{v}(\boldsymbol{x})$ が平面上の水の流れの速度ベクトルを表すとして，各点 $\mathrm{P}(\boldsymbol{x})$ に置いた「微小水車」を回転させる力について考えましょう．

下の図は十字型の水車で，中心が点 $\mathrm{P}(\boldsymbol{x})$ に固定されていて，この点を中心に水平に (平面内で) 回転するようになっています．水車の横の腕と縦の腕はそれぞれ x 軸，y 軸と平行で，水車の中心から腕の先端までは微小な長さ h であるとします．そして，腕の先端には小さな「板」がついていて，ベクトル場から押される力を受けるとします．各腕の先端で，ベクトルを x 軸方向の成分 v_1，y 軸方向の成分 v_2 に分解します．

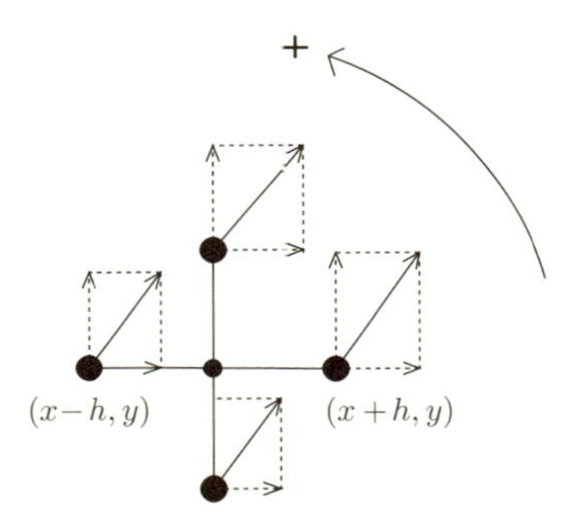

まず，図の右腕の先端に取り付けた板が受ける回転力を計算しましょう．右腕の先端の座標は $(x+h,y)$ です．右腕の先端が x 軸方向に引かれても水車を回転する力にはなりませんから，右腕の先端におけるベクトルの x 軸方向の成分 $v_1(x+h,y)$ は回転力に寄与しません．腕に直交する y 軸方向の成分 $v_2(x+h,y)$ が回転力を生み，その回転力は，$v_2(x+h,y)$ と腕の長さ h との積

$$v_2(x+h,y)h$$

に比例します．

次に，左腕の先端に取り付けた板の受ける回転力ですが，上の状況と違うのは，左腕の先端の座標が $(x-h,y)$ であることだけです．あとは上と同様の議論ができて，左腕の受ける回転力が

$$-v_2(x-h,y)h$$

に比例することが分かります．ここに，マイナスの符号がついているのは，図のように反時計回りを正の方向の回転と考えているからです．

上の 2 つの回転力の和は

$$[v_2(x+h,y) - v_2(x-h,y)]\,h \tag{11.4}$$

となります．

$$\begin{aligned}
&\frac{v_2(x+h,y) - v_2(x-h,y)}{h} \\
&\quad = \frac{v_2(x+h,y) - v_2(x,y)}{h} + \frac{v_2(x-h,y) - v_2(x,y)}{-h} \\
&\quad = 2\,\frac{\partial v_2(x,y)}{\partial x} + (h \text{ 程度以下の微小量})
\end{aligned}$$

ですから，(11.4) の値は次のように計算されます．

$$\begin{aligned}
&[v_2(x+h,y) - v_2(h-h,y)]\,h \\
&\quad = \left[\frac{v_2(x+h,y) - v_2(x-h,y)}{h}\right] h^2 \\
&\quad = 2\,\left[\frac{\partial v_2}{\partial x}(x,y)\right] h^2 + (h^3 \text{ 程度以下の微小量})
\end{aligned}$$

水車の腕の長さ h は微小であると仮定していますので，h^3 以下の項は無視することにして，横の腕がベクトル場から受ける回転力がほぼ

$$2\,\frac{\partial v_2}{\partial x}(\boldsymbol{x})h^2 \tag{11.5}$$

に比例することが分かりました．(ここに，$\boldsymbol{x} = (x,y)$)

今度は，縦の腕の受ける回転力を計算します．縦の腕が y 方向に引かれても回転力は生まれませんから，x 軸方向の成分 v_1 が回転力を生み出すことになります．図に示された正の回転方向を考慮しますと，上にのびた腕の先端部分の受ける回転力は

$$-v_1(x,y+h)h$$

に比例し，下に伸びた腕の先端部分の受ける回転力は

$$v_1(x,y-h)h$$

に比例することが分かります．この 2 つの和は

$$[-v_1(x,y+h) + v_1(x,y-h)]h$$

となります．横の腕の場合と同様に考えれば，縦の腕がベクトル場から受ける回転力はほぼ

$$-2\,\frac{\partial v_1}{\partial y}(\boldsymbol{x})h^2 \tag{11.6}$$

に比例することが分かります．

4 枚羽根の微小水車がベクトル場から受ける回転力は，(11.5) と (11.6) を加えたものですから，

$$2\left[\frac{\partial v_2}{\partial x}(\boldsymbol{x}) - \frac{\partial v_1}{\partial y}(\boldsymbol{x})\right]h^2 \tag{11.7}$$

に比例することになります．比例定数は水車の構造などの物理的条件できまり，点の位置やベクトル場には依存しません．

定義　上の式に現れた

$$\frac{\partial v_2}{\partial x}(\boldsymbol{x}) - \frac{\partial v_1}{\partial y}(\boldsymbol{x})$$

のことを，点 $\mathrm{P}(\boldsymbol{x})$ におけるベクトル場 $\boldsymbol{v}(\boldsymbol{x})$ の**回転** (rotation) とよび，$\mathrm{rot}\ \boldsymbol{v}(\boldsymbol{x})$ という記号で表します．また，各点 $\mathrm{P}(\boldsymbol{x})$ にその点における回転の値 $\mathrm{rot}\ \boldsymbol{v}(\boldsymbol{x})$ を対応させる関数をベクトル場 $\boldsymbol{v}(\boldsymbol{x})$ の**回転**とよび，

$$\mathrm{rot}\ \boldsymbol{v}$$

で表します．ベクトル場の成分を使って定義すれば

$$\mathrm{rot}\ \boldsymbol{v} = \frac{\partial v_2}{\partial x} - \frac{\partial v_1}{\partial y}$$

となります．

注意　平面上のベクトル場 $\boldsymbol{v}(\boldsymbol{x})$ の回転 $\mathrm{rot}\ \boldsymbol{v}$ は平面上の関数になりましたが，後の 13 章で説明するように，3 次元空間内のベクトル場については，その回転 $\mathrm{rot}\ \boldsymbol{v}$ がまた空間内のベクトル場になります．

例 11.7　例 11.2 のベクトル場 $\boldsymbol{v}(\boldsymbol{x}) = \begin{pmatrix} x \\ y \end{pmatrix}$ の回転を計算すると，

$$\mathrm{rot}\ \boldsymbol{v} = \frac{\partial y}{\partial x} - \frac{\partial x}{\partial y} = 0$$

となります．この例のように，$\mathrm{rot}\ \boldsymbol{v} = 0$ を満たすベクトル場 $\boldsymbol{v}(\boldsymbol{x})$ を渦なし

といいます．

例 11.8 例 11.3 のベクトル場 $\boldsymbol{v}(\boldsymbol{x}) = \begin{pmatrix} -y \\ x \end{pmatrix}$ の回転を計算します．

$$\mathrm{rot}\ \boldsymbol{v} = \frac{\partial x}{\partial x} - \frac{\partial(-y)}{\partial y} = 2$$

となって，常に値 2 をとる定数関数になります．

11.4　発散

平面上のベクトル場 $\boldsymbol{v}(\boldsymbol{x})$ があるとします．§11.3 のように $\boldsymbol{v}(\boldsymbol{x})$ は平面上の水の流れの速度を表すと考えます．任意の点 $\mathrm{P}(\boldsymbol{x})$ を固定し，$\mathrm{P}(\boldsymbol{x})$ を「左下」の頂点 A とする微小長方形 ABCD を考えてみましょう．$\mathrm{A} = \mathrm{P}(\boldsymbol{x})$ となっています．AB は x 軸に平行で，BC は y 軸に平行とします．また，辺の長さは，$\mathrm{AB} = h, \mathrm{BC} = k$ であるとします．

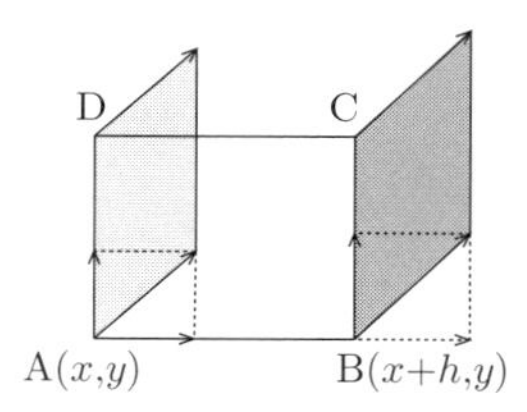

さて，考えたいのは，この微小長方形の 4 辺を通って，単位時間あたりどれだけの水量が流出し，どれだけの水量が流入するか，という問題です．ベクトルの大体の方向が図のようであるとして，まず，右の辺 BC を通って単位時間当たり流出する水量を求めてみます．ベクトル場が，微小な辺 BC 上ではほぼ一定であるとすると，上の図のなかの，少し濃い影をつけた平行四辺形の面積がその水量に当たります．

この面積は，点 $\mathrm{B}(x+h, y)$ に対応するベクトル $\boldsymbol{v}(x+h, y)$ の x 成分 $v_1(x+h, y)$ に BC の長さ k を掛けたもの

$$v_1(x+h, y)k$$

に等しいはずです．

次に，左の辺 AD を通って単位時間当たり流入する水量を求めてみます．

この場合も微小な辺 AD 上ではベクトル場がほぼ一定であるとすると，図のなかのやや薄い影をつけた平行四辺形の面積がその水量に等しいことになります．それは，点 $A(x,y)$ に対応するベクトル $\boldsymbol{v}(x,y)$ の x 成分 $v_1(x,y)$ に AD の長さ k を掛けたもの

$$v_1(x,y)k$$

に等しくなります．したがって，単位時間に縦の辺 (BC と AD) を通過する水の量は，長方形 ABCD から流出するほうをプラスと考え，流入するほうをマイナスと考えることにすれば，上の 2 つの差

$$[v_1(x+h,y)-v_1(x,y)]k \tag{11.8}$$

にほぼ等しいことになります．

$$\frac{v_1(x+h,y)-v_1(x,y)}{h}=\frac{\partial v_1}{\partial x}(x,y)+(h\text{ 程度以下の微小量})$$

であることに注意しますと，(11.8) の値は

$$\begin{aligned}[v_1(x+h,y)-v_1(x,y)]\,k &= \left[\frac{v_1(x+h,y)-v_1(x,y)}{h}\right]hk \\ &= \frac{\partial v_1}{\partial x}(x,y)hk+(h^2\text{ 程度以下の微小量})k\end{aligned}$$

と計算できます (k は辺 BC の長さであることを思い出しましょう)．h は微小なので，その 2 乗 h^2 を無視することにしますと，単位時間当たりに縦の辺を通過する水の量は

$$\frac{\partial v_1}{\partial x}(\boldsymbol{x})hk \tag{11.9}$$

に等しいことになります．

今度は，単位時間当たりに横の辺 (AB と CD) を通過する水量を求めてみましょう．それは，上辺 CD を通って流出する水量を平行四辺形の面積で近似したもの $v_2(x,y+k)h$ から，下辺を通って流入する単位時間当たりの水量を平行四辺形の面積で近似したもの $v_2(x,y)h$ を引いた値

$$[v_2(x,y+k)-v_2(x,y)]h$$

にほぼ等しくなります．これに，縦の辺の場合と同じ議論を適用し，微小な辺の長さ k の 2 乗 k^2 を無視することにすれば，求める水量は

$$\frac{\partial v_2}{\partial y}(\boldsymbol{x})hk \tag{11.10}$$

に等しくなります．

(11.9) と (11.10) を加えたもの

$$\left[\frac{\partial v_1}{\partial x}(\boldsymbol{x})+\frac{\partial v_2}{\partial y}(\boldsymbol{x})\right]hk \tag{11.11}$$

が，単位時間当たりに 4 辺を通過する水量ということになります．繰り返しになりますが，長方形 ABCD から流出するほうをプラスと考えています．

(11.11) の式は，ベクトル場の向きが，この節 §11.4 の初めの図のようになっていると仮定して計算した結果ですが，実は，ベクトル場がどんな方向を向いていても，v_1 や v_2 の値の正負を考慮して計算すると，(11.11) と同じ式が得られます．

さて，水がただ長方形 ABCD を通り過ぎて行くだけなら，流入する水量はちょうど流出する水量に等しくなりますから，(11.11) の値は 0 になるはずです．ところが，もし長方形 ABCD の内部に水の湧き出し口があるとすると，流出する量のほうが流入する量より多くなるはずですから，(11.11) の値はプラスになります．反対に，長方形 ABCD の内部に水の吸い込み口があれば，流入する量が流出する量を上回って，(11.11) はマイナスになります．この意味で，(11.11) は点 P($\boldsymbol{x}$) の「無限小近傍」において水が湧き出す単位時間当たりの量を表していると考えられます．

定義　(11.11) に現れた

$$\frac{\partial v_1}{\partial x}(\boldsymbol{x})+\frac{\partial v_2}{\partial y}(\boldsymbol{x})$$

を，点 P($\boldsymbol{x}$) におけるベクトル場 $\boldsymbol{v}(\boldsymbol{x})$ の**湧き出し率**または**発散** (divergence) とよび，div $\boldsymbol{v}(\boldsymbol{x})$ という記号で表します．また，各点 P($\boldsymbol{x}$) にその点における発散の値 div $\boldsymbol{v}(\boldsymbol{x})$ を対応させる関数をベクトル場 $\boldsymbol{v}(\boldsymbol{x})$ の**発散**とよび，

$$\mathrm{div}\ \boldsymbol{v}$$

で表します．ベクトル場の成分を使って定義すれば

$$\mathrm{div}\ \boldsymbol{v}=\frac{\partial v_1}{\partial x}+\frac{\partial v_2}{\partial y}$$

となります．

例 11.9　例 11.2 のベクトル場の発散を求めてみます．$\boldsymbol{v}(\boldsymbol{x}) = \begin{pmatrix} x \\ y \end{pmatrix}$ でしたから，

$$\mathrm{div}\ \boldsymbol{v} = \frac{\partial x}{\partial x} + \frac{\partial y}{\partial y} = 2$$

となります．このベクトル場では，至るところから流体が湧き出しています．

例 11.10　例 11.3 のベクトル場の発散を求めましょう．$\boldsymbol{v}(\boldsymbol{x}) = \begin{pmatrix} -y \\ x \end{pmatrix}$ でしたから，

$$\mathrm{div}\ \boldsymbol{v} = \frac{\partial(-y)}{\partial x} + \frac{\partial x}{\partial y} = 0$$

となります．流体の湧き出しや吸い込みはありません．

11.5　まとめ

この章では，平面上のベクトル場とそれに関連する 3 つの微分操作を学びました．

1. 勾配 (gradient)：　平面上の関数 $f(\boldsymbol{x})$ にベクトル場 grad f を対応させます．

$$\mathrm{grad}\ f = \begin{pmatrix} \dfrac{\partial f}{\partial x} \\ \dfrac{\partial f}{\partial y} \end{pmatrix}$$

2. 回転 (rotation)：　平面上のベクトル場 $\boldsymbol{v}(\boldsymbol{x})$ に関数 rot $\boldsymbol{v}$ を対応させます．

$$\mathrm{rot}\ \boldsymbol{v} = \frac{\partial v_2}{\partial x} - \frac{\partial v_1}{\partial y}$$

3. 発散 (divergence)：　平面上のベクトル場 $\boldsymbol{v}(\boldsymbol{x})$ に関数

$$\mathrm{div}\ \boldsymbol{v} = \frac{\partial v_1}{\partial x} + \frac{\partial v_2}{\partial y}$$

を対応させます．

演習問題

11.1 $\boldsymbol{v}(\boldsymbol{x}) = \begin{pmatrix} v_1(\boldsymbol{x}) \\ v_2(\boldsymbol{x}) \end{pmatrix}$ を平面上のベクトル場とします.

(1) θ を決まった角度として，$\boldsymbol{v}(\boldsymbol{x})$ のベクトルを各点で一斉に θ だけ回転させて得られるベクトル場 $\boldsymbol{v}_\theta(\boldsymbol{x})$ を成分を使って表しなさい.

(2) 回転 $\mathrm{rot}\, \boldsymbol{v}_\theta$ を計算しなさい.

(3) 発散 $\mathrm{div}\, \boldsymbol{v}_\theta$ を計算しなさい.

11.2 §11.3 の回転の説明で考えた微小水車をもう一度考えましょう．§11.3 の図では，この微小水車を横腕と縦腕がそれぞれ x 座標，y 座標に平行になるように置きましたが，今度は，ひとつの腕が x 軸方向と角度 θ をなす方向に傾いて置かれているとします.

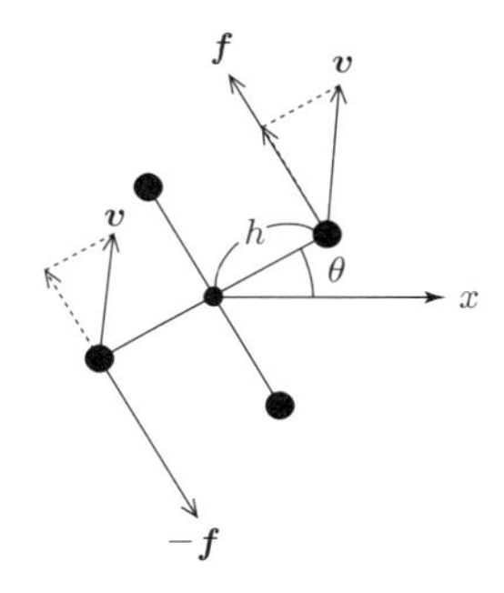

次の手順で，この傾いた微小水車に働くベクトル場の回転力を求めましょう.

(1) 微小水車の中心は点 $\mathrm{P}(x, y)$ に置かれています．この点から，x 軸方向と角度 θ をなす方向に伸びた腕の長さを h とします．この腕の先端の座標を求めなさい.

(2) x 軸方向と角度 $\theta + \dfrac{\pi}{2}$ をなす方向の単位ベクトル $\boldsymbol{f}$ を成分で表しなさい.

(3) 上の (1) で考えた腕の先端がベクトル場から受ける回転力は，内積

$$\boldsymbol{v}(x + h\cos\theta, y + h\sin\theta) \cdot \boldsymbol{f}h$$

に比例することを説明し，この値をベクトル場の成分関数を使って表しなさい.

(4)　上で考えた腕と，点 $\mathrm{P}(x, y)$ に関して対称の位置にある腕の先端がベクトル場から受ける回転力は，内積

$$\boldsymbol{v}(x - h\cos\theta, y - h\sin\theta) \cdot (-\boldsymbol{f})h$$

に比例することを説明し，この値をベクトル場の成分関数を使って表しなさい．

(5)　上の (3) で求めた値と (4) で求めた値の和を求めなさい．(h^3 程度以下の微小量は無視することにします．)

［ヒント］　任意の C^1 関数 f と任意の実数 a, b, それに微小量 h について

$$\begin{aligned} &\frac{f(x + ah, y + bh) - f(x, y)}{h} \\ &\qquad = a\frac{\partial f}{\partial x}(x, y) + b\frac{\partial f}{\partial y}(x, y) + (h \text{ 程度以下の微小量}) \end{aligned}$$

が成り立つことを利用しなさい．

(6)　上の (5) で求めた値の θ を $\theta + \dfrac{\pi}{2}$ に置き換えたものは，(3) の腕を $\dfrac{\pi}{2}$ だけ回転した腕と，(4) の腕を $\dfrac{\pi}{2}$ だけ回転した腕について同じ考察をして求めた値になります．この値ともとの (5) で求めた値を加えた結果が (11.7) の値に等しくなることを確かめなさい．

注意　演習問題 11.2 は，ベクトル場 $\boldsymbol{v}(\boldsymbol{x})$ の回転 $\mathrm{rot}\,\boldsymbol{v}(\boldsymbol{x})$ を計算するのに，もとの xy 座標を任意の角度 θ だけ回転させた新たな xy 座標をつかって計算しても，同じ値が得られることを示しています．(このことは，「微小水車」の考察にもどらなくても，直接に計算で確かめられます．)

第 12 章

ベクトル場の線積分

《目標&ポイント》前の章で学んだ種々の微分操作は互いに関連しています．例えば，勾配ベクトル場には「渦」がありません．逆に，渦のないベクトル場は勾配ベクトル場です．この事実は「線積分」の考えを使って証明されます．

《キーワード》線積分，ガウスの発散定理，グリーンの定理

12.1 勾配ベクトル場には渦がない

前の章で，平面上の関数 $f(\boldsymbol{x})$ の勾配ベクトル場

$$\mathrm{grad}\ f = \begin{pmatrix} \dfrac{\partial f}{\partial x} \\ \dfrac{\partial f}{\partial y} \end{pmatrix}$$

について学びました．これは関数 $f(\boldsymbol{x})$ からベクトル場を作る便利な方法です．そこで次の問題を考えてみます．

問題 任意のベクトル場 $\boldsymbol{v}(\boldsymbol{x})$ が与えられたとき，$\boldsymbol{v}(\boldsymbol{x})$ は適当な関数 $f(\boldsymbol{x})$ の勾配ベクトル場 $\mathrm{grad}\ f$ として表せるでしょうか．

もしそうであれば，ベクトル場の理論が関数の理論に帰着されることになり，好都合なはずです．実は，この問題の答えは「否」です．それを説明するため，勾配ベクトル場の回転 $\mathrm{rot\ grad}\ f$ を計算してみましょう．

$$\mathrm{rot\ grad}\ f = \frac{\partial}{\partial x}\left(\frac{\partial f}{\partial y}\right) - \frac{\partial}{\partial y}\left(\frac{\partial f}{\partial x}\right) = 0 \qquad (12.1)$$

となります．なぜなら，C^r 関数 f については，もし $r \geqq 2$ なら，$\dfrac{\partial}{\partial x}$ と $\dfrac{\partial}{\partial y}$ の順序が交換できるからです．

このように，関数 $f(\boldsymbol{x})$ の取り方によらず $f(\boldsymbol{x})$ の勾配ベクトル場 grad f は「渦なし」であることが分かりました．言い換えれば，もし，ベクトル場 $\boldsymbol{v}(\boldsymbol{x})$ に渦があれば (すなわち，rot $\boldsymbol{v} \neq 0$ であれば)，そのベクトル場 $\boldsymbol{v}$ は grad f という形では表せないベクトル場であることが分かります．

例 12.1 前章の例 11.3 で考えたベクトル場 $\boldsymbol{v}(\boldsymbol{x}) = \begin{pmatrix} -y \\ x \end{pmatrix}$ は，

$$\mathrm{rot}\ \boldsymbol{v} = 2$$

でしたので，このベクトル場は grad f という形には表せません．

逆に，次の定理が成り立ちます．

定理 12.2 平面上のベクトル場 $\boldsymbol{v}(\boldsymbol{x})$ が rot $\boldsymbol{v} = 0$ という性質をもてば，$\boldsymbol{v}(\boldsymbol{x})$ は適当な関数 $f(\boldsymbol{x})$ の勾配ベクトル場 grad f として表されます．

例 12.3 前章の例 11.2 で考えたベクトル場 $\boldsymbol{v}(\boldsymbol{x}) = \begin{pmatrix} x \\ y \end{pmatrix}$ は

$$\mathrm{rot}\ \boldsymbol{v} = 0$$

を満たします．そして，確かに，定理が主張するように，関数

$$f(\boldsymbol{x}) = \frac{1}{2}(x^2 + y^2)$$

の勾配ベクトル場になっています．

定理は「線積分」を使って，§12.4 で証明します．

注意 rot grad $f = 0$ でしたが，ついでに，grad f の発散も計算しておきましょう．

$$\mathrm{div\ grad}\ f = \frac{\partial}{\partial x}\left(\frac{\partial f}{\partial x}\right) + \frac{\partial}{\partial y}\left(\frac{\partial f}{\partial y}\right) = \frac{\partial^2 f}{\partial x^2} + \frac{\partial^2 f}{\partial y^2}$$

最後の結果は，普通，**ラプラシアン**とよばれる 2 階の微分作用素 $\Delta = \dfrac{\partial^2}{\partial x^2} + \dfrac{\partial^2}{\partial y^2}$ を使って，Δf と表されます．こうして，次の関係が得られました．

$$\mathrm{div\ grad}\ f = \Delta f \tag{12.2}$$

12.2 法ベクトル型の線積分

$\boldsymbol{v}(\boldsymbol{x})$ を平面上のベクトル場とします．また，同じ平面上に滑らかな曲線 C を描きます．この曲線を，t をパラメーターとしてパラメーター表示しましょう．

$$\boldsymbol{x}(t) = \begin{pmatrix} x_1(t) \\ x_2(t) \end{pmatrix}$$

この節では，まず「ベクトル場 $\boldsymbol{v}(\boldsymbol{x})$ を曲線 C に沿って積分する」とはどういうことかを考えます．

例えば，次のような状況のとき，曲線 C に沿ってベクトル場を積分する必要が生じます．C がある領域 D を取り囲む単純閉曲線であるとします．単純閉曲線とは，出発点と終点が同じ曲線 (閉曲線) であって，途中で自分自身と交わらない (単純である) ような曲線です．

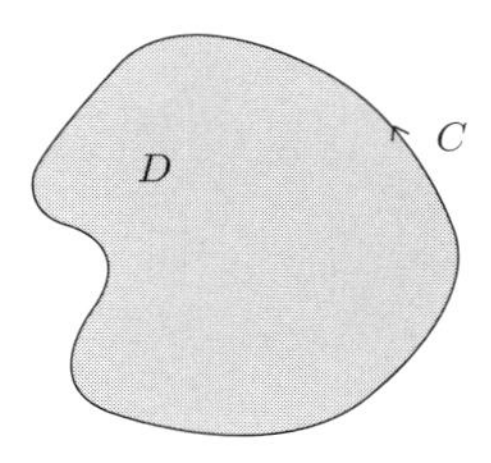

問題 $\boldsymbol{v}(\boldsymbol{x})$ が，平面上の水の流れの各点での速度ベクトルを表しているとき，閉曲線 C を通過する単位時間当たりの水量を求めなさい．(D から流出するほうをプラスとします．)

考えをはっきりさせるため，閉曲線 C のパラメーター t は $a \leqq t \leqq b$ の範囲を動くとします．始点は $\boldsymbol{x}(a)$ で，終点は $\boldsymbol{x}(b)$ ですが，今は閉曲線を考えているので，$\boldsymbol{x}(a) = \boldsymbol{x}(b)$ となっています．閉区間 $[a, b]$ を十分細かく N 等分し，

$$t_i = a + \frac{b-a}{N} i, \quad i = 0, 1, \ldots, N$$

とおきます．t_i は区間 $[a, b]$ の i 番目の N 等分点です．閉曲線 C には時計と反対方向にまわる向きを定めます．つまり，C は領域 D を左に見ながら進み

ます．

さて，C 上の微小部分，$\boldsymbol{x}(t_{i-1})$ と $\boldsymbol{x}(t_i)$ の間の部分を通過する単位時間当たりの水量を求めましょう．それは下図においてやや濃く影をつけた平行四辺形の面積で近似されます．

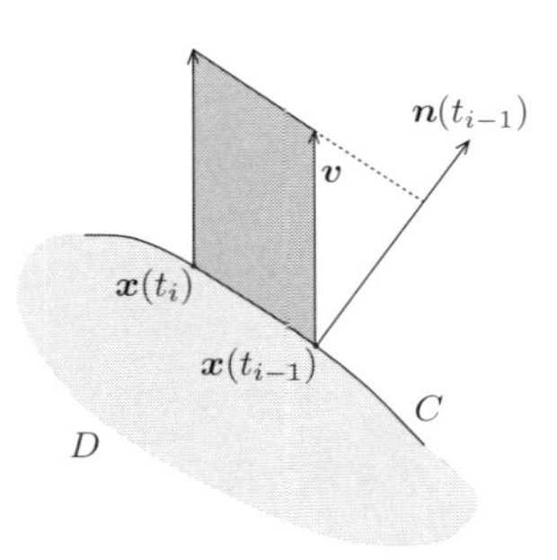

この平行四辺形の底辺の長さは $\|\boldsymbol{x}(t_i)-\boldsymbol{x}(t_{i-1})\|$ で与えられます．また高さは，点 $\boldsymbol{x}(t_{i-1})$ において，曲線 C の接線に直交する長さ 1 のベクトル (**単位法ベクトル**) $\boldsymbol{n}(t_{i-1})$ へ $\boldsymbol{v}(\boldsymbol{x}(t_{i-1}))$ を射影したものの長さで与えられます．この射影像の長さは内積

$$\boldsymbol{v}(\boldsymbol{x}(t_{i-1}))\cdot\boldsymbol{n}(t_{i-1})$$

に等しいことが分かります．したがって，平行四辺形の面積は

$$\boldsymbol{v}(\boldsymbol{x}(t_{i-1}))\cdot\boldsymbol{n}(t_{i-1})\|\boldsymbol{x}(t_i)-\boldsymbol{x}(t_{i-1})\|$$

に等しいことになります．

なお，図のように，単位法ベクトルはいつも C の進行方向右側，すなわち領域 D の反対側にとることにします．こうすると，内積 $\boldsymbol{v}\cdot\boldsymbol{n}$ の正負は，$\boldsymbol{v}$ が D の中から外へ向いているとき (流出) はプラス，外から中へ向いている場合 (流入) はマイナスになります．

曲線上の $\boldsymbol{x}(t_{i-1})$ と $\boldsymbol{x}(t_i)$ の間の微小部分を通って C を通過する単位時間当たりの水量を求めました．これを $i=1$ から $i=N$ に渡って加え合わせたもの

$$\sum_{i=1}^{N}\boldsymbol{v}(\boldsymbol{x}(t_{i-1}))\cdot\boldsymbol{n}(t_{i-1})\|\boldsymbol{x}(t_i)-\boldsymbol{x}(t_{i-1})\| \tag{12.3}$$

は，C を単位時間当たりに通過する水量を近似するものになっています．パ

ラメーター t の変域 $[a,b]$ の分割を細かくしていくと，有限和 (12.3) は積分に収束します．

$$\lim_{N\to\infty}\sum_{i=1}^{N}\boldsymbol{v}(\boldsymbol{x}(t_{i-1}))\cdot\boldsymbol{n}(t_{i-1})\|\boldsymbol{x}(t_i)-\boldsymbol{x}(t_{i-1})\| = \int_a^b \boldsymbol{v}(\boldsymbol{x}(t))\cdot\boldsymbol{n}(t)\,\|\dot{\boldsymbol{x}}(t)\|\,dt \tag{12.4}$$

(12.4) の右辺の $\|\dot{\boldsymbol{x}}(t)\|$ はパラメーターの値が t の時の速さを表しています．また，記号 $\boldsymbol{n}(t)$ はやや省略した記号で，曲線上の点 $\boldsymbol{x}(t)$ における曲線の外向き単位法ベクトル $\boldsymbol{n}(\boldsymbol{x}(t))$ を表しています．

定義 (12.4) の右辺の積分を

$$\int_C \boldsymbol{v}(\boldsymbol{x})\cdot\boldsymbol{n}(\boldsymbol{x})\,|d\boldsymbol{x}| \tag{12.5}$$

と書いて，ベクトル場 $\boldsymbol{v}(\boldsymbol{x})$ の (向きのついた) 曲線 C に沿う**法ベクトル型線積分**とよぶことにします．

注意 (12.5) 式の最後の $|d\boldsymbol{x}|$ は見慣れない記号で，ここで仮に採用した記号です．「曲線 C の向きを決める必要があったのは法ベクトル $\boldsymbol{n}$ の方向を確定するためで，それが確定してしまえば，積分の計算にパラメーター t の進行方向は無関係である」ということを表しています．このことは，(12.3) の有限和がパラメーターの進行方向に無関係であることから分かります．実際，有限和 (12.3) では，曲線の分点を結ぶベクトル $\boldsymbol{x}(t_i)-\boldsymbol{x}(t_{i-1})$ の長さ $\|\boldsymbol{x}(t_i)-\boldsymbol{x}(t_{i-1})\|$ だけが重要で，そのベクトルの方向は考慮されていません．

普通，C の向きと，C をパラメーター t で表示するときの t の増加方向とは一致すると考えますので，そう考える立場では，上に述べたことは少し変に感じられるかも知れませんが，C の向きを決めることと，そのなかで t がどちらの方向に増加するかということとを一応切り離して考えれば，少しも変ではありません．

(12.4) の積分は<u>C の向きに依存します</u>．繰り返しになりますが，それは法ベクトル $\boldsymbol{n}$ の方向を定めるためです．しかし，C の向きを決めて，法ベクトルの方向が確定してしまえば，C の上のパラメーター t の動く方向が C の向きに一致していてもいなくてもそのことは重要ではありません．

(12.4) の積分は<u>パラメーターの取り方に依存しない</u>ことが合成関数の微分

の公式を使って証明されますが，実はパラメーターの進行方向にも依存しないのです．

考えている状況では，C が領域 D の境界線になっていて，時計と反対回りの向きが与えられているのでした．このとき，線積分 $\int_C \boldsymbol{v}(\boldsymbol{x}) \cdot \boldsymbol{n}(\boldsymbol{x})\ |d\boldsymbol{x}|$ に関して，次の公式が成り立ちます．

定理 12.4 (ガウスの発散定理：平面の場合)

$$\int_C \boldsymbol{v}(\boldsymbol{x}) \cdot \boldsymbol{n}(\boldsymbol{x})|d\boldsymbol{x}| = \int_D \mathrm{div}\ \boldsymbol{v}\ dxdy \tag{12.6}$$

この公式の右辺は関数 div $\boldsymbol{v}$ を領域 D の上で重積分したものです．div $\boldsymbol{v}(\boldsymbol{x})$ は，点 $\mathrm{P}(\boldsymbol{x})$ の「無限小近傍」で単位時間当たり水の湧き出す率を表していました．それを領域 D 全体で積分すれば，領域 D の内部で単位時間当たりどれだけの量の水が湧き出すかが計算されます．これが右辺です．その水の量は，境界線 C を通って流出する単位時間当たりの水の量に等しいわけで，それが左辺です．その両者が等しいというのが公式の主張ですから，公式が正しいことは，直観的には明らかだと思います．しかし，直観と証明とは別問題なので，次の節でこの公式を証明しましょう．

12.3　ガウスの発散定理の証明

定理の証明のため，領域 D を簡単な形の領域に分割します．次の図が分割の一例です．

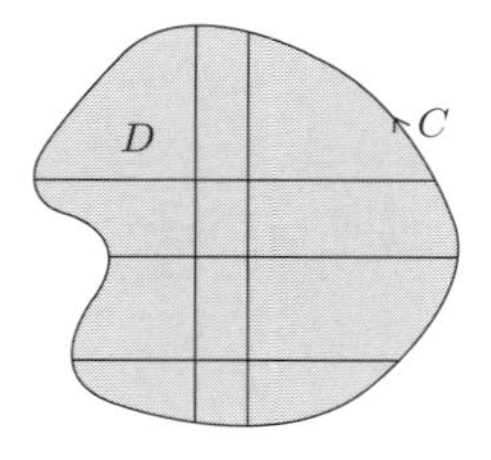

この分割は次のようにして行いました．まず，境界線 C のパラメーター表示 $\boldsymbol{x}(t) = \begin{pmatrix} x_1(t) \\ x_2(t) \end{pmatrix}$ において，$\dot{x}_1(t) = 0$ または $\dot{x}_2(t) = 0$ となるような点

$\boldsymbol{x}(t)$ は有限個であると仮定します．(そうなっていないときは図形を少し傾けるなどすればその仮定が満たされます．) そして，$\dot{x}_1(t)=0$ を満たす境界上の点を通って x 軸に平行な直線を引きます．また $\dot{x}_2(t)=0$ を満たす境界上の点を通って y 軸に平行な直線を引きます．こうしてできた分割が上の絵です．

一般的には，あと何本か直線を引かなければならないこともありますが，とにかく，このようにすれば，領域 D は次の 2 種類の図形に分割されます．

- x 軸または y 軸に平行な辺をもつ**長方形**，
- 底辺が x 軸に平行，左右の辺が y 軸に平行で，「上の辺」は単調増加または単調減少な関数 $y=f(x)$ のグラフになっているような図形 (または，それを $\pm 90°$ または $180°$ 回転した図形)．このような図形を簡単のため**ケーキ形**とよぶことにします．

前ページの図には，1 辺が曲線であるような「三角形」もありますが，それは，左右の辺のどちらかの長さが 0 であるような，特別のケーキ形と考えられます．

補題 12.5 ガウスの発散定理の公式は，D が長方形の場合とケーキ形の場合に証明すれば十分です．

補題の証明． 次の図は長方形 D_1 とケーキ形 D_2 が共通の辺 PQ で境を接している様子を描いています．

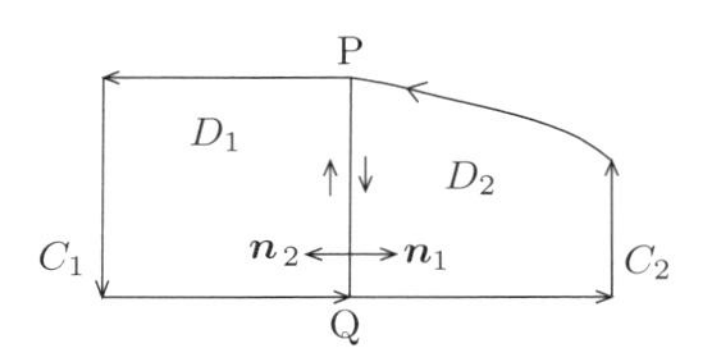

いま，D_1 と D_2 についてはガウスの発散定理が成り立つものとしましょう．すなわち，C_1 と C_2 をそれぞれ D_1 と D_2 の周囲の閉曲線として，次の 2 つの等式を仮定します．(長方形にもケーキ形にも，その周囲に微分できない点がありますが，実は，ガウスの発散定理はこのような図形についても成り立ちます．)

$$\int_{D_1} \mathrm{div}\ \boldsymbol{v}\ dxdy = \int_{C_1} \boldsymbol{v}(\boldsymbol{x}) \cdot \boldsymbol{n}_1(\boldsymbol{x})\ |d\boldsymbol{x}| \tag{12.7}$$

$$\int_{D_2} \mathrm{div}\, \boldsymbol{v}\, dxdy = \int_{C_2} \boldsymbol{v}(\boldsymbol{x}) \cdot \boldsymbol{n}_2(\boldsymbol{x})\, |d\boldsymbol{x}| \tag{12.8}$$

長方形とケーキ形を合わせた領域を $D_1 + D_2$ と表します．その境界線を $C_1 + C_2$ と表しましょう．$C_1 + C_2$ には共通の辺 PQ は含まれていません．

重積分の性質から

$$\int_{D_1+D_2} \mathrm{div}\, \boldsymbol{v}\, dxdy = \int_{D_1} \mathrm{div}\, \boldsymbol{v}\, dxdy + \int_{D_2} \mathrm{div}\, \boldsymbol{v}\, dxdy \tag{12.9}$$

が成り立ちます．

また，C_1 と C_2 の共通辺 PQ 上では，C_1 と C_2 の向きが反対なので，それに伴って，単位法ベクトル $\boldsymbol{n}_1$ と $\boldsymbol{n}_2$ の向きが反対です．$\boldsymbol{n}_1 = -\boldsymbol{n}_2$ したがって，PQ 上では，$\boldsymbol{v}(\boldsymbol{x}) \cdot \boldsymbol{n}_1(\boldsymbol{x})$ の積分と $\boldsymbol{v}(\boldsymbol{x}) \cdot \boldsymbol{n}_2(\boldsymbol{x})$ の積分を足し合わせると，消しあってゼロになってしまいます．

$$\int_{\mathrm{PQ}} \boldsymbol{v}(\boldsymbol{x}) \cdot \boldsymbol{n}_1(\boldsymbol{x})\, |d\boldsymbol{x}| = -\int_{\mathrm{PQ}} \boldsymbol{v}(\boldsymbol{x}) \cdot \boldsymbol{n}_2(\boldsymbol{x})\, |d\boldsymbol{x}|$$

よって，

$$\int_{C_1} \boldsymbol{v}(\boldsymbol{x}) \cdot \boldsymbol{n}_1(\boldsymbol{x})\, |d\boldsymbol{x}| + \int_{C_2} \boldsymbol{v}(\boldsymbol{x}) \cdot \boldsymbol{n}_2(\boldsymbol{x})\, |d\boldsymbol{x}| = \int_{C_1+C_2} \boldsymbol{v}(\boldsymbol{x}) \cdot \boldsymbol{n}(\boldsymbol{x})\, |d\boldsymbol{x}| \tag{12.10}$$

が成り立ちます．(右辺の $\boldsymbol{n}(\boldsymbol{x})$ は閉曲線 $C_1 + C_2$ の単位法ベクトルです．)

(12.7)，(12.8)，(12.9)，(12.10) を合わせれば，

$$\int_{D_1+D_2} \mathrm{div}\, \boldsymbol{v}\, dxdy = \int_{C_1+C_2} \boldsymbol{v}(\boldsymbol{x}) \cdot \boldsymbol{n}(\boldsymbol{x})\, |d\boldsymbol{x}|$$

が証明されたことになります．

このようにして，長方形とケーキ形を次々に継ぎ足してゆけば，分割する前の領域についてガウスの発散定理が証明されることになります．これで補題が証明されました．　□

補題により，ガウスの発散定理は長方形の場合とケーキ形の場合に証明すればよいことになりましたので，その場合について考えましょう．

長方形の場合：　長方形を D，その周囲を C として，$\int_D \mathrm{div}\, \boldsymbol{v}\, dxdy$ と $\int_C \boldsymbol{v}(\boldsymbol{x}) \cdot \boldsymbol{n}(\boldsymbol{x})\, |d\boldsymbol{x}|$ を別々に計算して等しいことを確かめてみます．

$$\boldsymbol{v}(\boldsymbol{x}) = \begin{pmatrix} v_1(\boldsymbol{x}) \\ v_2(\boldsymbol{x}) \end{pmatrix}$$

とおきます.

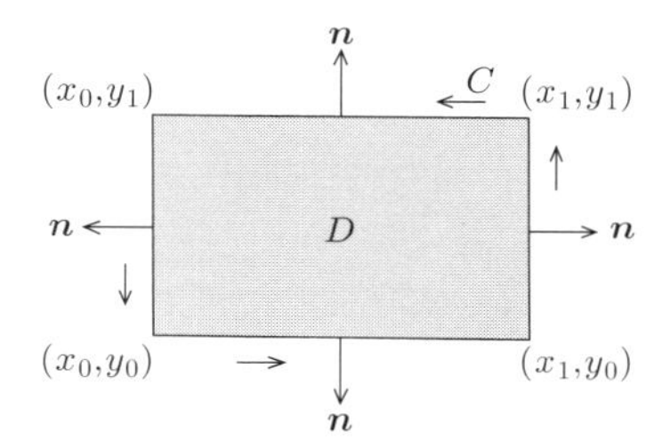

$$\begin{aligned}
\int_D \mathrm{div}\, \boldsymbol{v}\, dxdy &= \int_D \left(\frac{\partial v_1}{\partial x} + \frac{\partial v_2}{\partial y} \right) dxdy \\
&= \int_{y_0}^{y_1} \left(\int_{x_0}^{x_1} \frac{\partial v_1}{\partial x}(x,y)\, dx \right) dy \\
&\quad + \int_{x_0}^{x_1} \left(\int_{y_0}^{y_1} \frac{\partial v_2}{\partial y}(x,y)\, dy \right) dx \\
&= \int_{y_0}^{y_1} v_1(x_1,y)\, dy - \int_{y_0}^{y_1} v_1(x_0,y)\, dy \\
&\quad + \int_{x_0}^{x_1} v_2(x,y_1)\, dx - \int_{x_0}^{x_1} v_2(x,y_0)\, dx \qquad (12.11)
\end{aligned}$$

次に, $\int_C \boldsymbol{v}(\boldsymbol{x}) \cdot \boldsymbol{n}(\boldsymbol{x}) |d\boldsymbol{x}|$ を計算するため, 長方形 D の境界 C に時計と反対回りの向きを入れます. すると法ベクトルの方向は, 下辺では $\boldsymbol{n} = \begin{pmatrix} 0 \\ -1 \end{pmatrix}$, 右辺では $\boldsymbol{n} = \begin{pmatrix} 1 \\ 0 \end{pmatrix}$, 上辺では $\boldsymbol{n} = \begin{pmatrix} 0 \\ 1 \end{pmatrix}$, 左辺では $\boldsymbol{n} = \begin{pmatrix} -1 \\ 0 \end{pmatrix}$ となります. したがって, 内積 $\boldsymbol{v} \cdot \boldsymbol{n}$ はこの順に

$$\begin{pmatrix} v_1 \\ v_2 \end{pmatrix} \cdot \begin{pmatrix} 0 \\ -1 \end{pmatrix} = -v_2, \quad \begin{pmatrix} v_1 \\ v_2 \end{pmatrix} \cdot \begin{pmatrix} 1 \\ 0 \end{pmatrix} = v_1,$$

$$\begin{pmatrix} v_1 \\ v_2 \end{pmatrix} \cdot \begin{pmatrix} 0 \\ 1 \end{pmatrix} = v_2, \quad \begin{pmatrix} v_1 \\ v_2 \end{pmatrix} \cdot \begin{pmatrix} -1 \\ 0 \end{pmatrix} = -v_1$$

となります．パラメーターを，下辺と上辺では x とし，右辺と左辺では y にとります．上辺と左辺では，パラメーターの向きと C の向きが反対になりますが，前節に述べた**注意**により差し支えありません．こうして，

$$\int_C \boldsymbol{v}(\boldsymbol{x}) \cdot \boldsymbol{n}(\boldsymbol{x})|d\boldsymbol{x}| = -\int_{x_0}^{x_1} v_2(x, y_0)\,dx + \int_{y_0}^{y_1} v_1(x_1, y)\,dy + \int_{x_0}^{x_1} v_2(x, y_1)\,dx - \int_{y_0}^{y_1} v_1(x_0, y)\,dy \tag{12.12}$$

(12.11) の結果と (12.12) の結果を見比べると，長方形 D について

$$\int_D \mathrm{div}\ \boldsymbol{v}\ dxdy = \int_C \boldsymbol{v}(\boldsymbol{x}) \cdot \boldsymbol{n}(\boldsymbol{x})|d\boldsymbol{x}|$$

であることが分かります．これで長方形の場合が証明されました．

ケーキ形の場合：　ケーキ形についてもガウスの発散定理が証明できます．ただ，その証明は長方形の場合に比べて少し長くなりますので，ここでは省略して，章末の節で補足として述べることにします．

こうして，長方形についてもケーキ形についてもガウスの発散定理が成り立ちますので，補題により，任意の領域についてガウスの発散定理が証明されたことになります．

12.4　接ベクトル型の線積分

ここまで，ベクトル場 $\boldsymbol{v}(\boldsymbol{x})$ について，法ベクトル型線積分 $\displaystyle\int_C \boldsymbol{v}(\boldsymbol{x}) \cdot \boldsymbol{n}(\boldsymbol{x})\ |d\boldsymbol{x}|$ を考えてきました．この節では接ベクトル型の線積分を考えましょう．

前と同様に，C を平面上の滑らかな曲線として，

$$\boldsymbol{x}(t) = \begin{pmatrix} x_1(t) \\ x_2(t) \end{pmatrix} \quad (a \leqq t \leqq b)$$

のようにパラメーター表示されているものとします．曲線上の各点 $\boldsymbol{x}(t)$ で，長さ 1 の法ベクトル $\boldsymbol{n}(t)$ を考えるかわりに，今度は，長さ 1 の接ベクトル (単位接ベクトル) $\boldsymbol{t}(t)$ を考えてみます．(接ベクトルの記号 $\boldsymbol{t}$ とパラメーター

t の記号がまぎらわしいですが，我慢してください．)

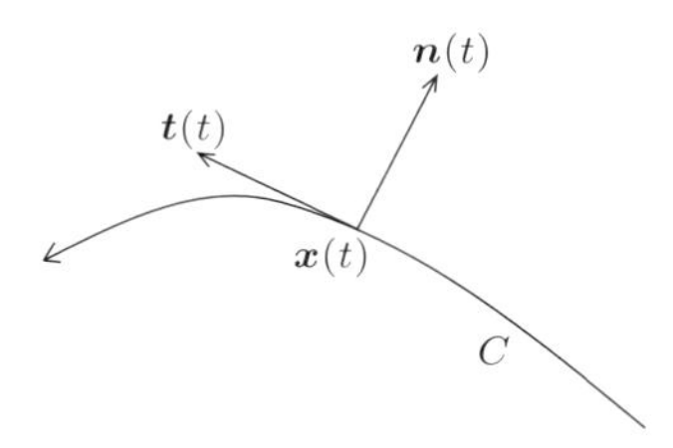

法ベクトル型線積分 (12.4) の単位法ベクトル $\boldsymbol{n}(t)$ のところを，単位接ベクトル $\boldsymbol{t}(t)$ で置き換えた積分

$$\int_a^b \boldsymbol{v}(\boldsymbol{x}(t)) \cdot \boldsymbol{t}(t) \|\dot{\boldsymbol{x}}(t)\| \, dt \tag{12.13}$$

が，これから考えたい積分です．

ところで，パラメーター表示によって単位接ベクトルは次のように表されます．

$$\boldsymbol{t}(t) = \frac{\dot{\boldsymbol{x}}(t)}{\|\dot{\boldsymbol{x}}(t)\|}$$

これを (12.13) に代入しますと，

$$\int_a^b \boldsymbol{v}(\boldsymbol{x}(t)) \cdot \dot{\boldsymbol{x}}(t) \, dt \tag{12.14}$$

となって，簡単な表示になります．

定義 積分 (12.14) を

$$\int_C \boldsymbol{v}(\boldsymbol{x}) \cdot d\boldsymbol{x} \tag{12.15}$$

と書いて，ベクトル場 $\boldsymbol{v}(\boldsymbol{x})$ の，(向きのついた) 曲線 C に沿った**接ベクトル型線積分**とよぶことにします．

注意 積分 (12.14) の表示からも明らかなように，曲線 C に沿って，ベクトル場 $\boldsymbol{v}$ と速度ベクトル $\dot{\boldsymbol{x}}(t)$ の内積 $\boldsymbol{v} \cdot \dot{\boldsymbol{x}}(t)$ を積分して行くのが接ベクトル型線積分ですので，今度はパラメーターの進行方向が重要になります．パラメーターの方向を逆にすると，積分の値は符号が替わります．なお，方向さえ一致していれば，接ベクトル型線積分の値はパラメーターの選び方によりません．これは合成関数の微分法を用いて証明されます．

注意　接ベクトル型の線積分のなかの，$\boldsymbol{v}(\boldsymbol{x}) \cdot d\boldsymbol{x}$ という内積の部分を，ベクトル場の成分表示 $\boldsymbol{v}(\boldsymbol{x}) = \begin{pmatrix} v_1(\boldsymbol{x}) \\ v_2(\boldsymbol{x}) \end{pmatrix}$ と形式的な記号 $d\boldsymbol{x} = \begin{pmatrix} dx \\ dy \end{pmatrix}$ を用いて書き換えると，

$$\boldsymbol{v}(\boldsymbol{x}) \cdot d\boldsymbol{x} = \begin{pmatrix} v_1(\boldsymbol{x}) \\ v_2(\boldsymbol{x}) \end{pmatrix} \cdot \begin{pmatrix} dx \\ dy \end{pmatrix} = v_1\,dx + v_2\,dy$$

となります．こうして得られた表示 $v_1\,dx + v_2\,dy$ を 1 **次微分形式**ということがあります．そして線積分 $\displaystyle\int_C \boldsymbol{v}(\boldsymbol{x}) \cdot d\boldsymbol{x}$ を書き換えた $\displaystyle\int_C v_1\,dx + v_2\,dy$ を 1 **次微分形式の線積分**ということがあります．この本では，微分形式という言葉を紹介するにとどめ，これ以上は深入りしません．

さて，C が単純閉曲線 (有限個の尖点があってもよい) で，領域 D の境界線になっているとしましょう．C には時計と反対回りに向きが与えられているとします．

定理 12.6 (グリーンの定理)　ベクトル場 $\boldsymbol{v}(\boldsymbol{x})$ の接ベクトル型線積分について次の公式が成り立ちます．

$$\int_C \boldsymbol{v}(\boldsymbol{x}) \cdot d\boldsymbol{x} = \int_D \mathrm{rot}\ \boldsymbol{v}\ dxdy \tag{12.16}$$

定理の証明.　曲線 C 上の 1 点 $\boldsymbol{x}(t)$ における単位法ベクトルが

$$\boldsymbol{n}(t) = \begin{pmatrix} f_1(t) \\ f_2(t) \end{pmatrix}$$

であるとします．$f_1(t)$, $f_2(t)$ は C^∞ 関数です．$\boldsymbol{n}(t)$ を $90°$ 回転すると単位接ベクトル $\boldsymbol{t}(t)$ が得られますから，$\boldsymbol{t}(t)$ も同じ関数 $f_1(t)$, $f_2(t)$ を用いて，

$$\boldsymbol{t}(t) = \begin{pmatrix} -f_2(t) \\ f_1(t) \end{pmatrix}$$

と表されます．

ベクトル場 $\boldsymbol{v}(\boldsymbol{x})$ が成分関数によって $\boldsymbol{v}(\boldsymbol{x}) = \begin{pmatrix} v_1(\boldsymbol{x}) \\ v_2(\boldsymbol{x}) \end{pmatrix}$ と表されているとして，このベクトルを各点で一斉に $-90°$ 回転して得られるベクトル場 $\boldsymbol{w}(\boldsymbol{x})$ を考えます．すなわち，

$$\boldsymbol{w}(\boldsymbol{x}) = \begin{pmatrix} w_1(\boldsymbol{x}) \\ w_2(\boldsymbol{x}) \end{pmatrix} = \begin{pmatrix} v_2(\boldsymbol{x}) \\ -v_1(\boldsymbol{x}) \end{pmatrix}$$

これから

$$\begin{aligned} \boldsymbol{t} \cdot \boldsymbol{v} &= \begin{pmatrix} -f_2 \\ f_1 \end{pmatrix} \cdot \begin{pmatrix} v_1 \\ v_2 \end{pmatrix} = -f_2\, v_1 + f_1\, v_2 \\ &= \begin{pmatrix} f_1 \\ f_2 \end{pmatrix} \cdot \begin{pmatrix} v_2 \\ -v_1 \end{pmatrix} = \boldsymbol{n} \cdot \boldsymbol{w} \end{aligned} \tag{12.17}$$

$$\mathrm{rot}\ \boldsymbol{v} = \frac{\partial v_2}{\partial x} - \frac{\partial v_1}{\partial y} = \frac{\partial w_1}{\partial x} + \frac{\partial w_2}{\partial y} = \mathrm{div}\ \boldsymbol{w} \tag{12.18}$$

が得られます．

$$\begin{aligned} \int_C \boldsymbol{v}(\boldsymbol{x}) \cdot d\boldsymbol{x} &= \int_a^b \boldsymbol{v}(\boldsymbol{x}(t)) \cdot \boldsymbol{t}(t) \|\dot{\boldsymbol{x}}(t)\| dt \\ &= \int_a^b \boldsymbol{w}(\boldsymbol{x}(t)) \cdot \boldsymbol{n}(t) \|\dot{\boldsymbol{x}}(t)\| dt \\ &= \int_C \boldsymbol{w}(\boldsymbol{x}) \cdot \boldsymbol{n}(\boldsymbol{x})\ |d\boldsymbol{x}| \\ &= \int_D \mathrm{div}\ \boldsymbol{w}\ dxdy \qquad (\text{ガウスの発散定理}) \\ &= \int_D \mathrm{rot}\ \boldsymbol{v}\ dxdy \end{aligned} \tag{12.19}$$

これで，グリーンの定理が証明されました． □

グリーンの定理を応用すると，定理 12.2 が証明できます．

定理 12.2 の証明． 平面上のベクトル場 $\boldsymbol{v}(\boldsymbol{x})$ が $\mathrm{rot}\ \boldsymbol{v} = 0$ を満たせば，$\boldsymbol{v} = \mathrm{grad}\, f$ であるような関数 f が存在します．これが定理 12.2 の主張でした．このことを証明しましょう．

補題 12.7　ベクトル場 $\boldsymbol{v}(\boldsymbol{x})$ が $\mathrm{rot}\,\boldsymbol{v}=0$ を満たすとします．平面上に，任意の 2 点 P と Q をとり，Q を始点，P を終点とする滑らかな曲線 C を描きます．このとき，線積分

$$\int_C \boldsymbol{v}\cdot d\boldsymbol{x}$$

の値は，始点 Q と終点 P により決まり，2 点を結ぶ曲線 C の選び方によりません．

補題の証明.　Q を始点，P を終点とする曲線 C_1 と C_2 があったとして，

$$\int_{C_1} \boldsymbol{v}\cdot d\boldsymbol{x} = \int_{C_2} \boldsymbol{v}\cdot d\boldsymbol{x} \tag{12.20}$$

を示せばよいわけです．一般の C_1, C_2 についてこのことが成り立ちますが，ここでは簡単のため，C_1 も C_2 も自己交差がなく，しかも，C_1 と C_2 は両端点 P, Q 以外に共有点をもたない，と仮定します．下図のような状況です．

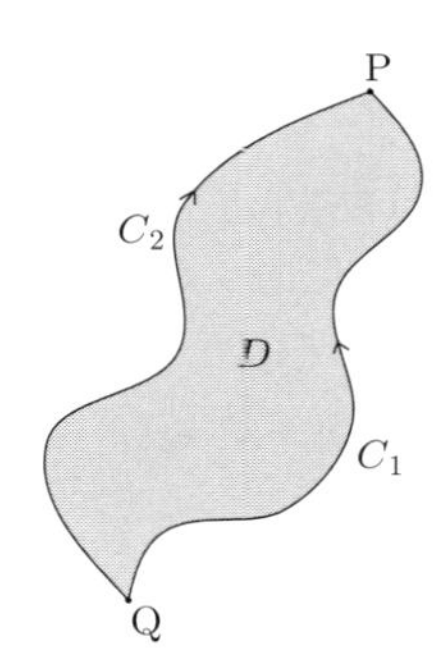

この図において，曲線 C_2 の向きを逆にした曲線を $-C_2$ とし，C_1 と $-C_2$ をつないで単純閉曲線にしたものを $C_1+(-C_2)$ と書きます．この曲線は領域 D の境界線になっていて，時計と反対回りの向きが入っています．

グリーンの定理から

$$\int_{C_1+(-C_2)} \boldsymbol{v}\cdot d\boldsymbol{x} = \int_D \mathrm{rot}\,\boldsymbol{v}\;dxdy = 0 \tag{12.21}$$

ここで，仮定 $\mathrm{rot}\,\boldsymbol{v}=0$ を使いました．

一方，

$$\int_{C_1+(-C_2)} \boldsymbol{v}\cdot d\boldsymbol{x} = \int_{C_1} \boldsymbol{v}\cdot d\boldsymbol{x} + \int_{(-C_2)} \boldsymbol{v}\cdot d\boldsymbol{x}$$

$$= \int_{C_1} \boldsymbol{v} \cdot d\boldsymbol{x} - \int_{C_2} \boldsymbol{v} \cdot d\boldsymbol{x} \tag{12.22}$$

(12.21) と (12.22) を見比べて，

$$\int_{C_1} \boldsymbol{v} \cdot d\boldsymbol{x} = \int_{C_2} \boldsymbol{v} \cdot d\boldsymbol{x}$$

であることが分かります．これで補題が証明できました． □

定理 12.2 の証明にもどります．平面上に $\mathrm{rot}\, \boldsymbol{v} = 0$ であるようなベクトル場 $\boldsymbol{v}(\boldsymbol{x})$ があるとします．平面上に点 Q をとり，固定します．また，$\mathrm{P}(\boldsymbol{x})$ を任意の点とし，平面上の関数 $f(\boldsymbol{x})$ を次の式で定義します．

$$f(\boldsymbol{x}) = \int_{C} \boldsymbol{v} \cdot d\boldsymbol{x} \tag{12.23}$$

ここに，C は，Q を始点とし，$\mathrm{P}(\boldsymbol{x})$ を終点とする滑らかな任意の曲線です．補題により，始点 Q を固定しておけば，$f(\boldsymbol{x})$ の値は，曲線 C の取り方によらずに，終点 $\mathrm{P}(\boldsymbol{x})$ だけで確定します．したがって，

$$f(\boldsymbol{x}) = \int_{\mathrm{Q}}^{\mathrm{P}(\boldsymbol{x})} \boldsymbol{v} \cdot d\boldsymbol{x}$$

と表すことにします．実は，ベクトル場 $\boldsymbol{v}(\boldsymbol{x})$ は，この関数 $f(\boldsymbol{x})$ の勾配ベクトル場になるのです．すなわち，

$$\boldsymbol{v}(\boldsymbol{x}) = \mathrm{grad}\ f(\boldsymbol{x}) \tag{12.24}$$

が成り立ちます．これを証明しましょう．

点 $\mathrm{P}(\boldsymbol{x})$ において，任意の方向 (x 軸と任意の角度 θ をなす方向) に単位ベクトルを $\boldsymbol{e}_\theta$ をとります．そうすると，

$$\begin{aligned}
\boldsymbol{e}_\theta \cdot \mathrm{grad}\, f\ (\boldsymbol{x}) &= \lim_{h \to 0} \frac{f(\boldsymbol{x} + h\boldsymbol{e}_\theta) - f(\boldsymbol{x})}{h} \qquad (\text{定理 } 11.4) \\
&= \lim_{h \to 0} \frac{1}{h} \left(\int_{\mathrm{Q}}^{\mathrm{P}(\boldsymbol{x}+h\boldsymbol{e}_\theta)} \boldsymbol{v} \cdot d\boldsymbol{x} - \int_{\mathrm{Q}}^{\mathrm{P}(\boldsymbol{x})} \boldsymbol{v} \cdot d\boldsymbol{x} \right) \\
&= \lim_{h \to 0} \frac{1}{h} \int_{\mathrm{P}(\boldsymbol{x})}^{\mathrm{P}(\boldsymbol{x}+h\boldsymbol{e}_\theta)} \boldsymbol{v} \cdot d\boldsymbol{x} \\
&= \lim_{h \to 0} \frac{1}{h} (\boldsymbol{v}(\boldsymbol{x}) \cdot h\boldsymbol{e}_\theta) \\
&= \boldsymbol{e}_\theta \cdot \boldsymbol{v}(\boldsymbol{x})
\end{aligned} \tag{12.25}$$

が成り立ちます．最後から 2 番目の等号は，h が微小量のとき，$\mathrm{P}(\boldsymbol{x})$ と $\mathrm{P}(\boldsymbol{x}+h\boldsymbol{e}_\theta)$ を結ぶ曲線の微小部分では $\boldsymbol{v}$ がほぼ一定で，点 $\mathrm{P}(\boldsymbol{x})$ に対応するベクトル $\boldsymbol{v}(\boldsymbol{x})$ にほぼ等しくなっているということを使いました．

(12.25) は任意の θ について成り立ちますので，

$$\mathrm{grad}\, f(\boldsymbol{x}) = \boldsymbol{v}(\boldsymbol{x})$$

が (任意の $\boldsymbol{x}$ において) 証明できました．

これで，定理 12.2 の証明が終わりました．□

12.5　補足：ケーキ形についてのガウスの発散定理の証明

補足として，§12.3 でやり残した「ケーキ形」に関するガウスの発散定理を証明します．

ケーキ形の「上辺」は単調減少または単調増加な関数 $y = f(x)$ になっています．どちらでも同じことなので，ここでは単調増加な場合を考えることにします．下の図から分かるように，ケーキ形は一つの辺が曲線であるような「三角形」と長方形に分割できます．

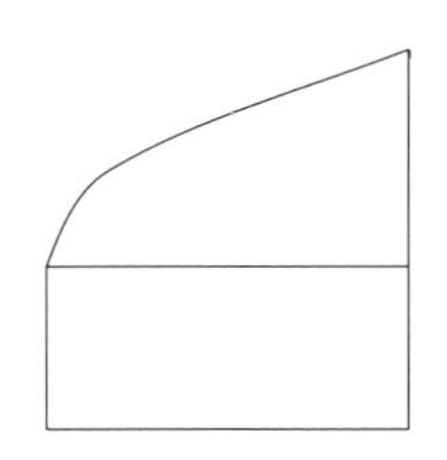

長方形については，すでに定理は証明されていますから，あとは，一つの辺が曲線であるような「三角形」について定理を証明すれば，補題と同様な考え方でケーキ形についても定理が成り立つことになります．そこで，下図のような「三角形」D について考えましょう．

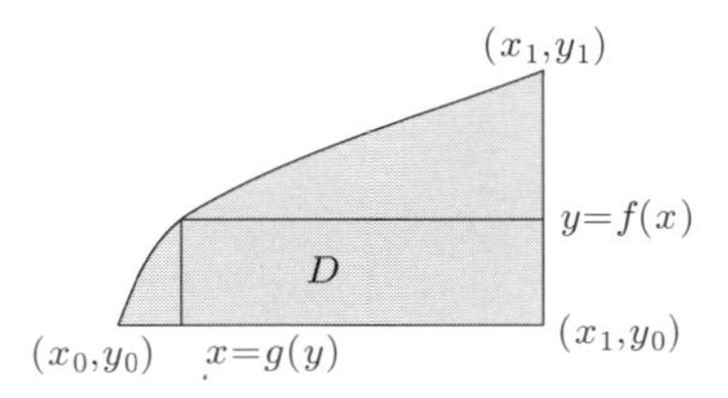

「三角形」D についても証明の方針は長方形の場合と同じで，$\displaystyle\int_D \mathrm{div}\, \boldsymbol{v}\, dxdy$ と $\displaystyle\int_C \boldsymbol{v}(\boldsymbol{x})\cdot\boldsymbol{n}(\boldsymbol{x})\, |d\boldsymbol{x}|$ を別々に計算して，両者が等しいことを確認します．ここに，C は D の境界線で，時計と反対回りの向きが入っています．

計算に先立って，状況を確認しておきましょう．上図の「三角形」において，下辺は x 軸に平行で，右辺は y 軸に平行です．また上の辺は，単調増加関数

$$y = f(x), \qquad x_0 \leqq x \leqq x_1$$

のグラフになっていて，f の値は

$$y_0 = f(x_0), \qquad y_1 = f(x_1)$$

であるとします．関数 $y = f(x)$ は単調増加ですから，その逆関数 $x = g(y)$ があって，

$$y = f(x) \iff x = g(y)$$

となっています．

D 上の積分を計算しましょう．

$$\begin{aligned}
\int_D \mathrm{div}\, \boldsymbol{v}\, dxdy &= \int_D \left(\frac{\partial v_1}{\partial x} + \frac{\partial v_2}{\partial y}\right) dxdy \\
&= \int_{y_0}^{y_1} \left(\int_{g(y)}^{x_1} \frac{\partial v_1}{\partial x}\, dx\right) dy + \int_{x_0}^{x_1} \left(\int_{y_0}^{f(x)} \frac{\partial v_2}{\partial y}\, dy\right) dx \\
&= \int_{y_0}^{y_1} (v_1(x_1, y) - v_1(g(y), y))\; dy \\
&\quad + \int_{x_0}^{x_1} (v_2(x, f(x)) - v_2(x, y_0))\; dx \\
&= -\int_{x_0}^{x_1} v_2(x, y_0)\, dx + \int_{y_0}^{y_1} v_1(x_1, y)\, dy \\
&\quad + \left(\int_{x_0}^{x_1} v_2(x, f(x))\, dx - \int_{y_0}^{y_1} v_1(g(y), y)\, dy\right) \qquad (12.26)
\end{aligned}$$

最後の項を計算するため，$y = f(x)$ を使って積分変数を y から x に変換します．$dy = f'(x)dx$ であり，また $g(y) = x$ ですから，

$$\int_{y_0}^{y_1} v_1(g(y), y)\, dy = \int_{x_0}^{x_1} v_1(x, f(x)) f'(x)\, dx$$

したがって，(12.26) の最後のカッコでまとめた部分は

$$\int_{x_0}^{x_1} v_2(x, f(x))\, dx - \int_{y_0}^{y_1} v_1(g(y), y)\, dy$$
$$= \int_{x_0}^{x_1} \Big(-v_1(x, f(x))f'(x) + v_2(x, f(x))\Big)\, dx \qquad (12.27)$$

と変形できます．

次に，線積分 $\displaystyle\int_C \boldsymbol{v}(\boldsymbol{x}) \cdot \boldsymbol{n}(\boldsymbol{x})\ |d\boldsymbol{x}|$ を計算します．

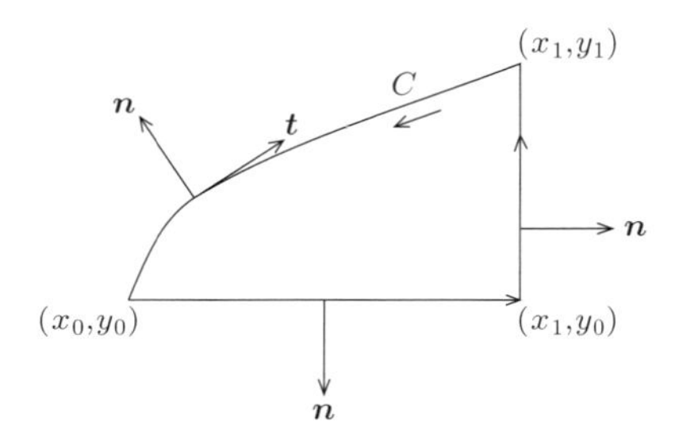

まず，単位法ベクトル $\boldsymbol{n}$ ですが，下辺と右辺では，それぞれ

$$\boldsymbol{n} = \begin{pmatrix} 0 \\ -1 \end{pmatrix}, \quad \boldsymbol{n} = \begin{pmatrix} 1 \\ 0 \end{pmatrix}$$

となって，長方形の場合と同じです．よって，内積 $\boldsymbol{v} \cdot \boldsymbol{n}$ も，長方形の場合と同じで，下辺と右辺でそれぞれ

$$\boldsymbol{v} \cdot \boldsymbol{n} = -v_2, \quad \boldsymbol{v} \cdot \boldsymbol{n} = v_1$$

となります．

「三角形」の上辺では，法ベクトル $\boldsymbol{n}$ は外を向いています．ベクトル $\boldsymbol{n}$ を求めましょう．上辺は $y = f(x)$ のグラフになっています．そこで，x 座標をパラメーター t とすれば，この曲線は

$$\boldsymbol{x}(t) = \begin{pmatrix} t \\ f(t) \end{pmatrix}, \quad x_0 \leqq t \leqq x_1$$

とパラメーター表示できます．($t = x$ ですが，ベクトルの記号 $\boldsymbol{x}$ とパラメーター x がまぎらわしいので，x を t と書き換えました．) このとき，パラメーター t の増加方向は曲線 C の向きとは逆ですが，§12.2 の**注意**で述べたように，このことは最後の計算結果に影響ありません．

上図で $\boldsymbol{t}$ と書いてある速度ベクトルを求めると

$$\boldsymbol{t} = \dot{\boldsymbol{x}}(t) = \begin{pmatrix} 1 \\ f'(t) \end{pmatrix}$$

これを 90° 回転したものを長さで割ると，$\boldsymbol{x}(t)$ における単位法ベクトル $\boldsymbol{n}$ が求まります．

$$\boldsymbol{n} = \frac{1}{\sqrt{f'(t)^2+1}} \begin{pmatrix} -f'(t) \\ 1 \end{pmatrix} = \begin{pmatrix} -\dfrac{f'(t)}{\sqrt{f'(t)^2+1}} \\ \dfrac{1}{\sqrt{f'(t)^2+1}} \end{pmatrix}$$

これで，「三角形」の上辺での線積分が計算できます．

$$\begin{aligned}
&\int_{\text{上辺}} \boldsymbol{v}(\boldsymbol{x}) \cdot \boldsymbol{n}(\boldsymbol{x})\ |d\boldsymbol{x}| \\
&= \int_{x_0}^{x_1} \boldsymbol{v}(\boldsymbol{x}(t)) \cdot \boldsymbol{n}(t) \|\dot{\boldsymbol{x}}(t)\| dt \\
&= \int_{x_0}^{x_1} \begin{pmatrix} v_1(\boldsymbol{x}(t)) \\ v_2(\boldsymbol{x}(t)) \end{pmatrix} \cdot \begin{pmatrix} -\dfrac{f'(t)}{\sqrt{f'(t)^2+1}} \\ \dfrac{1}{\sqrt{f'(t)^2+1}} \end{pmatrix} \sqrt{f'(t)^2+1}\ dt \\
&= \int_{x_0}^{x_1} \begin{pmatrix} v_1(\boldsymbol{x}(t)) \\ v_2(\boldsymbol{x}(t)) \end{pmatrix} \cdot \begin{pmatrix} -f'(t) \\ 1 \end{pmatrix} dt \\
&= \int_{x_0}^{x_1} \Big(-v_1(t, f(t)) f'(t) + v_2(t, f(t)) \Big)\ dt \qquad (12.28)
\end{aligned}$$

まとめると，

$$\begin{aligned}
\int_C \boldsymbol{v}(\boldsymbol{x}) \cdot \boldsymbol{n}(\boldsymbol{x})\ |d\boldsymbol{x}| &= \int_{\text{下辺}} \boldsymbol{v}(\boldsymbol{x}) \cdot \boldsymbol{n}(\boldsymbol{x})\ |d\boldsymbol{x}| \\
&\quad + \int_{\text{右辺}} \boldsymbol{v}(\boldsymbol{x}) \cdot \boldsymbol{n}(\boldsymbol{x})\ |d\boldsymbol{x}| \\
&\quad + \int_{\text{上辺}} \boldsymbol{v}(\boldsymbol{x}) \cdot \boldsymbol{n}(\boldsymbol{x})\ |d\boldsymbol{x}| \\
&= -\int_{x_0}^{x_1} v_2(x, y_0)\ dx + \int_{y_0}^{y_1} v_1(x_0, y)\ dy
\end{aligned}$$

$$+\int_{x_0}^{x_1}\Big(-v_1(x,f(x))f'(x)+v_2(x,f(x))\Big)\,dx \tag{12.29}$$

(12.26) と (12.29) を見比べると，「三角形」D についても

$$\int_D \mathrm{div}\,\boldsymbol{v}\;dxdy=\int_C \boldsymbol{v}(\boldsymbol{x})\cdot\boldsymbol{n}(\boldsymbol{x})\;|d\boldsymbol{x}|$$

が成り立つことが分かります．((12.27) も参照してください．)

これでケーキ形についてガウスの発散定理が証明できました．

演習問題

12.1 平面上のベクトル場 $\boldsymbol{v}(\boldsymbol{x}) = \begin{pmatrix} x^2 - y^2 \\ -2xy \end{pmatrix}$ を考えます．

C を領域 D の滑らかな境界線になっているような単純閉曲線とします．C には時計と反対回りの向きをあたえます．このとき，

(1) 法ベクトル型線積分

$$\int_C \boldsymbol{v}(\boldsymbol{x}) \cdot \boldsymbol{n}(\boldsymbol{x}) \, |d\boldsymbol{x}|$$

を求めなさい．

(2) 接ベクトル型線積分

$$\int_C \boldsymbol{v}(\boldsymbol{x}) \cdot d\boldsymbol{x}$$

を求めなさい．

12.2 C と D は前問の通りとします．ベクトル場 $\boldsymbol{v}(\boldsymbol{x})$ を，$\boldsymbol{v}(\boldsymbol{x}) = \begin{pmatrix} -y \\ x \end{pmatrix}$ とおくとき，接ベクトル型線積分

$$\frac{1}{2}\int_C \boldsymbol{v}(\boldsymbol{x}) \cdot d\boldsymbol{x}$$

の値は D の面積に等しいことを示しなさい．

12.3 ベクトル場 $\boldsymbol{v}(\boldsymbol{x})$ を，

$$\boldsymbol{v}(\boldsymbol{x}) = \begin{pmatrix} \dfrac{-y}{x^2 + y^2} \\ \dfrac{x}{x^2 + y^2} \end{pmatrix}$$

と定義します．$\boldsymbol{v}(\boldsymbol{x})$ は原点 O 以外で定義されたベクトル場です．

(1) 原点 O 以外の領域で，$\mathrm{rot}\, \boldsymbol{v} = 0$ が成り立つことを証明しなさい．

(2) C_r を原点 O を中心とし，半径 r の円周とします．C_r には時計と反対回りの向きを入れます．接ベクトル型線積分

$$\int_{C_r} \boldsymbol{v}(\boldsymbol{x}) \cdot d\boldsymbol{x}$$

の値を求め，それが r によらないことを確認しなさい．

(この問題により，C_r の囲む領域内に，1 点でも，ベクトル場 $\boldsymbol{v}(\boldsymbol{x})$ の定義されない点がある場合には，グリーンの定理は成り立たないことが分かります．)

12.4　$f(\boldsymbol{x})$ を平面上の関数とし，

$$\frac{\partial^2 f}{\partial x^2} + \frac{\partial^2 f}{\partial y^2} = 0$$

という性質をもつものとします．このとき，

$$\int_C \mathrm{grad}\, f \cdot \boldsymbol{n}(\boldsymbol{x})\, |d\boldsymbol{x}| = 0$$

を証明しなさい．ここに，単純閉曲線 C はある領域 D の滑らかな境界になっているとします．

[ヒント]　§12.1 の最後の注意を応用してください．

第13章

空間のベクトル場

《目標＆ポイント》前章までは平面上のベクトル場について学んできました．この章では，3次元のユークリッド空間内のベクトル場について考えます．たとえば，空間内の空気の流れは空間内のベクトル場で記述されます．平面のベクトル場についての微分操作は，ほぼそのまま空間のベクトル場に拡張されます．後半で，ベクトル場の面積分への準備として，曲面の面積について考えます．

《キーワード》空間のベクトル場の勾配，発散，回転，曲面の面積

13.1 勾配と発散

xyz 空間の各点 $\mathrm{P}(\boldsymbol{x})$ (ただし，$\boldsymbol{x}=(x,y,z)$) にベクトル $\boldsymbol{v}(\boldsymbol{x})$ が一つずつ対応している状況が，空間内のベクトル場 $\boldsymbol{v}(\boldsymbol{x})$ です．$\boldsymbol{v}(\boldsymbol{x})$ は3つの関数 $v_1(\boldsymbol{x})$, $v_2(\boldsymbol{x})$, $v_3(\boldsymbol{x})$ をつかって**成分表示**できます．

$$\boldsymbol{v}(\boldsymbol{x})=\begin{pmatrix} v_1(\boldsymbol{x}) \\ v_2(\boldsymbol{x}) \\ v_3(\boldsymbol{x}) \end{pmatrix} \tag{13.1}$$

平面の場合のように，ベクトル場 $\boldsymbol{v}(\boldsymbol{x})$ が**連続ベクトル場**であるというのは，成分を表す関数 $v_1(\boldsymbol{x})$, $v_2(\boldsymbol{x})$, $v_3(\boldsymbol{x})$ が連続であること，また，ベクトル場が C^r **ベクトル場**であるとは，成分を表す関数が C^r であることとします．

以下，関数やベクトル場はいつも C^∞ であると仮定します．

ベクトル場の典型的な例として，空間で定義された関数 $f(\boldsymbol{x})$ の勾配ベクトル場があります．関数 $f(\boldsymbol{x})$ が与えられたとき，空間の点 $\mathrm{P}(\boldsymbol{x})$ において，$f(\boldsymbol{x})$ の**勾配ベクトル** (記号：$\mathrm{grad}\, f(\boldsymbol{x})$) というベクトルを

$$\operatorname{grad} f(\boldsymbol{x}) = \begin{pmatrix} \dfrac{\partial f}{\partial x}(\boldsymbol{x}) \\ \dfrac{\partial f}{\partial y}(\boldsymbol{x}) \\ \dfrac{\partial f}{\partial z}(\boldsymbol{x}) \end{pmatrix}$$

という式で定義します．そして，各点 $\mathrm{P}(\boldsymbol{x})$ に $\operatorname{grad} f(\boldsymbol{x})$ を対応させるのが，関数 $f(\boldsymbol{x})$ の**勾配ベクトル場**です．記号で，$\operatorname{grad} f$ と書きます．

平面のときと同じように，勾配ベクトル場により，いろいろな方向への $f(\boldsymbol{x})$ の**方向微分**が計算できます．

定理 13.1　$\boldsymbol{e}$ を空間の任意の方向の単位ベクトルとします．このとき，任意の点 $\mathrm{P}(\boldsymbol{x})$ において，次の等式が成り立ちます．

$$\boldsymbol{e} \cdot \operatorname{grad} f(\boldsymbol{x}) = \lim_{h \to 0} \frac{f(\boldsymbol{x} + h\boldsymbol{e}) - f(\boldsymbol{x})}{h} \tag{13.2}$$

右辺が $\boldsymbol{e}$ 方向の方向微分です．

定理の証明.　平面の場合と同じですが，念のため繰り返します．

単位ベクトル $\boldsymbol{e}$ を成分で表しておきます．

$$\boldsymbol{e} = \begin{pmatrix} e_1 \\ e_2 \\ e_3 \end{pmatrix}$$

このとき，

$$\begin{aligned}
&\lim_{h \to 0} \frac{f(\boldsymbol{x} + h\boldsymbol{e}) - f(\boldsymbol{x})}{h} \\
&\quad = \lim_{h \to 0} \frac{f(x + he_1, y + he_2, z + he_3) - f(x, y, z)}{h} \\
&\quad = \frac{d}{dt} f(x + e_1 t, y + e_2 t, z - e_3 t)\Big|_{t=0} \\
&\quad = e_1 \frac{\partial f}{\partial x}(\boldsymbol{x}) + e_2 \frac{\partial f}{\partial y}(\boldsymbol{x}) + e_3 \frac{\partial f}{\partial z}(\boldsymbol{x}) \quad (\text{合成関数の微分法}) \\
&\quad = \boldsymbol{e} \cdot \operatorname{grad} f(\boldsymbol{x}).
\end{aligned}$$

これで (13.2) が証明できました．　□

注意 上の証明では，$\|\boldsymbol{e}\| = 1$ という事実は必要ありませんでした．等式 (13.2) は，$\boldsymbol{e}$ を任意のベクトル $\boldsymbol{a}$ で置き換えても成り立ちます．

ベクトル場の回転については後回しにして，先に発散を定義します．

定義 ベクトル場 $\boldsymbol{v}(\boldsymbol{x})$ の，点 $\mathrm{P}(\boldsymbol{x})$ における**発散** (記号：$\mathrm{div}\ \boldsymbol{v}(\boldsymbol{x})$) という実数を

$$\mathrm{div}\ \boldsymbol{v}(\boldsymbol{x}) = \frac{\partial v_1}{\partial x}(\boldsymbol{x}) + \frac{\partial v_2}{\partial y}(\boldsymbol{x}) + \frac{\partial v_3}{\partial z}(\boldsymbol{x})$$

という式で定義します．そして，各点 $\mathrm{P}(\boldsymbol{x})$ に，この実数 $\mathrm{div}\ \boldsymbol{v}(\boldsymbol{x})$ を対応させる関数をベクトル場 $\boldsymbol{v}(\boldsymbol{x})$ の**発散**とよび，

$$\mathrm{div}\ \boldsymbol{v}$$

という記号で表します．

ベクトル場の成分を使って関数 $\mathrm{div}\ \boldsymbol{v}$ を書けば

$$\mathrm{div}\ \boldsymbol{v} = \frac{\partial v_1}{\partial x} + \frac{\partial v_2}{\partial y} + \frac{\partial v_3}{\partial z}$$

となります．

ベクトル場 $\boldsymbol{v}(\boldsymbol{x})$ が，ある流体の速度ベクトルの場であるとすると，発散 $\mathrm{div}\ \boldsymbol{v}(\boldsymbol{x})$ は，単位時間当たりに，点 $\mathrm{P}(\boldsymbol{x})$ の無限小近傍で流体の湧き出す率を表しています．

13.2 ベクトル場の回転

空間のベクトル場と平面のベクトル場でもっとも異なるのは，「回転」の定義です．平面のベクトル場 $\boldsymbol{v}(\boldsymbol{x})$ のときは，その回転 $\mathrm{rot}\ \boldsymbol{v}$ は平面上の関数でした．空間のベクトル場 $\boldsymbol{v}(\boldsymbol{x})$ の場合は，その回転 $\mathrm{rot}\ \boldsymbol{v}$ は空間のベクトル場になります．それは次のように定義されます．

定義 空間のベクトル場 $\boldsymbol{v}(\boldsymbol{x})$ の，点 $\mathrm{P}(\boldsymbol{x})$ における**回転** (記号：$\mathrm{rot}\ \boldsymbol{v}(\boldsymbol{x})$) というベクトルを

$$\mathrm{rot}\ \boldsymbol{v}(\boldsymbol{x}) = \begin{pmatrix} \dfrac{\partial v_3}{\partial y}(\boldsymbol{x}) - \dfrac{\partial v_2}{\partial z}(\boldsymbol{x}) \\ \dfrac{\partial v_1}{\partial z}(\boldsymbol{x}) - \dfrac{\partial v_3}{\partial x}(\boldsymbol{x}) \\ \dfrac{\partial v_2}{\partial x}(\boldsymbol{x}) - \dfrac{\partial v_1}{\partial y}(\boldsymbol{x}) \end{pmatrix}$$

という式で定義します．そして，各点 $\mathrm{P}(\boldsymbol{x})$ にベクトル $\mathrm{rot}\ \boldsymbol{v}(\boldsymbol{x})$ を割り当てたものが，$\boldsymbol{v}(\boldsymbol{x})$ の**回転**とよばれるベクトル場です．記号で

$$\mathrm{rot}\ \boldsymbol{v}$$

と表します．

この定義のなかの，ベクトル $\mathrm{rot}\ \boldsymbol{v}(\boldsymbol{x})$ の定義は唐突に感じられるかも知れませんが，次のような問題を考えると，自然に登場します．

問題　空間内の任意の方向の単位ベクトル $\boldsymbol{e}$ を考えます．空間内にベクトル場 $\boldsymbol{v}(\boldsymbol{x})$ があって，空間を流れるある流体の速度を表すベクトル場になっているとします．このとき，点 $\mathrm{P}(\boldsymbol{x})$ において，$\boldsymbol{e}$ 方向の直線を軸とする微小水車に，ベクトル場 $\boldsymbol{v}(\boldsymbol{x})$ のおよぼす回転力を求めなさい．ただし，回転の方向は下図の丸い矢印の方向を正とします．

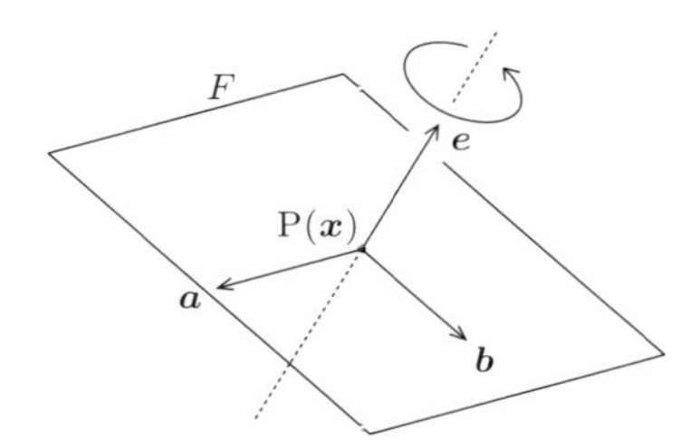

この問題を考えてみましょう．微小水車の構造は次の図のようになっていて，単位ベクトル $\boldsymbol{e}$ 方向のベクトル場の成分は回転力を与えないと仮定します．上の図の，$\mathrm{P}(\boldsymbol{x})$ において $\boldsymbol{e}$ に直交する平面 F に沿った成分だけが回転力を生み出すと仮定するわけです．

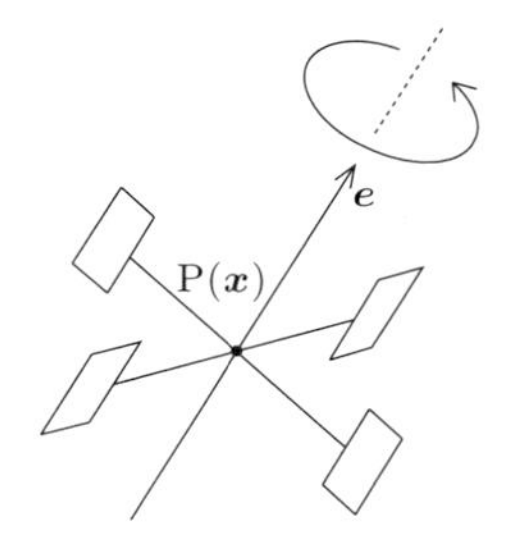

前ページの図のように，平面 F 内に，互いに直交する単位ベクトル $\boldsymbol{a}$ と $\boldsymbol{b}$ をとります．3 つのベクトル $\boldsymbol{a}$, $\boldsymbol{b}$, $\boldsymbol{e}$ は右手系の正規直交基底になっているとすると，$\boldsymbol{e}$ は $\boldsymbol{a}$ と $\boldsymbol{b}$ の外積になります．

$$\boldsymbol{e} = \boldsymbol{a} \times \boldsymbol{b} \tag{13.3}$$

平面 F 内に直交座標系 (s, t) をとります．s 軸は $\boldsymbol{a}$ の方向，t 軸は $\boldsymbol{b}$ の方向にとりましょう．この (s, t) 座標をつかって回転力を計算します．(平面内のベクトル場による回転力は直交座標をとって計算しますが，座標の方向は任意にとれます．それは 11 章の演習問題 11.2 で確かめました．)

ベクトル場 $\boldsymbol{v}(\boldsymbol{x})$ の s 軸方向の成分 $v_{(s)}$ と t 軸方向の成分 $v_{(t)}$ とは，それぞれ次の内積で与えられます：

$$\begin{aligned} v_{(s)} &= \boldsymbol{a} \cdot \boldsymbol{v} = a_1 v_1 + a_2 v_2 + a_3 v_3 \\ v_{(t)} &= \boldsymbol{b} \cdot \boldsymbol{v} = b_1 v_1 + b_2 v_2 + b_3 v_3 \end{aligned} \tag{13.4}$$

ここに，単位ベクトル $\boldsymbol{a}$, $\boldsymbol{b}$ と，ベクトル場 $\boldsymbol{v}(\boldsymbol{x})$ の成分表示は，それぞれ

$$\boldsymbol{a} = \begin{pmatrix} a_1 \\ a_2 \\ a_3 \end{pmatrix}, \quad \boldsymbol{b} = \begin{pmatrix} b_1 \\ b_2 \\ b_3 \end{pmatrix}, \quad \boldsymbol{v}(\boldsymbol{x}) = \begin{pmatrix} v_1(\boldsymbol{x}) \\ v_2(\boldsymbol{x}) \\ v_3(\boldsymbol{x}) \end{pmatrix}$$

であるとしました．§11.3 での考察から平面 F に沿ったベクトル場の成分による回転力は

$$\frac{\partial v_{(t)}}{\partial s}(\boldsymbol{x}) - \frac{\partial v_{(s)}}{\partial t}(\boldsymbol{x}) \tag{13.5}$$

となります．これを計算するとき，$\dfrac{\partial}{\partial s}$ と $\dfrac{\partial}{\partial t}$ は，それぞれ，$\boldsymbol{a}$ 方向，$\boldsymbol{b}$ 方向の方向微分であることに注意すると，定理 13.1 が使えます．

さて，(13.5) を計算しましょう．次の計算式の第 1 の等号については，定理 13.1 を使いました．第 2 の等号については (13.4) を使いました．

計算はひどく複雑にみえますが，一つ一つのステップはみな簡単な変形です．

$$
\begin{aligned}
&\frac{\partial v_{(t)}}{\partial s}(\boldsymbol{x}) - \frac{\partial v_{(s)}}{\partial t}(\boldsymbol{x}) \\
&= \boldsymbol{a} \cdot \mathrm{grad}\, v_{(t)} - \boldsymbol{b} \cdot \mathrm{grad}\, v_{(s)} \\
&= \boldsymbol{a} \cdot \mathrm{grad}\, (\boldsymbol{b} \cdot \boldsymbol{v}) - \boldsymbol{b} \cdot \mathrm{grad}\, (\boldsymbol{a} \cdot \boldsymbol{v}) \\
&= \begin{pmatrix} a_1 \\ a_2 \\ a_3 \end{pmatrix} \cdot \begin{pmatrix} \dfrac{\partial}{\partial x}(b_1 v_1 + b_2 v_2 + b_3 v_3) \\ \dfrac{\partial}{\partial y}(b_1 v_1 + b_2 v_2 + b_3 v_3) \\ \dfrac{\partial}{\partial z}(b_1 v_1 + b_2 v_2 + b_3 v_3) \end{pmatrix} \\
&\quad - \begin{pmatrix} b_1 \\ b_2 \\ b_3 \end{pmatrix} \cdot \begin{pmatrix} \dfrac{\partial}{\partial x}(a_1 v_1 + a_2 v_2 + a_3 v_3) \\ \dfrac{\partial}{\partial y}(a_1 v_1 + a_2 v_2 + a_3 v_3) \\ \dfrac{\partial}{\partial z}(a_1 v_1 + a_2 v_2 + a_3 v_3) \end{pmatrix} \\
&= \Big(a_1 b_1 \frac{\partial v_1}{\partial x} + a_1 b_2 \frac{\partial v_2}{\partial x} + a_1 b_3 \frac{\partial v_3}{\partial x} + a_2 b_1 \frac{\partial v_1}{\partial y} + a_2 b_2 \frac{\partial v_2}{\partial y} + a_2 b_3 \frac{\partial v_3}{\partial y} \\
&\quad + a_3 b_1 \frac{\partial v_1}{\partial z} + a_3 b_2 \frac{\partial v_2}{\partial z} + a_3 b_3 \frac{\partial v_3}{\partial z}\Big) \\
&\quad - \Big(b_1 a_1 \frac{\partial v_1}{\partial x} + b_1 a_2 \frac{\partial v_2}{\partial x} + b_1 a_3 \frac{\partial v_3}{\partial x} + b_2 a_1 \frac{\partial v_1}{\partial y} + b_2 a_2 \frac{\partial v_2}{\partial y} + b_2 a_3 \frac{\partial v_3}{\partial y} \\
&\quad + b_3 a_1 \frac{\partial v_1}{\partial z} + b_3 a_2 \frac{\partial v_2}{\partial z} + b_3 a_3 \frac{\partial v_3}{\partial z}\Big) \\
&= (a_1 b_2 - a_2 b_1) \frac{\partial v_2}{\partial x} + (a_1 b_3 - a_3 b_1) \frac{\partial v_3}{\partial x} + (a_2 b_1 - a_1 b_2) \frac{\partial v_1}{\partial y} \\
&\quad + (a_2 b_3 - a_3 b_2) \frac{\partial v_3}{\partial y} + (a_3 b_1 - a_1 b_3) \frac{\partial v_1}{\partial z} + (a_3 b_2 - a_2 b_3) \frac{\partial v_2}{\partial z} \\
&= (a_1 b_2 - a_2 b_1) \left(\frac{\partial v_2}{\partial x} - \frac{\partial v_1}{\partial y} \right) + (a_3 b_1 - a_1 b_3) \left(\frac{\partial v_1}{\partial z} - \frac{\partial v_3}{\partial x} \right) \\
&\quad + (a_2 b_3 - a_3 b_2) \left(\frac{\partial v_3}{\partial y} - \frac{\partial v_2}{\partial z} \right)
\end{aligned}
$$

$$= \begin{pmatrix} a_2b_3 - a_3b_2 \\ a_3b_1 - a_1b_3 \\ a_1b_2 - a_2b_1 \end{pmatrix} \cdot \begin{pmatrix} \dfrac{\partial v_3}{\partial y} - \dfrac{\partial v_2}{\partial z} \\ \dfrac{\partial v_1}{\partial z} - \dfrac{\partial v_3}{\partial x} \\ \dfrac{\partial v_2}{\partial x} - \dfrac{\partial v_1}{\partial y} \end{pmatrix} \tag{13.6}$$

このように，最後の結果は 2 つのベクトルの内積の形をしていますが，左側のベクトル $\begin{pmatrix} a_2b_3 - a_3b_2 \\ a_3b_1 - a_1b_3 \\ a_1b_2 - a_2b_1 \end{pmatrix}$ は外積 $\boldsymbol{a} \times \boldsymbol{b}$ であることに注意してください．すると，(13.3) により，これは始めにとっておいた単位ベクトル $\boldsymbol{e}$ に等しい．また，内積の右側のベクトル

$$\begin{pmatrix} \dfrac{\partial v_3}{\partial y} - \dfrac{\partial v_2}{\partial z} \\ \dfrac{\partial v_1}{\partial z} - \dfrac{\partial v_3}{\partial x} \\ \dfrac{\partial v_2}{\partial x} - \dfrac{\partial v_1}{\partial y} \end{pmatrix}$$

はこの節の始めに定義した「回転」とよばれるベクトル $\mathrm{rot}\,\boldsymbol{v}(\boldsymbol{x})$ です．こうして，自然に回転 $\mathrm{rot}\,\boldsymbol{v}(\boldsymbol{x})$ が現れました．

以上の結果を定理の形にまとめます．

定理 13.2 $\boldsymbol{v}(\boldsymbol{x})$ を空間内のベクトル場とし，$\mathrm{P}(\boldsymbol{x})$ を任意の点とします．また，$\boldsymbol{e}$ を任意の方向の単位ベクトルとします．点 $\mathrm{P}(\boldsymbol{x})$ を通り $\boldsymbol{e}$ の方向の直線を考えます．この直線の回りを回転するような微小水車を点 $\mathrm{P}(\boldsymbol{x})$ の位置に取り付けると，ベクトル場 $\boldsymbol{v}(\boldsymbol{x})$ がこの微小水車に及ぼす回転力は，内積

$$\boldsymbol{e} \cdot \mathrm{rot}\,\boldsymbol{v}\,(\boldsymbol{x})$$

で与えられます．(正確にいえば，その定数倍です．)

この定理は「微小水車」などがでてくるので，数学の定理としての定式化は不十分ですが，ベクトル場 $\boldsymbol{v}(\boldsymbol{x})$ の「回転」というベクトル $\mathrm{rot}\,\boldsymbol{v}(\boldsymbol{x})$ の定義が自然なものであることを示すために掲げました．なお，$\boldsymbol{e} \cdot \mathrm{rot}\,\boldsymbol{v}(\boldsymbol{x})$ の値が最大になるのは，$\boldsymbol{e}$ が $\mathrm{rot}\,\boldsymbol{v}$ の方向をむいたときで，その大きさは

$$\|\mathrm{rot}\ \boldsymbol{v}(\boldsymbol{x})\| = \sqrt{\left(\frac{\partial v_3}{\partial y} - \frac{\partial v_2}{\partial z}\right)^2 + \left(\frac{\partial v_1}{\partial z} - \frac{\partial v_3}{\partial x}\right)^2 + \left(\frac{\partial v_2}{\partial x} - \frac{\partial v_1}{\partial y}\right)^2}$$

で与えられることに注意しておきます.

13.3　微分操作のまとめ

空間のベクトル場に関連する 3 つの微分操作を学びました.

1. 勾配： 空間で定義された関数 $f(\boldsymbol{x})$ にベクトル場 $\mathrm{grad}\ f$ を対応させます.

$$\mathrm{grad}\ f = \begin{pmatrix} \dfrac{\partial f}{\partial x} \\ \dfrac{\partial f}{\partial y} \\ \dfrac{\partial f}{\partial z} \end{pmatrix}$$

2. 回転： 空間のベクトル場 $\boldsymbol{v}(\boldsymbol{x})$ にベクトル場 $\mathrm{rot}\ \boldsymbol{v}$ を対応させます.

$$\mathrm{rot}\ \boldsymbol{v} = \begin{pmatrix} \dfrac{\partial v_3}{\partial y} - \dfrac{\partial v_2}{\partial z} \\ \dfrac{\partial v_1}{\partial z} - \dfrac{\partial v_3}{\partial x} \\ \dfrac{\partial v_2}{\partial x} - \dfrac{\partial v_1}{\partial y} \end{pmatrix}$$

3. 発散： 空間のベクトル場 $\boldsymbol{v}(\boldsymbol{x})$ に関数 $\mathrm{div}\ \boldsymbol{v}$ を対応させます.

$$\mathrm{div}\ \boldsymbol{v} = \frac{\partial v_1}{\partial x} + \frac{\partial v_2}{\partial y} + \frac{\partial v_3}{\partial z}$$

簡単な計算で分かるように，これらの微分操作の間には，次の関係があります.

$$\mathrm{rot}\ \mathrm{grad}\ f = 0 \tag{13.7}$$

$$\mathrm{div}\ \mathrm{rot}\ \boldsymbol{v} = 0 \tag{13.8}$$

$$\mathrm{div}\ \mathrm{grad}\ f = \Delta f \tag{13.9}$$

最後の等式 (13.9) の右辺の Δ は空間におけるラプラシアンです.

$$\Delta f = \frac{\partial^2 f}{\partial x^2} + \frac{\partial^2 f}{\partial y^2} + \frac{\partial^2 f}{\partial z^2}$$

最初の等式 rot grad $f = 0$ は，ベクトル場 $\boldsymbol{v}(\boldsymbol{x})$ が，ある関数の勾配ベクトル場になるための必要条件を与えています．平面のときのように，実はこれが十分条件であることが，次の章で証明するストークスの定理を使うと分かります．定理の形で述べます．

定理 13.3 $\boldsymbol{v}(\boldsymbol{x})$ を空間のベクトル場とします．$\boldsymbol{v}(\boldsymbol{x})$ がある関数 $f(\boldsymbol{x})$ の勾配ベクトル場である ($\boldsymbol{v} = \mathrm{grad}\, f$) ための必要十分条件は

$$\mathrm{rot}\, \boldsymbol{v} = 0$$

です．

13.4　曲面の面積

§7.1 で学んだ空間内の曲面のパラメーター表示を復習しましょう．$U \subset \mathbb{R}^2$ を st 平面のある領域として，U 上の C^r 関数を 3 つ並べたもの

$$\boldsymbol{x}(s,t) = \begin{pmatrix} x_1(s,t) \\ x_2(s,t) \\ x_3(s,t) \end{pmatrix} \qquad ((s,t) \in U) \tag{13.10}$$

を考えます．これが C^r 曲面のパラメーター表示になる条件は，s 曲線の速度ベクトル

$$\boldsymbol{x}_s(s,t) = \frac{\partial \boldsymbol{x}}{\partial s}(s,t) = \begin{pmatrix} \dfrac{\partial x_1}{\partial s}(s,t) \\ \dfrac{\partial x_2}{\partial s}(s,t) \\ \dfrac{\partial x_3}{\partial s}(s,t) \end{pmatrix}$$

と t 曲線の速度ベクトル

$$\boldsymbol{x}_t(s,t) = \frac{\partial \boldsymbol{x}}{\partial t}(s,t) = \begin{pmatrix} \dfrac{\partial x_1}{\partial t}(s,t) \\ \dfrac{\partial x_2}{\partial t}(s,t) \\ \dfrac{\partial x_3}{\partial t}(s,t) \end{pmatrix}$$

がどこでも 1 次独立であることでした．§7.1 では，パラメーターとして (u,v) を使いましたが，ここでは，v がベクトル場 $\boldsymbol{v}(\boldsymbol{x})$ の記号と紛らわしいので，(s,t) を使うことにします．

§7.1 の終わりに注意したように，空間内の C^r 曲面が一つのパラメーター表示で表せることはまれで，複数個のパラメーター表示を用いることが普通です．

以後，簡単のため，曲面はすべて C^∞ 曲面とします．

曲面の**面積**を求めることを考えましょう．曲面をいくつかの部分に分割して，一つ一つの断片は一つのパラメーター表示で覆われているとします．そうすれば，一つのパラメーター表示 $\boldsymbol{x}(s,t)$ で覆われた一つの断片の面積を求めればよいことになります．断片の面積を足し合わせれば曲面全体の面積が得られるからです．

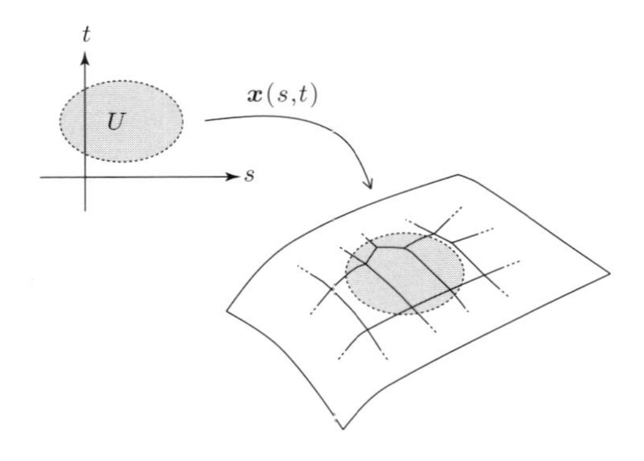

そこで，st 平面の領域 U の部分領域 (図形) D が，パラメーター $\boldsymbol{x}(s,t)$ によって，空間内の曲面の一つの断片 D' にうつっているとします．

D の境界線は簡単のため滑らかな単純閉曲線 C と仮定して議論することが多いですが，実は，長方形の境界線のように，C には有限個の微分不可能な点があってもかまいません．

さて，D をさらに細かく，一辺が微小な長さ h の小正方形の集まりに分割します．

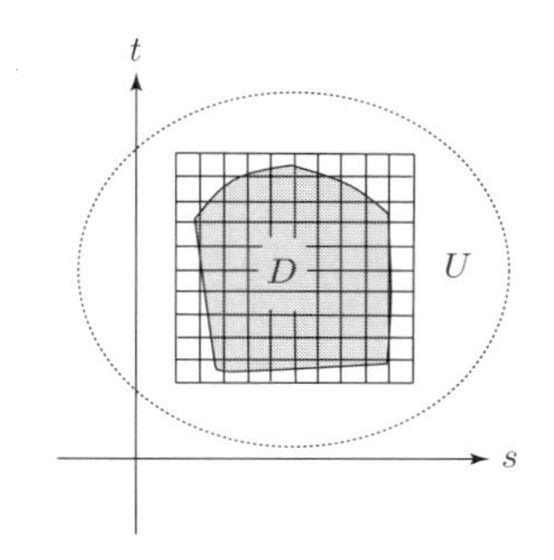

このような小正方形のなかで，完全に D の内部に含まれるようなものの個数を $N(h)$ と書くことにしますと，小正方形の面積 h^2 をこの個数倍した $N(h)h^2$ は，$h \to 0$ のとき D の面積に近づきます．

$$\lim_{h\to 0} N(h)\, h^2 = (D \text{ の面積}) \tag{13.11}$$

D の境界線 C に掛かっているような小正方形は，C を中心線として左右に $\sqrt{2}h$ の幅をもった帯の中に含まれてしまいます．そして，C の長さを L としますと，この帯の面積は $2\sqrt{2}Lh$ で与えられることが知られています．

$$\lim_{h\to 0} 2\sqrt{2}Lh = 0$$

ですから，結局，D の境界線に掛かる小正方形の面積の総和は，$h \to 0$ のとき 0 に収束することになって無視できます．そこで，D の面積を考えるときには，D の内部に完全に含まれるような小正方形だけを集めてきて，その面積の総和の極限を考えればよいことになります．これが，極限の等式 (13.11) が成り立つ理由です．

なお，(13.11) の左辺はそのまま領域 D 上の，定数関数 1 の重積分

$$\int_D dsdt$$

の定義になっています．重積分についてはすでにご存知の方もいると思いますが，領域 D で定義された連続関数 $f(s,t)$ について，D 上での $f(s,t)$ の重積分は次のように定義されるのでした．

D の内部に含まれる小正方形に適当に番号をつけて

$$\square_1,\ \square_2,\ \ldots,\ \square_{N(h)}$$

とします．そして，小正方形 $\square_i$ の左下隅の頂点を (s_i, t_i) とし，有限和

$$\sum_{i=1}^{N(h)} f(s_i, t_i)h^2$$

を考えます．分割の目をどんどん細かくしていったときのこの和の極限をもって，D 上の関数 $f(s,t)$ の重積分の定義とします．すなわち，下の式の右辺を，左辺で定義したことになります．

$$\lim_{h \to 0} \sum_{i=1}^{N(h)} f(s_i, t_i)h^2 = \int_D f(s,t)dsdt \tag{13.12}$$

さて，本題の，空間のなかの曲面の面積について考えましょう．

この節の始めに述べたように，曲面を細かな断片に分けて，一つ一つの断片は，(13.10) のような一つのパラメーター表示 $\boldsymbol{x}(s,t)$ で覆われるようにしました．パラメーター表示 $\boldsymbol{x}(s,t)$ の定義域 U のなかの領域 D がパラメーター表示 $\boldsymbol{x}(s,t)$ によって，曲面の断片 D' にうつっているとしたのでした．そのような状況で，この曲面の断片 D' の面積を考えます．

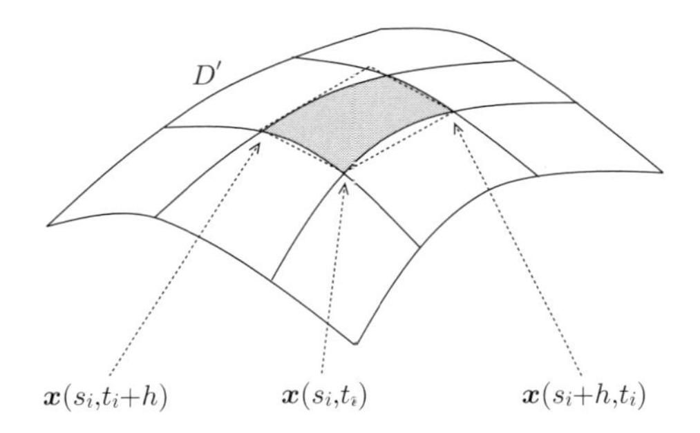

パラメーター表示の定義域 U のなかの領域 D は，1 辺が微小な長さ h の小正方形でさらに分割されていました．それに応じて，断片 D' も，曲がった微小長方形のような図形で分割されることになります．上の図が，分割された D' の一部を表しています．領域 D を分割している微小正方形の一つである $\square_i$ がパラメーター表示 $\boldsymbol{x}(s,t)$ で D' のなかの影をつけた部分にうつってきていると考えています．影をつけた部分の面積は 2 つのベクトル

$$\boldsymbol{x}(s_i + h, t_i) - \boldsymbol{x}(s_i, t_i), \qquad \boldsymbol{x}(s_i, t_i + h) - \boldsymbol{x}(s_i, t_i)$$

で張られる平行四辺形 (点線で示された平行四辺形) の面積で近似されると考えられます．$h \to 0$ のとき，平行四辺形も影をつけた部分もどんどん小さく

なっていって，両者は図形的にも重なっていきます．第 3 章で学んだように，この平行四辺形の面積は，上の 2 つのベクトルの外積の長さ

$$\|(\boldsymbol{x}(s_i+h,t_i)-\boldsymbol{x}(s_i,t_i))\times(\boldsymbol{x}(s_i,t_i+h)-\boldsymbol{x}(s_i,t_i))\|$$

に等しくなっています．(第 3 章の公式 (3.5) 参照)

そこで，この値を，D を分割する小正方形 $\square_i$ のうち，D の内部に含まれるものの全てにわたって足し合わせたもの

$$\sum_{i=1}^{N(h)}\|(\boldsymbol{x}(s_i+h,t_i)-\boldsymbol{x}(s_i,t_i))\times(\boldsymbol{x}(s_i,t_i+h)-\boldsymbol{x}(s_i,t_i))\| \tag{13.13}$$

が，曲面 D' の面積の近似になっているはずです．$h\to 0$ のとき，上の和は D' の面積に収束すると考えられます．

$$\lim_{h\to 0}\sum_{i=1}^{N(h)}\|(\boldsymbol{x}(s_i+h,t_i)-\boldsymbol{x}(s_i,t_i))\times(\boldsymbol{x}(s_i,t_i+h)-\boldsymbol{x}(s_i,t_i))\|$$
$$=(D' \text{ の面積}) \tag{13.14}$$

ところで，h が小さいとき，

$$\boldsymbol{x}(s_i+h,t_i)-\boldsymbol{x}(s_i,t_i)=\boldsymbol{x}_s(s_i,t_i)h+(h^2 \text{ 程度以下の微小量})$$
$$\boldsymbol{x}(s_i,t_i+h)-\boldsymbol{x}(s_i,t_i)=\boldsymbol{x}_t(s_i,t_i)h+(h^2 \text{ 程度以下の微小量})$$

ですから，

$$\|(\boldsymbol{x}(s_i+h,t_i)-\boldsymbol{x}(s_i,t_i))\times(\boldsymbol{x}(s_i,t_i+h)-\boldsymbol{x}(s_i,t_i))\|$$
$$=\|\boldsymbol{x}_s(s_i,t_i)\times\boldsymbol{x}_t(s_i,t_i)\|h^2+(h^3 \text{ 程度以下の微小量}) \tag{13.15}$$

となります．D に含まれる微小正方形の個数 $N(h)$ はせいぜい

$$\frac{D \text{ の面積}}{h^2}$$

程度ですから，(13.15) を使って，(13.13) の和は次のようになります．

$$\sum_{i=1}^{N(h)}\|(\boldsymbol{x}(s_i+h,t_i)-\boldsymbol{x}(s_i,t_i))\times(\boldsymbol{x}(s_i,t_i+h)-\boldsymbol{x}(s_i,t_i))\|$$
$$=\sum_{i=1}^{N(h)}\|\boldsymbol{x}_s(s_i,t_i)\times\boldsymbol{x}_t(s_i,t_i)\|h^2+(h \text{ 程度以下の微小量}) \tag{13.16}$$

(13.16) の両辺の $\lim_{h\to 0}$ をとった式を (13.14) と見比べて

$$\lim_{h\to 0}\sum_{i=1}^{N(h)}\|\boldsymbol{x}_s(s_i,t_i)\times\boldsymbol{x}_t(s_i,t_i)\|h^2=(D' \text{ の面積}) \tag{13.17}$$

が得られました.

(13.17) の左辺は (13.12) の左辺と同じ形をしています. (13.12) で

$$f(s_i,t_i)=\|\boldsymbol{x}_s(s_i,t_i)\times\boldsymbol{x}_t(s_i,t_i)\|$$

とおけば, (13.17) の左辺になります. したがって, (13.12) により, (13.17) の値は D 上の重積分

$$\int_D \|\boldsymbol{x}_s(s,t)\times\boldsymbol{x}_t(s,t)\|dsdt$$

で与えられることが分かりました. 定理にまとめておきます.

定理 13.4 (曲面の面積)　曲面 (の一部) が

$$\boldsymbol{x}(s,t)=\begin{pmatrix} x_1(s,t)\\ x_2(s,t)\\ x_3(s,t)\end{pmatrix}\qquad ((s,t)\in U)$$

によりパラメーター表示されているとします. パラメーター表示の定義域 U のなかに部分領域 D があり, それがパラメーター表示により, 曲面上の図形 D' にうつっているとします. このとき, D' の面積は, D 上の重積分

$$\int_D \|\boldsymbol{x}_s(s,t)\times\boldsymbol{x}_t(s,t)\|dsdt$$

で与えられます. ここに,

$$\boldsymbol{x}_s(s,t),\qquad \boldsymbol{x}_t(s,t)$$

はそれぞれ, パラメーター表示の s 曲線と t 曲線の速度ベクトルを表しています.

注意　曲面の部分 D' が 2 種のパラメーター表示

$$\boldsymbol{x}(s,t)=\begin{pmatrix} x_1(s,t)\\ x_2(s,t)\\ x_3(s,t)\end{pmatrix},\qquad \boldsymbol{y}(u,v)=\begin{pmatrix} y_1(u,v)\\ y_2(u,v)\\ y_3(u,v)\end{pmatrix}$$

で覆われている場合, どちらのパラメーター表示を使って計算しても, D' の面積の値は変わりません. (章末の演習問題)

例 13.5 第 7 章で考えたトーラスをもう一度取り上げてみます．トーラスのパラメーター表示は

$$\boldsymbol{x}(s,t) = \begin{pmatrix} (R + r\cos s)\cos t \\ (R + r\cos s)\sin t \\ r\sin s \end{pmatrix}, \quad 0 \leqq s \leqq 2\pi, \ \ 0 \leqq t \leqq 2\pi$$

でした．ただし，$0 < r < R$ とします．(第 7 章の例 7.8.) トーラスは，全体が一つのパラメーター表示で覆われる稀有な曲面の例です．

$$\boldsymbol{x}_s(s,t) = \begin{pmatrix} -r\sin s\cos t \\ -r\sin s\sin t \\ r\cos s \end{pmatrix}, \quad \boldsymbol{x}_t(s,t) = \begin{pmatrix} -(R + r\cos s)\sin t \\ (R + r\cos s)\cos t \\ 0 \end{pmatrix}$$

ですから，

$$\boldsymbol{x}_s(s,t) \times \boldsymbol{x}_t(s,t) = \begin{pmatrix} -r(R + r\cos s)\cos s\cos t \\ -r(R + r\cos s)\cos s\sin t \\ -r(R + r\cos s)\sin s \end{pmatrix}$$

よって，

$$\|\boldsymbol{x}_s(s,t) \times \boldsymbol{x}_t(s,t)\| = r(R + r\cos s)$$

となります．定理 13.4 により

$$\begin{aligned} \int_0^{2\pi}\int_0^{2\pi} r(R + r\cos s)\ dsdt &= \int_0^{2\pi} r\left[Rs + r\sin s\right]_0^{2\pi}\ dt \\ &= \left[2\pi rR\ t\right]_0^{2\pi} \\ &= 4\pi^2 rR \end{aligned}$$

これでトーラスの表面積が求まりました．

演習問題

13.1 $\boldsymbol{v}(\boldsymbol{x})$ を空間のベクトル場とし，任意の点 $\mathrm{P}(\boldsymbol{x})$ を一つ固定します．その点を通る適当な直線を選べば，$\boldsymbol{v}(\boldsymbol{x})$ によって引き起こされる，その直線のまわりの回転力は，点 $\mathrm{P}(\boldsymbol{x})$ においてゼロになることを証明しなさい．

13.2 第 7 章の例 7.2 でとりあげた単位球面のパラメーター表示

$$\boldsymbol{x}(s,t) = \begin{pmatrix} \cos s \cos t \\ \cos s \sin t \\ \sin s \end{pmatrix}$$

を用いて，単位球面の面積を求めなさい．(このパラメーター表示からは，北極と南極が抜けていますが，面積には影響しません．)

13.3 xy 平面の原点を中心とする半径 R の円板を D とします．回転放物面 $z = x^2 + y^2$ の D 上にある部分

$$D' = \{(x,y,z) \mid z = x^2 + y^2, \quad x^2 + y^2 \leqq R^2\}$$

と，双曲放物面 $z = x^2 - y^2$ の D 上にある部分

$$D'' = \{(x,y,z) \mid z = x^2 - y^2, \quad x^2 + y^2 \leqq R^2\}$$

とは面積が等しいことを証明してください．(この共通の面積の値は

$$\frac{\pi}{6}\left((4R^2+1)^{\frac{3}{2}} - 1\right)$$

です．)

13.4　曲面の面積がパラメーターの取り方によらないことを証明してください．

第 14 章

ベクトル場の面積分

《目標＆ポイント》ベクトル場に渦があるかないかは,「風」を背にうけたまま 1 周できるかどうかで判断されます．また，空気の湧き出しがあるかどうかは，その点を囲む面を通過する風の総量で分かります．このような事実は，空間のベクトル場の積分に関する定理として記述されます．

《キーワード》面積分，ストークスの定理，ガウスの定理

14.1 曲面上の関数の積分

曲面の上で定義された連続関数 $f(\boldsymbol{x})$ を，その曲面上で積分することを考えてみます．面積のときのように，曲面を分割して，一つ一つの断片が一つのパラメーター表示で覆われているとします．そのような断片 D' 上での $f(\boldsymbol{x})$ の積分が定義できれば，それらの和として，曲面上での積分が定義できますから，断片 D' 上の積分を問題にします．

すべて，§13.4 で D' の面積を考えたときと同じ状況になっているとします．そのときの状況を復習してみましょう．D' は一つのパラメーター表示

$$\boldsymbol{x}(s,t) = \begin{pmatrix} x_1(s,t) \\ x_2(s,t) \\ x_3(s,t) \end{pmatrix} \qquad ((s,t) \in U)$$

で覆われているとしました．ここに，U は st 平面の，ある領域で，このパラメーター表示の定義域です．U のなかの部分領域 D が，このパラメーター表示により D' にうつっていると考えたのでした．さらに，D は 1 辺が微小な長さ h の正方形で分割されています．微小正方形のうち，D の内部にすっかり含まれるものに番号をふって，

$$\square_1,\ \square_2,\ \ldots,\ \square_{N(h)} \tag{14.1}$$

としました．$N(h)$ はこのような微小正方形の個数です．各々の正方形 $\square_i$ の左下隅の頂点を (s_i, t_i) とします．曲面 D' の面積は

$$\sum_{i=1}^{N(h)} \|\boldsymbol{x}_s(s_i, t_i) \times \boldsymbol{x}_t(s_i, t_i)\| h^2 \tag{14.2}$$

という有限和の，$h \to 0$ の極限として与えられるのでした．

平面の領域 D 上の重積分の類似でいえば，(14.2) を少し変えた次のような有限和の極限が，求める D' 上での関数 $f(\boldsymbol{x})$ の積分を与えると考えられます．

$$\lim_{h \to 0} \sum_{i=1}^{N(h)} f(s_i, t_i) \|\boldsymbol{x}_s(s_i, t_i) \times \boldsymbol{x}_t(s_i, t_i)\| h^2 \tag{14.3}$$

第 13 章の (13.12) と見比べると，(14.3) は，(13.12) の関数 $f(s_i, t_i)$ を，関数 $f(s_i, t_i)\|\boldsymbol{x}_s(s_i, t_i) \times \boldsymbol{x}_t(s_i, t_i)\|$ で置き換えたものになっています．したがって，(13.12) により，この極限は平面の領域 D 上の重積分

$$\int_D f(s, t) \|\boldsymbol{x}_s(s, t) \times \boldsymbol{x}_t(s, t)\| dsdt \tag{14.4}$$

で計算されることが分かります．この積分の値も D' を覆うパラメーター表示の選び方に無関係に決まることが証明されます．

定義　重積分 (14.4) のことを

$$\int_{D'} f(\boldsymbol{x}) \, |dS| \tag{14.5}$$

と書いて，曲面 D' 上の関数 $f(\boldsymbol{x})$ の**面積分**とよぶことにします．

一般に曲面 S が複数個のパラメーター表示で覆われるときには，S を，それぞれが一つのパラメーター表示で覆われる断片 $D', D'', \ldots$ (有限個) に分割しておき，S 上で定義された連続関数 $f(\boldsymbol{x})$ の**面積分**を

$$\int_S f(\boldsymbol{x}) \, |dS| = \int_{D'} f(\boldsymbol{x}) \, |dS| + \int_{D''} f(\boldsymbol{x}) \, |dS| + \cdots \ (\text{有限和}) \tag{14.6}$$

と定義します．

注意　ここに出てきた記号 $|dS|$ は見慣れない記号ですが，これは面積分 (14.5), (14.6) の値が，パラメーター表示

$$\boldsymbol{x}(s, t)$$

の向き (外積 $\boldsymbol{x}_s(s,t) \times \boldsymbol{x}_t(s,t)$ が曲面 S のどちら側を向くベクトルになっているか) に無関係に定まることを意味しています．もっと形式的に言えば，

$$|dS| = \|\boldsymbol{x}_s(s,t) \times \boldsymbol{x}_t(s,t)\| dsdt \tag{14.7}$$

が $|dS|$ という記号の定義であると思っても間違いではありません．

14.2 ベクトル場の面積分

ようやく空間のベクトル場 $\boldsymbol{v}(\boldsymbol{x})$ の面積分が定義できるようになりました．S を空間内の曲面とし，S の各点 $\boldsymbol{x}$ において，内積

$$\boldsymbol{v}(\boldsymbol{x}) \cdot \boldsymbol{n}(\boldsymbol{x})$$

を考えます．ここに，$\boldsymbol{n}(\boldsymbol{x})$ は曲面 S の単位法ベクトルです．単位法ベクトルの向く方向は 2 つ考えられますが，その方向を S の上で一斉に選んでおきます．(これを，S の**向き**を決める，あるいは，S を**向き付ける**，といいます．) S の各点 $\boldsymbol{x}$ に内積 $\boldsymbol{v}(\boldsymbol{x}) \cdot \boldsymbol{n}(\boldsymbol{x})$ を対応させたものは，S 上の関数になります．

定義 $\boldsymbol{v}(\boldsymbol{x})$ を空間のベクトル場，S を向き付けられた曲面とします．内積 $\boldsymbol{v}(\boldsymbol{x}) \cdot \boldsymbol{n}(\boldsymbol{x})$ の面積分

$$\int_S \boldsymbol{v}(\boldsymbol{x}) \cdot \boldsymbol{n}(\boldsymbol{x})\ |dS| \tag{14.8}$$

のことを，

$$\int_S \boldsymbol{v} \cdot dS \tag{14.9}$$

と書いて，ベクトル場 $\boldsymbol{v}(\boldsymbol{x})$ の S 上での**面積分**とよびます．

この定義から分かるように，空間のベクトル場の面積分は，平面のベクトル場の法ベクトル型線積分の類似になっています．

面積分 (14.8), (14.9) を具体的に計算することを考えましょう．

例によって，S をいくつかの断片に分割しておき，一つ一つの断片は一つのパラメーター表示で覆われているとします．断片 D' の上での面積分

$$\int_{D'} \boldsymbol{v} \cdot dS$$

の計算法が分かればよいわけです．いつものように，D' がパラメーター表示

$$\boldsymbol{x}(s,t) = \begin{pmatrix} x_1(s,t) \\ x_2(s,t) \\ x_3(s,t) \end{pmatrix} \qquad ((s,t) \in U)$$

で覆われているとし，U の部分領域 D がちょうど D' の上にうつっていると考えます．定義により，曲面 D' 上の関数 $f(\boldsymbol{x})$ の面積分 (14.5) は，結局 (14.4) のような平面の領域 D 上の重積分として計算できるのでした．今の場合，

$$\begin{aligned}\int_{D'} \boldsymbol{v} \cdot dS &= \int_{D'} \boldsymbol{v} \cdot \boldsymbol{n}\, |dS| \\ &= \int_D \boldsymbol{v}(\boldsymbol{x}(s,t)) \cdot \boldsymbol{n}(s,t)\, \|\boldsymbol{x}_s(s,t) \times \boldsymbol{x}_t(s,t)\|\, dsdt \end{aligned} \qquad (14.10)$$

となります．ここに，$\boldsymbol{n}(s,t)$ は $\boldsymbol{n}(\boldsymbol{x}(s,t))$ の略記です．

右辺を変形するため，パラメーター (s,t) の向きを，$\boldsymbol{x}_s(s,t) \times \boldsymbol{x}_t(s,t)$ と $\boldsymbol{n}(s,t)$ が同じ方向を向くように選びます．(これを，S の向きに関して**正のパラメーター** (s,t) を選ぶ，といいます．) そうすると，

$$\boldsymbol{n}(s,t) = \frac{\boldsymbol{x}_s(s,t) \times \boldsymbol{x}_t(s,t)}{\|\boldsymbol{x}_s(s,t) \times \boldsymbol{x}_t(s,t)\|} \qquad (14.11)$$

となります．(第 9 章の (9.1) 参照)

これを (14.10) に代入すると，

$$\int_{D'} \boldsymbol{v} \cdot dS = \int_D \boldsymbol{v}(\boldsymbol{x}(s,t)) \cdot (\boldsymbol{x}_s(s,t) \times \boldsymbol{x}_t(s,t))\, dsdt \qquad (14.12)$$

となります．これが，D' 上でのベクトル場の面積分の具体的な計算法です．

注意　ベクトル場の面積分の計算法 (14.12) を導く過程で，曲面 S の正のパラメーター (s,t) を選びました．すなわち，パラメーターの**向き**が大事になります．**ベクトル場の面積分**の記号では，$|dS|$ ではなく，dS が使われていますが，これは S の向きを強調するためです．形式的に，

$$dS = (\boldsymbol{x}_s(s,t) \times \boldsymbol{x}_t(s,t))\, dsdt \qquad (14.13)$$

であると考えても，間違いではありません．式 (14.7) と見比べてください．

14.3　ストークスの定理

前節で，平面のベクトル場についての法ベクトル型線積分の類似として，空間のベクトル場の面積分を定義しました．今度は，接ベクトル型線積分につい

て考えましょう．実は，接ベクトル型線積分は，そのまま空間のベクトル場に拡張できます．

定義 $\boldsymbol{v}(\boldsymbol{x}) = \begin{pmatrix} v_1(\boldsymbol{x}) \\ v_2(\boldsymbol{x}) \\ v_3(\boldsymbol{x}) \end{pmatrix}$ をベクトル場とし，$\boldsymbol{x}(\tau) = \begin{pmatrix} x_1(\tau) \\ x_2(\tau) \\ x_3(\tau) \end{pmatrix}, \alpha \leqq \tau \leqq \beta$ を (向きの付いた) 曲線 L のパラメーター表示とします．パラメーターの増加する方向と L の向きは一致するとします．このとき，積分

$$\int_\alpha^\beta \boldsymbol{v}(\boldsymbol{x}(\tau)) \cdot \dot{\boldsymbol{x}}(\tau)\, d\tau \tag{14.14}$$

のことを，L に沿う $\boldsymbol{v}(\boldsymbol{x})$ の**線積分**とよび，

$$\int_L \boldsymbol{v} \cdot d\boldsymbol{x}$$

と表します．なお，(14.14) の $\dot{\boldsymbol{x}}(\tau)$ はパラメーター τ による微分 (速度ベクトル) を表しています．

L が閉曲線で，ある曲面 S の境界線になっている状況を考えましょう．S は向き付けられていて，L にも，次の図のように，S の向きとうまく馴染む向きが与えられているとします．このとき，次の定理が成り立ちます．

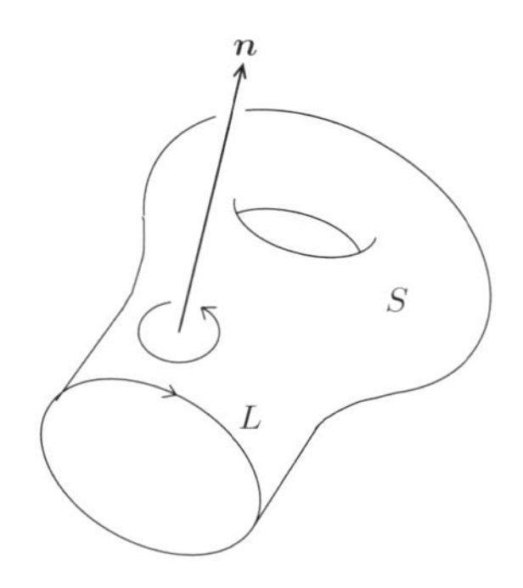

定理 14.1 (ストークスの定理) $\boldsymbol{v}(\boldsymbol{x})$ を空間のベクトル場とすると，

$$\int_S \mathrm{rot}\, \boldsymbol{v} \cdot dS = \int_L \boldsymbol{v} \cdot d\boldsymbol{x} \tag{14.15}$$

が成り立ちます．

証明. 繰り返しになりますが，S をいくつかの断片に分割しておき，一つ一つの断片は，あるパラメーター表示

$$\boldsymbol{x}(s,t) = \begin{pmatrix} x_1(\boldsymbol{x}) \\ x_2(\boldsymbol{x}) \\ x_3(\boldsymbol{x}) \end{pmatrix} \qquad ((s,t) \in U)$$

で覆われているとします．また，このパラメーター表示の定義域 U の部分領域 D は曲面の断片 D' に，D の境界線 C は D' の境界線 C' にうつっているとします．D' の向きは S の向きから決まり，境界線 C' には D' の向きと馴染む向きが与えられているとします．平面のベクトル場についてのガウスの発散定理を証明するときと同じ原理で，ストークスの定理の証明は断片 D' 上の積分の場合に帰着されます．次の等式が証明できればよいわけです．

$$\int_{D'} \mathrm{rot}\ \boldsymbol{v} \cdot dS = \int_{C'} \boldsymbol{v} \cdot d\boldsymbol{x}. \tag{14.16}$$

補助的に，平面の領域 D 上のベクトル場 $\boldsymbol{w}(s,t)$ を次のように構成しておきます．

$$\boldsymbol{w}(s,t) = \begin{pmatrix} w_1(s,t) \\ w_2(s,t) \end{pmatrix} = \begin{pmatrix} \boldsymbol{x}_s(x,t) \cdot \boldsymbol{v}(\boldsymbol{x}(s,t)) \\ \boldsymbol{x}_t(s,t) \cdot \boldsymbol{v}(\boldsymbol{x}(s,t)) \end{pmatrix} \tag{14.17}$$

ここで，$\boldsymbol{x}_s(s,t)$, $\boldsymbol{x}_t(s,t)$ は，D' のパラメーター表示 $\boldsymbol{x}(s,t)$ の s 曲線と t 曲線の速度ベクトルです．また，$\boldsymbol{v}(\boldsymbol{x})$ は考えている空間のベクトル場です．これらのベクトルの内積を空間内で考えて，それらを成分とする平面ベクトル場が $\boldsymbol{w}(s,t)$ です．

このとき，次の等式が証明されます

$$\mathrm{rot}\ \boldsymbol{w}(s,t) = \mathrm{rot}\ \boldsymbol{v}(\boldsymbol{x}(s,t)) \cdot (\boldsymbol{x}_s(s,t) \times \boldsymbol{x}_t(s,t)) \tag{14.18}$$

この等式の証明は，すこし面倒なところがあるので，この等式を一応認めた上で，さきにストークスの定理の証明を終わらせておきます．(14.16) を証明すればよいのでした．計算してみましょう．次ページの計算のなかで，D の境界線 C のパラメーター表示を

$$\boldsymbol{u}(\tau) = \begin{pmatrix} s(\tau) \\ t(\tau) \end{pmatrix} \qquad (\alpha \leqq \tau \leqq \beta)$$

とし，D' の境界線 C' のパラメーター表示は，それを $\boldsymbol{x}(s,t)$ でうつしたもの

$$\boldsymbol{x}(\tau)=\boldsymbol{x}(\boldsymbol{u}(\tau))=\begin{pmatrix} x_1(s(\tau),t(\tau)) \\ x_2(s(\tau),t(\tau)) \\ x_3(s(\tau),t(\tau)) \end{pmatrix} \qquad (\alpha \leqq \tau \leqq \beta)$$

と考えています．

$$\begin{aligned}
&\int_{D'} \mathrm{rot}\ \boldsymbol{v}\cdot dS \\
&\qquad =\int_D \mathrm{rot}\ \boldsymbol{v}\cdot(\boldsymbol{x}_s(s,t)\times\boldsymbol{x}_t(s,t))\ dsdt \\
&\qquad =\int_D \mathrm{rot}\ \boldsymbol{w}(s,t)\ dsdt \qquad \text{(14.18) による} \\
&\qquad =\int_C \boldsymbol{w}\cdot d\boldsymbol{u} \qquad \text{グリーンの定理 12.6} \\
&\qquad =\int_\alpha^\beta \boldsymbol{w}(\boldsymbol{u}(\tau))\cdot\dot{\boldsymbol{u}}(\tau)\ d\tau \\
&\qquad =\int_\alpha^\beta (w_1\ \dot{s}(\tau)+w_2\ \dot{t}(\tau))\ d\tau \\
&\qquad =\int_\alpha^\beta (\boldsymbol{v}\cdot\boldsymbol{x}_s\ \dot{s}(\tau)+\boldsymbol{v}\cdot\boldsymbol{x}_t\ \dot{t}(\tau))\ d\tau \\
&\qquad =\int_\alpha^\beta \boldsymbol{v}\cdot(\boldsymbol{x}_s\ \dot{s}(\tau)+\boldsymbol{x}_t\ \dot{t}(\tau))\ d\tau \\
&\qquad =\int_\alpha^\beta \boldsymbol{v}\cdot\dot{\boldsymbol{x}}(\tau)\ d\tau \quad \text{合成関数 } \boldsymbol{x}(\tau)=\boldsymbol{x}(s(\tau),t(\tau)) \text{ の微分法} \\
&\qquad =\int_{C'} \boldsymbol{v}\cdot d\boldsymbol{x}
\end{aligned}$$

これで (14.16) が証明できました．等式 (14.18) を認めた上で，ストークスの定理が証明できたことになります． □

なんだか面倒な計算と感じた方もいるかも知れませんが，要するに，平面のベクトル場に関するグリーンの定理に帰着させたのでした．

残った等式 (14.18) を証明します．

等式 (14.18) の証明

すでに証明されている次の等式を思い出しておきます．この式のなかで，

$\boldsymbol{v}(\boldsymbol{x})$ は空間のベクトル場，$\boldsymbol{a}$, $\boldsymbol{b}$ は任意の空間ベクトルです．

$$\boldsymbol{a}\cdot\mathrm{grad}(\boldsymbol{b}\cdot\boldsymbol{v})-\boldsymbol{b}\cdot\mathrm{grad}(\boldsymbol{a}\cdot\boldsymbol{v})=(\boldsymbol{a}\times\boldsymbol{b})\cdot\mathrm{rot}\ \boldsymbol{v}=\mathrm{rot}\ \boldsymbol{v}\cdot(\boldsymbol{a}\times\boldsymbol{b}) \tag{14.19}$$

この等式は第 13 章で，定理 13.2 を証明するとき，等式 (13.6) という長い式の一部として証明されました．そこでは，$\boldsymbol{a}$, $\boldsymbol{b}$ は単位ベクトルと仮定しましたが，この式の証明のなかでは単位ベクトルという仮定は使われていません．なお，2 番目の等号はつけたりですが，2 つのベクトルの内積は順序を入れ替えてもよいので当たり前です．

この等式 (14.19) に

$$\boldsymbol{a}=\boldsymbol{x}_s(s_0,t_0),\quad \boldsymbol{b}=\boldsymbol{x}_t(s_0,t_0)$$

を代入します．(s_0,t_0) は平面領域 D 内の任意の定点で，$\boldsymbol{x}_s(s_0,t_0)$ と $\boldsymbol{x}_t(s_0,t_0)$ はパラメーターの値が (s_0,t_0) のときの $\boldsymbol{x}(s,t)$ の s 曲線，t 曲線の速度ベクトルですから，ある定まった空間ベクトルです．代入の結果は次のようになります．

$$\begin{aligned}\boldsymbol{x}_s(s_0,t_0)\cdot\mathrm{grad}\,(\boldsymbol{x}_t(s_0,t_0)\cdot\boldsymbol{v})-\boldsymbol{x}_t(s_0,t_0)\cdot\mathrm{grad}\,(\boldsymbol{x}_s(s_0,t_0)\cdot\boldsymbol{v})\\ =\mathrm{rot}\ \boldsymbol{v}\cdot(\boldsymbol{x}_s(s_0,t_0)\times\boldsymbol{x}_t(s_0,t_0))\end{aligned} \tag{14.20}$$

さて，式 (14.17) で補助的に導入した D 上のベクトル場 $\boldsymbol{w}(s,t)$ の成分 w_1, w_2 を，(s_0,t_0) において，それぞれ t, s で微分します．使うのは，積の微分の公式です．また，$\boldsymbol{x}_s(s,t)=\dfrac{\partial}{\partial s}\boldsymbol{x}(s,t)$ に注意しましょう．

$$\begin{aligned}\frac{\partial w_1}{\partial t}(s_0,t_0)&=\frac{\partial}{\partial t}\left(\boldsymbol{x}_s(s,t)\cdot\boldsymbol{v}(\boldsymbol{x}(s,t))\right)|_{(s_0,t_0)}\\ &=\frac{\partial^2}{\partial t\partial s}\boldsymbol{x}(s,t)|_{(s_0,t_0)}\cdot\boldsymbol{v}(\boldsymbol{x}(s_0,t_0))+\boldsymbol{x}_s(s_0,t_0)\cdot\frac{\partial}{\partial t}\boldsymbol{v}(\boldsymbol{x}(s,t))|_{(s_0,t_0)}\\ &=\frac{\partial^2}{\partial t\partial s}\boldsymbol{x}(s,t)|_{(s_0,t_0)}\cdot\boldsymbol{v}(\boldsymbol{x}(s_0,t_0))+\frac{\partial}{\partial t}\left(\boldsymbol{x}_s(s_0,t_0)\cdot\boldsymbol{v}(\boldsymbol{x}(s,t))\right)|_{(s_0,t_0)}\end{aligned} \tag{14.21}$$

最後の等号で，$\dfrac{\partial}{\partial t}$ の位置を前に出すことができたのは，$\boldsymbol{x}_s(s_0,t_0)$ が定ベクトルだからです．

(14.21) で得られた結果の第 2 項を，合成関数の微分の公式を使って変形します．記号が複雑になるので，一時的に

$$f(\boldsymbol{x}) = \boldsymbol{x}_s(s_0, t_0) \cdot \boldsymbol{v}(\boldsymbol{x})$$

とおきます.

$$\begin{aligned}
&\frac{\partial}{\partial t}(\boldsymbol{x}_s(s_0, t_0) \cdot \boldsymbol{v}(\boldsymbol{x}(s, t)))|_{(s_0, t_0)} \\
&= \frac{\partial}{\partial t} f(\boldsymbol{x}(s, t))|_{(s_0, t_0)} \\
&= \frac{\partial x_1}{\partial t}(s_0, t_0) \frac{\partial}{\partial x} f(\boldsymbol{x})|_{\boldsymbol{x}(s_0, t_0)} + \frac{\partial x_2}{\partial t}(s_0, t_0) \frac{\partial}{\partial y} f(\boldsymbol{x})|_{\boldsymbol{x}(s_0, t_0)} \\
&\quad + \frac{\partial x_3}{\partial t}(s_0, t_0) \frac{\partial}{\partial z} f(\boldsymbol{x})|_{\boldsymbol{x}(s_0, t_0)} \\
&= \boldsymbol{x}_t(s_0, t_0) \cdot \mathrm{grad}\ f\ (\boldsymbol{x})|_{\boldsymbol{x}(s_0, t_0)} \\
&= \boldsymbol{x}_t(s_0, t_0) \cdot \mathrm{grad}\ (\boldsymbol{x}_s(s_0, t_0) \cdot \boldsymbol{v})
\end{aligned} \tag{14.22}$$

(14.21) の結果の第 2 項を (14.22) の結果で置き換えると, 次の等式が得られます.

$$\begin{aligned}
&\frac{\partial w_1}{\partial t}(s_0, t_0) \\
&= \frac{\partial^2}{\partial t \partial s} \boldsymbol{x}(s, t)|_{(s_0, t_0)} \cdot \boldsymbol{v}(\boldsymbol{x}(s_0, t_0)) + \boldsymbol{x}_t(s_0, t_0) \cdot \mathrm{grad}\ (\boldsymbol{x}_s(s_0, t_0) \cdot \boldsymbol{v})
\end{aligned} \tag{14.23}$$

まったく同様に, 次が得られます.

$$\begin{aligned}
&\frac{\partial w_2}{\partial s}(s_0, t_0) \\
&= \frac{\partial^2}{\partial s \partial t} \boldsymbol{x}(s, t)|_{(s_0, t_0)} \cdot \boldsymbol{v}(\boldsymbol{x}(s_0, t_0)) + \boldsymbol{x}_s(s_0, t_0) \cdot \mathrm{grad}\ (\boldsymbol{x}_t(s_0, t_0) \cdot \boldsymbol{v})
\end{aligned} \tag{14.24}$$

(14.24) から (14.23) を, 左辺は左辺, 右辺は右辺で引きますと, 右辺の第 1 項はキャンセルして,

$$\begin{aligned}
&\frac{\partial w_2}{\partial s}(s_0, t_0) - \frac{\partial w_1}{\partial t}(s_0, t_0) \\
&= \boldsymbol{x}_s(s_0, t_0) \cdot \mathrm{grad}\ (\boldsymbol{x}_t(s_0, t_0) \cdot \boldsymbol{v}) - \boldsymbol{x}_t(s_0, t_0) \cdot \mathrm{grad}\ (\boldsymbol{x}_s(s_0, t_0) \cdot \boldsymbol{v}) \\
&= \mathrm{rot}\ \boldsymbol{v} \cdot (\boldsymbol{x}_s(s_0, t_0) \times \boldsymbol{x}_t(s_0, t_0))
\end{aligned} \tag{14.25}$$

最後の等号は (14.20) を使いました. (14.25) の左辺は rot $\boldsymbol{w}(s_0, t_0)$ に他なりませんから

$$\mathrm{rot}\ \boldsymbol{w}(s_0,t_0) = \mathrm{rot}\ \boldsymbol{v} \cdot (\boldsymbol{x}_s(s_0,t_0) \times \boldsymbol{x}_t(s_0,t_0)) \tag{14.26}$$

となります．(s_0,t_0) は D 内の任意の点でしたから，ようやく，D 上で求める等式

$$\mathrm{rot}\ \boldsymbol{w}(s,t) = \mathrm{rot}\ \boldsymbol{v}(\boldsymbol{x}(s,t)) \cdot (\boldsymbol{x}_s(s,t) \times \boldsymbol{x}_t(s,t))$$

すなわち，(14.18) が証明できました．ずいぶん長い計算でしたが，使っているのは，等式 (14.20) と「積の微分の公式」，それに「合成関数の微分の公式」だけです．

(14.18) が証明できたので，これでストークスの定理の証明が完結したことになります．□

ストークスの定理は，空間のベクトル場 $\boldsymbol{v}(\boldsymbol{x})$ の回転ベクトル場 rot $\boldsymbol{v}$ を，曲面 S 上で面積分した値が，S の境界線 L に沿って $\boldsymbol{v}$ を線積分したものに等しいことを主張しています．そこで，もし，S が空間内の閉曲面であったらどうでしょうか．閉曲面には境界線はありませんから，どんなベクトル場 $\boldsymbol{v}(\boldsymbol{x})$ についても S の (幻の)「境界線」に沿った線積分の値は 0 になるはずです．したがって，ストークスの定理により，S 上での rot $\boldsymbol{v}$ の積分も 0 になります．こうして，次の定理が証明されました．

定理 14.2　空間内の任意のベクトル場 $\boldsymbol{v}(\boldsymbol{x})$ と空間内の任意の閉曲面 S について

$$\int_S \mathrm{rot}\ \boldsymbol{v} \cdot dS = 0$$

が成り立ちます．

14.4　ガウスの発散定理：空間の場合

平面ベクトル場についてのガウスの発散定理 12.4 は，次のように空間内のベクトル場に拡張されます．この定理のなかに「有界な領域」という言葉が出てきますが，「3 次元空間のなかで，原点を中心とする非常に大きな半径の球体を考えると，その内部にすっかり入ってしまうような領域」という意味です．つまり，「無限のかなたまで広がってはいない領域」ということです．

定理 14.3 (ガウスの発散定理：空間の場合)　空間内に，滑らかな閉曲面 S で囲まれた有界な領域 M があるとします．空間のベクトル場 $\boldsymbol{v}\ (\boldsymbol{x})$ について

$$\int_S \boldsymbol{v} \cdot dS = \int_M \mathrm{div}\ \boldsymbol{v}\ dxdydz$$

が成り立ちます．ここに，左辺を計算するのに必要な，閉曲面 S の単位法ベクトル $\boldsymbol{n}$ の方向は，いつも M の内側から外側に向かうように選ばれているとします．

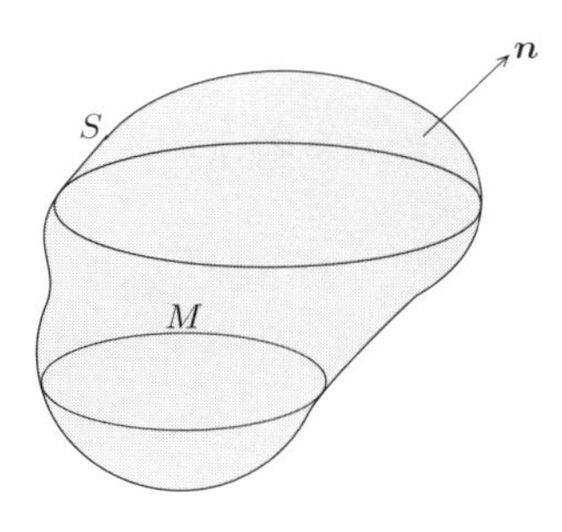

注意　たとえば，直方体 M を考えてみると，その表面 S は箱形ですから，辺 (稜) にそって折れ曲がっていて，滑らかな曲面になっていません．しかし，そのような場合にもガウスの発散定理は成り立ちます．定理 14.3 を述べるとき，表面 S を滑らかな閉曲面と仮定したのは，単に，述べ方を簡単にするために他なりません．

ガウスの発散定理の意味は平面の場合と同じです．ベクトル場 $\boldsymbol{v}(\boldsymbol{x})$ が，ある流体の流れを表しているとすると，等式の左辺は，単位時間に表面 S を (内側から外側に) 通過する流体の総量を表しています．また，右辺は領域 M の内部で単位時間当たりに湧き出す流体の総量を表しています．両者が等しいのはその意味を考えれば当然ですが，このような理解だけでは数学として不十分で，ちゃんと証明する必要があります．

ガウスの定理を証明しましょう．

証明.　まず，次のことに注意しておきます．ベクトル場 $\boldsymbol{v}(\boldsymbol{x})$ が 2 つのベクトル場 $\boldsymbol{v}'(\boldsymbol{x})$ と $\boldsymbol{v}''(\boldsymbol{x})$ の和になっている場合，すなわち

$$\boldsymbol{v}(\boldsymbol{x}) = \boldsymbol{v}'(\boldsymbol{x}) + \boldsymbol{v}''(\boldsymbol{x})$$

となる場合，$\boldsymbol{v}'(\boldsymbol{x})$ と $\boldsymbol{v}''(\boldsymbol{x})$ の両方についてガウスの発散定理が証明されたとすると，$\boldsymbol{v}(\boldsymbol{x})$ についても，ガウスの発散定理が成り立つことが分かるということです．なぜなら，

$$\begin{aligned}
\int_S \boldsymbol{v} \cdot dS &= \int_S (\boldsymbol{v}' + \boldsymbol{v}'') \cdot dS \\
&= \int_S \boldsymbol{v}' \cdot dS + \int_S \boldsymbol{v}'' \cdot dS \quad (\boldsymbol{v}' \text{ と } \boldsymbol{v}'' \text{ にガウスの発散定理}) \\
&= \int_M \mathrm{div}\, \boldsymbol{v}' \, dxdydz + \int_M \mathrm{div}\, \boldsymbol{v}'' \, dxdydz \\
&= \int_M (\mathrm{div}\, \boldsymbol{v}' + \mathrm{div}\, \boldsymbol{v}'') \, dxdydz \\
&= \int_M \mathrm{div}\, \boldsymbol{v} \, dxdydz
\end{aligned}$$

となるからです．同じ注意は，$\boldsymbol{v}(\boldsymbol{x})$ が 3 つまたはそれ以上のベクトル場の和になっている場合にも言えます．

さて，任意のベクトル場 $\boldsymbol{v}(\boldsymbol{x})$ を成分で書くと，

$$\boldsymbol{v}(\boldsymbol{x}) = \begin{pmatrix} v_1(\boldsymbol{x}) \\ v_2(\boldsymbol{x}) \\ v_3(\boldsymbol{x}) \end{pmatrix}$$

となるのでした．$v_1(\boldsymbol{x})$，$v_2(\boldsymbol{x})$，$v_3(\boldsymbol{x})$ は，(x, y, z) を変数とする関数です．これらの関数をつかって，$\boldsymbol{v}(\boldsymbol{x})$ より簡単なベクトル場 $\boldsymbol{v}'(\boldsymbol{x})$，$\boldsymbol{v}''(\boldsymbol{x})$，$\boldsymbol{v}'''(\boldsymbol{x})$ を

$$\boldsymbol{v}'(\boldsymbol{x}) = \begin{pmatrix} v_1(\boldsymbol{x}) \\ 0 \\ 0 \end{pmatrix}, \quad \boldsymbol{v}''(\boldsymbol{x}) = \begin{pmatrix} 0 \\ v_2(\boldsymbol{x}) \\ 0 \end{pmatrix}, \quad \boldsymbol{v}'''(\boldsymbol{x}) = \begin{pmatrix} 0 \\ 0 \\ v_3(\boldsymbol{x}) \end{pmatrix}$$

と定義しましょう．そうすると

$$\boldsymbol{v}(\boldsymbol{x}) = \boldsymbol{v}'(\boldsymbol{x}) + \boldsymbol{v}''(\boldsymbol{x}) + \boldsymbol{v}'''(\boldsymbol{x})$$

が成り立ちますから，上の注意によって，$\boldsymbol{v}'(\boldsymbol{x})$，$\boldsymbol{v}''(\boldsymbol{x})$，$\boldsymbol{v}'''(\boldsymbol{x})$ のそれぞれについてガウスの発散定理が証明できればよいわけです．

どれも実質的に同じなので，以下，$\boldsymbol{v}'''(\boldsymbol{x})$ について証明することにします．$\boldsymbol{v}'(\boldsymbol{x})$ と $\boldsymbol{v}''(\boldsymbol{x})$ についての証明は，以下の議論のなかで，x 軸，y 軸，z 軸の

役割を入れ替えれば得られます．

記号が煩雑になるので，以下では $\boldsymbol{v}'''(\boldsymbol{x})$ のことを単に $\boldsymbol{v}(\boldsymbol{x})$ と書くことにします．つまり，改めて

$$\boldsymbol{v}(\boldsymbol{x}) = \begin{pmatrix} 0 \\ 0 \\ v_3(\boldsymbol{x}) \end{pmatrix} \tag{14.27}$$

というベクトル場を考え，このベクトル場についてガウスの発散定理を示すことにします．

まず，次のように定義される「柱状領域」についてガウスの発散定理を証明します．

次の図が柱状領域の図です．

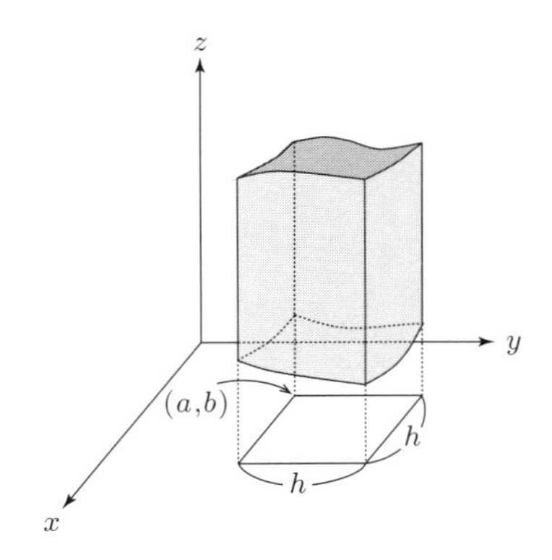

正確に定義します．xy 平面に正方形 $\square$ をとります．すなわち，

$$\square = \{(x, y) \mid a \leqq x \leqq a+h,\ \ b \leqq y \leqq b+h\}$$

です．点 (a, b) は $\square$ の原点に近い頂点で，$\square$ は 1 辺が h の正方形になっています．**柱状領域**はこの $\square$ の「上にある」図形で，$M(\square)$ という記号で表すことにします．式を使って定義しますと，

$$\begin{aligned} M(\square) = \{(x, y, z) \mid a \leqq x \leqq a+h, b \leqq y \leqq b+h, \\ f(x, y) \leqq z \leqq g(x, y)\} \end{aligned} \tag{14.28}$$

ここで，$f(x, y)$ と $g(x, y)$ は正方形 $\square$ で定義された微分可能な関数で，そ

れぞれのグラフ，$z = f(x, y)$，$z = g(x, y)$ が，$M(\square)$ の「下蓋」と「上蓋」を表しています．一般的な形の領域 M について考える前に，このような柱状領域についてガウスの発散定理を証明しましょう．

補題 14.4　ベクトル場が (14.27) の形をしていれば，ガウスの発散定理は，(14.28) で表わされる柱状領域について成り立ちます．

証明.　ベクトル場 $\boldsymbol{v}(\boldsymbol{x})$ が (14.27) の形をしているとして $\mathrm{div}\ \boldsymbol{v}$ を計算すると，

$$\mathrm{div}\ \boldsymbol{v} = \frac{\partial v_3}{\partial z}(x, y, z)$$

となります．ゆえに，

$$\begin{aligned}\int_{M(\square)} \mathrm{div}\ \boldsymbol{v}\ dxdydz &= \int_{\square} \left(\int_{f(x,y)}^{g(x,y)} \frac{\partial v_3}{\partial z}(x, y, z)\ dz \right) dxdy \\ &= \int_{\square} (v_3(x, y, g(x, y)) - v_3(x, y, f(x, y)))\ dxdy\end{aligned} \tag{14.29}$$

となります．

次に，$M(\square)$ の表面を $S(\square)$ とおいて，$\displaystyle\int_{S(\square)} \boldsymbol{v} \cdot dS$ を計算します．

$$\int_{S(\square)} \boldsymbol{v} \cdot dS = \int_{\text{上蓋}} \boldsymbol{v} \cdot dS + \int_{\text{下蓋}} \boldsymbol{v} \cdot dS + \int_{\text{側面}} \boldsymbol{v} \cdot dS \tag{14.30}$$

右辺の 3 つの項を個々に計算します．

まず，$\displaystyle\int_{\text{上蓋}} \boldsymbol{v} \cdot dS$ です．上蓋をパラメーター表示します．パラメーターとして，$\square$ の中を動く (x, y) をとると，上蓋は

$$\boldsymbol{x}(x, y) = \begin{pmatrix} x \\ y \\ g(x, y) \end{pmatrix}$$

とパラメーター表示されます．外積 $\boldsymbol{x}_x \times \boldsymbol{x}_y$ を計算すると，

$$\boldsymbol{x}_x \times \boldsymbol{x}_y = \begin{pmatrix} 1 \\ 0 \\ g_x \end{pmatrix} \times \begin{pmatrix} 0 \\ 1 \\ g_y \end{pmatrix}$$

$$= \begin{pmatrix} -g_x \\ -g_y \\ 1 \end{pmatrix}$$

となり，上向きです (第 3 成分が正です)．上蓋では，あらかじめ選ばれた法ベクトルの向きも，$M(\square)$ の内側から外側に向いていて上向きです．$\boldsymbol{x}_x \times \boldsymbol{x}_y$ の向きと，あらかじめ指定された法ベクトルの向きが一致しますので，(x,y) は「正の」パラメーターになっています．ゆえに

$$\begin{aligned} \int_{\text{上蓋}} \boldsymbol{v} \cdot dS &= \int_{\square} \boldsymbol{v}(\boldsymbol{x}(x,y)) \cdot (\boldsymbol{x}_x(x,y) \times \boldsymbol{x}_y(x,y))\, dxdy \\ &= \int_{\square} \begin{pmatrix} 0 \\ 0 \\ v_3(x,y,g(x,y)) \end{pmatrix} \cdot \begin{pmatrix} -g_x \\ -g_y \\ 1 \end{pmatrix} dxdy \\ &= \int_{\square} v_3(x,y,g(x,y))\, dxdy \end{aligned} \tag{14.31}$$

次に，$\displaystyle\int_{\text{下蓋}} \boldsymbol{v} \cdot dS$ を計算します．下蓋のパラメーター表示として，

$$\boldsymbol{x}(x,y) = \begin{pmatrix} x \\ y \\ f(x,y) \end{pmatrix}$$

がとれます．パラメーター (x,y) は $\square$ の中を動きます．この表示について

$$\begin{aligned} \boldsymbol{x}_x \times \boldsymbol{x}_y &= \begin{pmatrix} 1 \\ 0 \\ f_x \end{pmatrix} \times \begin{pmatrix} 0 \\ 1 \\ f_y \end{pmatrix} \\ &= \begin{pmatrix} -f_x \\ -f_y \\ 1 \end{pmatrix} \end{aligned}$$

が成り立ちます．この場合も $\boldsymbol{x}_x \times \boldsymbol{x}_y$ は上向きです．ところが，下蓋においては，指定された法ベクトルの方向 ($M(\square)$ の内側から外側) は下向きですので，あらかじめ指定された法ベクトルの方向と $\boldsymbol{x}_x \times \boldsymbol{x}_y$ の方向は反対です．すなわち，下蓋においては，(x,y) は負のパラメーターになります．x と y の

順序を逆にした (y, x) が正のパラメーターです．このことを考慮して計算しますと，

$$
\begin{aligned}
\int_{\text{下蓋}} \boldsymbol{v} \cdot dS &= \int_{\square} \boldsymbol{v}(\boldsymbol{x}(x,y)) \cdot (\boldsymbol{x}_y(x,y) \times \boldsymbol{x}_x(x,y))\, dxdy \\
&= \int_{\square} \begin{pmatrix} 0 \\ 0 \\ v_3(x,y,f(x,y)) \end{pmatrix} \cdot \begin{pmatrix} f_x \\ f_y \\ -1 \end{pmatrix} dxdy \\
&= -\int_{\square} v_3(x,y,f(x,y))\, dxdy
\end{aligned}
\tag{14.32}
$$

が得られました．

最後に，$\int_{\text{側面}} \boldsymbol{v} \cdot dS$ を計算します．これは簡単です．それは，側面では，法ベクトル $\boldsymbol{n}(\boldsymbol{x})$ が水平になっていて，z 方向の成分がないからです．具体的には

$$
\boldsymbol{n}(\boldsymbol{x}) = \begin{pmatrix} c \\ d \\ 0 \end{pmatrix}
$$

という格好をしています．ここに，c, d はしかるべき実数です．側面の適当なパラメーター表示 $\boldsymbol{x}(s,t)$ を固定し，st 平面のある領域 D が $\boldsymbol{x}(s,t)$ によって側面にうつってきているとします．このパラメーター表示で計算しますと，

$$
\begin{aligned}
\int_{\text{側面}} \boldsymbol{v} \cdot dS &= \int_D \boldsymbol{v}(\boldsymbol{x}(s,t)) \cdot (\boldsymbol{x}_s(s,t) \times \boldsymbol{x}_t(s,t))\, dsdt \\
&= \int_D \boldsymbol{v}(\boldsymbol{x}(s,t)) \cdot \boldsymbol{n}(\boldsymbol{x}(s,t)) \|\boldsymbol{x}_s(s,t) \times \boldsymbol{x}_t(s,t)\|\, dsdt \\
&= \int_D \begin{pmatrix} 0 \\ 0 \\ v_3(\boldsymbol{x}(s,t)) \end{pmatrix} \cdot \begin{pmatrix} c \\ d \\ 0 \end{pmatrix} \|\boldsymbol{x}_s(s,t) \times \boldsymbol{x}_t(s,t)\|\, dsdt \\
&= 0
\end{aligned}
$$

このように，

$$
\int_{\text{側面}} \boldsymbol{v} \cdot dS = 0 \tag{14.33}
$$

となります．

(14.30) の右辺に (14.31), (14.32), (14.33) を代入すると，次の式が得られます.

$$\int_{S(\square)} \boldsymbol{v}\cdot dS = \int_{\square} v_3(x,y,g(x,y))\,dxdy - \int_{\square} v_3(x,y,f(x,y))\,dxdy \quad (14.34)$$

これと，(14.29) を見比べると，柱状領域 $M(\square)$ についてガウスの発散定理

$$\int_{S(\square)} \boldsymbol{v}\cdot dS = \int_{M(\square)} \mathrm{div}\,\boldsymbol{v}\,dxdydz \quad (14.35)$$

が成り立っていることが分かります．これで，補題 14.4 の証明を終わります． □

定理の証明 (続き). ガウスの発散定理の証明を続けます．ここでも，ベクトル場は (14.27) の形をしていると仮定します．

次の図は隣り合った正方形 $\square_i$ と $\square_j$ の上にあるうまくつながった柱状領域 $M(\square_i)$ と $M(\square_j)$ の図です．

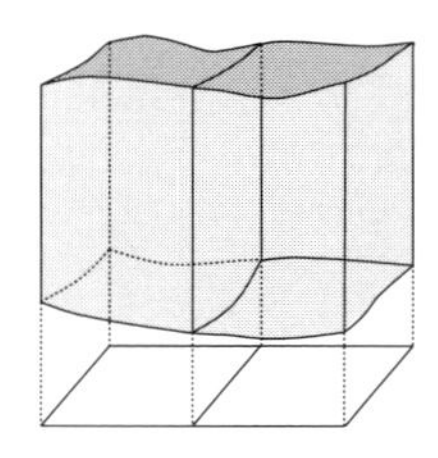

これらの柱状領域の表面をそれぞれ $S(\square_i)$，$S(\square_j)$ としますと，補題 14.4 により

$$\int_{S(\square_i)} \boldsymbol{v}\cdot dS = \int_{M(\square_i)} \mathrm{div}\,\boldsymbol{v}\,dxdydz$$
$$\int_{S(\square_j)} \boldsymbol{v}\cdot dS = \int_{M(\square_j)} \mathrm{div}\,\boldsymbol{v}\,dxdydz \quad (14.36)$$

が成り立ちます．

図のように，柱状領域 $M(\square_i)$ と $M(\square_j)$ を合わせた領域を，$M(\square_i,\square_j)$，その表面を $S(\square_i,\square_j)$ と書きます．上の 2 式の左辺同士，右辺同士を加えますと，

$$\int_{S(\square_i,\square_j)} \boldsymbol{v}\cdot dS = \int_{M(\square_i,\square_j)} \mathrm{div}\,\boldsymbol{v}\,dxdydz \quad (14.37)$$

が得られます．$M(\square_i, \square_j)$ は単純に $M(\square_i)$ と $M(\square_j)$ を合わせたものですので，(14.36) の右辺の和が (14.37) の右辺になることは明らかです．また，$S(\square_i, \square_j)$ は，$S(\square_i)$ と $S(\square_j)$ を合わせたものですが，2 つの柱状領域の間の共通の面 (仕切りとなっている面) は含んでいません．ところが，この共通の面の上では，(14.27) の形のベクトル場 $\boldsymbol{v}(\boldsymbol{x})$ の面積分は 0 でしたので，この場合も，(14.36) の左辺の和は (14.37) の左辺になります．得られた等式 (14.37) は，2 つの柱状領域を合わせた図形についてのガウスの発散定理に他なりません．

このようにして柱状領域を次々につないでいって得られる空間領域について，ガウスの発散定理が証明できます．

一般の形をした空間領域 M については，柱状領域をつないだ図形によっていくらでも精密に M を「近似する」ことができます．柱状領域の「下にある」正方形を小さくしていき，非常に細い柱状領域を考えることにより近似の度合いが精密になっていくのです．こうして柱状領域をつなげた形の空間領域に関するガウスの発散定理の「極限」として，一般の形の空間領域に関するガウスの発散定理が証明できます．

ベクトル場はいつも (14.27) の形をしていると仮定して，ここまで証明を続けてきました．しかし，証明を始めるときに注意しましたように，この形のベクトル場についてガウスの定理が証明されると，実は，任意のベクトル場についてのガウスの定理も証明されます．

これで一応ガウスの発散定理の証明を終わることにします．

演習問題

14.1 図のように，カップ型の曲面 S があるとし，その境界線を L とします．いま，空間内にベクトル場 $\boldsymbol{v}$ があって，その回転ベクトル場 $\mathrm{rot}\,\boldsymbol{v}$ が S の各点で S に接していると仮定すれば，

$$\int_L \boldsymbol{v} \cdot d\boldsymbol{x} = 0$$

が成り立つことを証明してください．

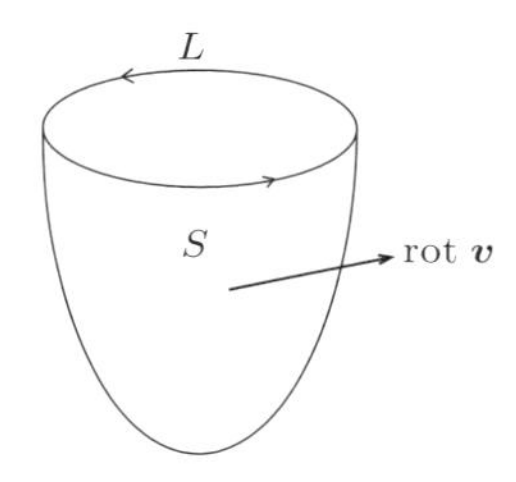

14.2 滑らかな閉曲面 S で囲まれた有界な領域 M を考えます．ベクトル場 $\boldsymbol{v}(\boldsymbol{x}) = \begin{pmatrix} 0 \\ 0 \\ z \end{pmatrix}$ の S 上の面積分 $\displaystyle\int_S \boldsymbol{v} \cdot dS$ の値は，M の体積に等しいことを証明してください．

14.3 トーラス T のパラメーター表示を

$$\boldsymbol{x}(s,t) = \begin{pmatrix} (R + r\cos s)\cos t \\ (R + r\cos s)\sin t \\ r\sin s \end{pmatrix}$$

によって与えます． ただし，R と r は，不等式 $R > r > 0$ を満たす実数です．(s,t) は $0 \leqq s \leqq 2\pi$, $0 \leqq t \leqq 2\pi$ の範囲を動きます．問 14.2 の結果の応用として，問 14.2 のベクトル場 $\boldsymbol{v}$ を T 上で実際に面積分して，T で囲まれた空間領域 M (中身のつまったドーナツ) の体積を求めなさい．

第 15 章

「擬内積」とミンコフスキー空間

《目標&ポイント》これまで考えてきた内積は，ゼロでないベクトル $\boldsymbol{a}$ について，それ自身の内積 $\boldsymbol{a}\cdot\boldsymbol{a}$ がつねに正でした．このような内積は「正定値内積」とよばれています．この章であつかう「ミンコフスキー空間」は正定値でない「擬内積」を伴った空間で，双曲幾何や相対性理論の枠組みとなります．

《キーワード》擬内積，ミンコフスキー空間，双曲幾何，相対性理論

15.1　擬内積

定義　3 次元ベクトル $\boldsymbol{a}=\begin{pmatrix}a_1\\a_2\\a_3\end{pmatrix}$ と $\boldsymbol{b}=\begin{pmatrix}b_1\\b_2\\b_3\end{pmatrix}$ の**擬内積** (通常の内積と区別して $\boldsymbol{a}\star\boldsymbol{b}$ と表わします) を，

$$\boldsymbol{a}\star\boldsymbol{b}=a_1b_1+a_2b_2-a_3b_3 \tag{15.1}$$

と定義します．擬内積は**ミンコフスキー内積**ともよばれます．

通常の内積を伴った 3 次元空間がユークリッド空間でした．擬内積を伴った 3 次元空間を**ミンコフスキー空間**ということにします．ミンコフスキー (1864–1909) は 19 世紀から 20 世紀初めにかけて活躍した数学者で，アインシュタイン (1879–1955) より少し上の世代に属する人です．

具体的な例で，擬内積を計算してみましょう．

例 15.1　$\boldsymbol{a}=\begin{pmatrix}1\\2\\3\end{pmatrix}$，$\boldsymbol{b}=\begin{pmatrix}1\\1\\1\end{pmatrix}$ とおきます．このとき，

$$\boldsymbol{a} \star \boldsymbol{a} = 1^2 + 2^2 - 3^2 = -4$$
$$\boldsymbol{b} \star \boldsymbol{b} = 1^2 + 1^2 - 1^2 = 1$$
$$\boldsymbol{a} \star \boldsymbol{b} = 1 \cdot 1 + 2 \cdot 1 - 3 \cdot 1 = 0$$

上の $\boldsymbol{a}$ のように，$\boldsymbol{a} \star \boldsymbol{a} < 0$ であるようなベクトルを**時間的ベクトル**，$\boldsymbol{b}$ のように，$\boldsymbol{b} \star \boldsymbol{b} > 0$ であるようなベクトルを**空間的ベクトル**ということがあります．また，$\boldsymbol{a}$ と $\boldsymbol{b}$ の擬内積はゼロです．このとき，$\boldsymbol{a}$ と $\boldsymbol{b}$ は「擬内積の意味で**直交**している」といいます．

擬内積は次の性質をもちます．

$$\boldsymbol{a} \star \boldsymbol{b} = \boldsymbol{b} \star \boldsymbol{a} \tag{15.2}$$
$$\boldsymbol{a} \star (\lambda \boldsymbol{b} + \mu \boldsymbol{c}) = \lambda \boldsymbol{a} \star \boldsymbol{b} + \mu \boldsymbol{a} \star \boldsymbol{c} \tag{15.3}$$
$$(\lambda \boldsymbol{a} + \mu \boldsymbol{b}) \star \boldsymbol{c} = \lambda \boldsymbol{a} \star \boldsymbol{c} + \mu \boldsymbol{b} \star \boldsymbol{c} \tag{15.4}$$

ここで，λ, μ は任意の実数です．

通常の内積の場合は，$\boldsymbol{a} \neq \boldsymbol{0}$ であれば $\boldsymbol{a} \cdot \boldsymbol{a} > 0$ となるのでした．この事実を，通常の内積は**正定値**である，と言い表します．擬内積は正定値ではなく，$\boldsymbol{a} \neq \boldsymbol{0}$ であっても，$\boldsymbol{a} \star \boldsymbol{a} > 0$，$\boldsymbol{a} \star \boldsymbol{a} = 0$，$\boldsymbol{a} \star \boldsymbol{a} < 0$ の 3 つの場合のどれもが起こり得ます．

自分自身との擬内積が 0 であるようなベクトル全体のつくる図形を**光錐**といいます．集合論的な記号で書けば，次がその定義です．

$$C = \{\boldsymbol{x} \mid \boldsymbol{x} \star \boldsymbol{x} = 0\}$$

次の図は光錐と 3 つのベクトルの絵です．$\boldsymbol{a}$ は光錐の内部 (z 軸のプラスまたはマイナスの方向を含む領域) に属するベクトル，$\boldsymbol{b}$ は光錐に接するベクトル，$\boldsymbol{c}$ は光錐の外部に属するベクトルです．

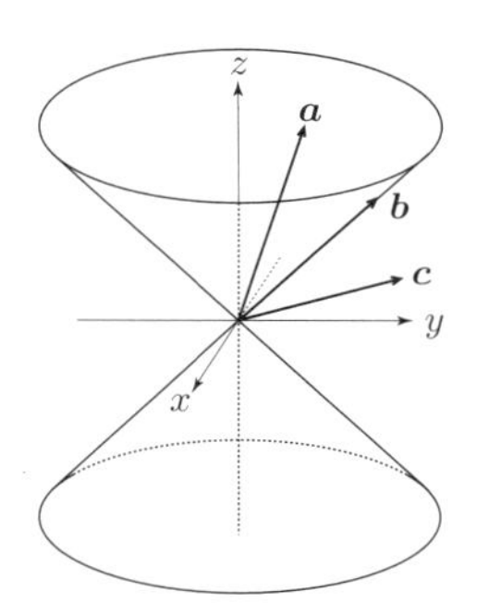

補題 15.2　ベクトル $\boldsymbol{v}$ の自分自身との擬内積 $\boldsymbol{v} \star \boldsymbol{v}$ が

$$\boldsymbol{v} \star \boldsymbol{v} < 0, \quad \boldsymbol{v} \star \boldsymbol{v} = 0, \quad \boldsymbol{v} \star \boldsymbol{v} > 0 \tag{15.5}$$

であるための必要十分条件は，それぞれ $\boldsymbol{v}$ が光錐の内部に属する，光錐に接する，光錐の外部に属することである．

証明.　光錐の定義は $\boldsymbol{x} \star \boldsymbol{x} = 0$ でしたから，xyz 座標で書けば，

$$x^2 + y^2 - z^2 = 0$$

となります．変形して

$$|z| = \sqrt{x^2 + y^2}$$

が光錐の式になります．したがって，ベクトル $\boldsymbol{v} = \begin{pmatrix} v_1 \\ v_2 \\ v_3 \end{pmatrix}$ が「光錐の内部に属する」，「光錐に接する」，「光錐の外部に属する」ための必要十分条件は，それぞれ，

$$|v_3| > \sqrt{{v_1}^2 + {v_2}^2}, \quad |v_3| = \sqrt{{v_1}^2 + {v_2}^2}, \quad |v_3| < \sqrt{{v_1}^2 + {v_2}^2}$$

となりますが，この 3 種類の条件を擬内積の言葉で表したものが (15.5) に他なりません．　□

xyz 空間の単位球面 S^2 は

$$x^2 + y^2 + z^2 = 1$$

と表せました．通常の内積を使うと，

$$\boldsymbol{x} \cdot \boldsymbol{x} = 1 \tag{15.6}$$

を満たす $\boldsymbol{x} = \begin{pmatrix} x \\ y \\ z \end{pmatrix}$ の全体が単位球面です．

似たことをミンコフスキー空間で考えましょう．

$$\boldsymbol{x} \star \boldsymbol{x} = -1 \tag{15.7}$$

を満たす $\boldsymbol{x}=\begin{pmatrix} x \\ y \\ z \end{pmatrix}$ の全体はどんな図形でしょうか．(15.7) を xyz 座標を使って書くと，

$$x^2+y^2-z^2=-1 \tag{15.8}$$

となります．これは第 7 章の例 7.5 であつかった**回転 2 葉双曲面**に他なりません．これを「ミンコフスキー内積の意味の球面」という気持で，S^2_M と書くことにします．

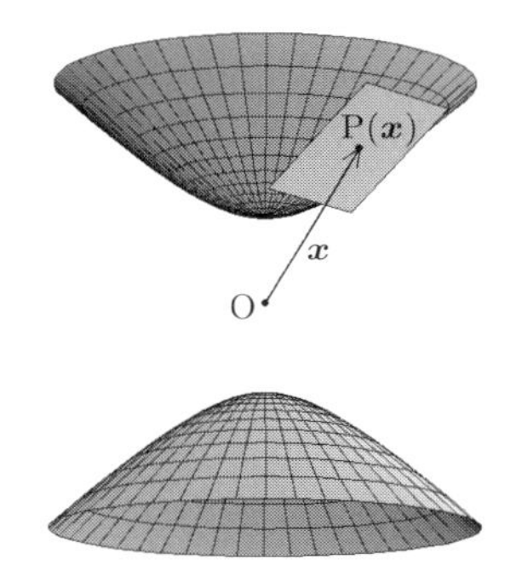

回転 2 葉双曲面 S^2_M は $z>0$ の部分と $z<0$ の部分に分かれています．また，通常の球面 S^2 のように有界ではないので，球面とはずいぶん違った図形ですが，似ている性質もあります．それを説明します．

S^2_M 上の任意の 1 点 P($\boldsymbol{x}$) をとると，その座標 $\boldsymbol{x}$ は，原点 O($\boldsymbol{0}$) を始点とし P($\boldsymbol{x}$) を終点とする位置ベクトル $\overrightarrow{\mathrm{OP}}$ と思えます．通常の球面 S^2 になぞらえていえば，ベクトル $\boldsymbol{x}$ は S^2_M の「半径」に相当します．次の補題は通常の球面の場合に成り立つことの類似です．

補題 15.3 S^2_M の任意の点 P($\boldsymbol{x}$) における接平面 $T_{\boldsymbol{x}}(S^2_M)$ は，「半径」$\boldsymbol{x}$ に，擬内積の意味で直交します．

証明． 点 P($\boldsymbol{x}$) を通る S^2_M 内の短い曲線 $\boldsymbol{x}(\tau)$ を考えます．パラメーター τ は $-\epsilon<\tau<\epsilon$ の範囲を動くものとし，$\tau=0$ のとき，ちょうど与えられた点 P($\boldsymbol{x}$) を通るものとします：$\boldsymbol{x}(0)=\boldsymbol{x}$．この瞬間における速度ベクトル

$$\boldsymbol{v} = \dot{\boldsymbol{x}}(0)$$

を考えます．第 8 章で説明しましたが，接平面 $T_{\boldsymbol{x}}(S^2_M)$ は，いろいろな曲線からこのようにして得られる速度ベクトル $\boldsymbol{v}$ 全体と思って構いません．

曲線 $\boldsymbol{x}(\tau)$ は S^2_M に含まれていますから，

$$\boldsymbol{x}(\tau) \star \boldsymbol{x}(\tau) = -1$$

が成り立ちます．これを τ で微分すると

$$\dot{\boldsymbol{x}}(\tau) \star \boldsymbol{x}(\tau) + \boldsymbol{x}(\tau) \star \dot{\boldsymbol{x}}(\tau) = 0$$

となります．擬内積は対称 ($\boldsymbol{a} \star \boldsymbol{b} = \boldsymbol{b} \star \boldsymbol{a}$) ですし，また，$\boldsymbol{v} = \dot{\boldsymbol{x}}(0)$，$\boldsymbol{x} = \boldsymbol{x}(0)$ ですから，上の等式から

$$\boldsymbol{v} \star \boldsymbol{x} = 0 \tag{15.9}$$

が得られます．これは，$T_{\boldsymbol{x}}(S^2_M)$ の任意のベクトル $\boldsymbol{v}$ が「半径」$\boldsymbol{x}$ に (擬内積の意味で) 直交することを示しています．要するに，接平面 $T_{\boldsymbol{x}}(S^2_M)$ が (擬内積の意味で)「半径」に直交するわけです．□

15.2　双曲幾何

回転 2 葉双曲面 S^2_M の上下 2 つの成分のそれぞれに「双曲幾何」とよばれる幾何的構造が入ります．どちらでも同じことですから，$z > 0$ の部分に限って，このことを説明します．

以後，S^2_M の $z > 0$ の部分を単に「**双曲面**」とよぶことにし，M という記号で表します．

補題 15.4　双曲面 M の任意の点 $\mathrm{P}(\boldsymbol{x})$ について，$\mathrm{P}(\boldsymbol{x})$ で M に接する接平面 $T_{\boldsymbol{x}}(M)$ に含まれるベクトルの擬内積 $\star$ は，正定値内積になります．

証明． 補題の意味は次の通りです．$\boldsymbol{v}$ が $T_{\boldsymbol{x}}(M)$ に属するベクトルで，$\boldsymbol{v} \neq \boldsymbol{0}$ であるとすると，

$$\boldsymbol{v} \star \boldsymbol{v} > 0 \tag{15.10}$$

が成り立つということです．証明は図を見れば明らかだと思います．下図のように，点 $\mathrm{P}(\boldsymbol{x})$ における M の接平面 $T_{\boldsymbol{x}}(M)$ は接点 $\mathrm{P}(\boldsymbol{x})$ 以外では M の「外側」にあります．なぜなら，M が下に凸だからです．

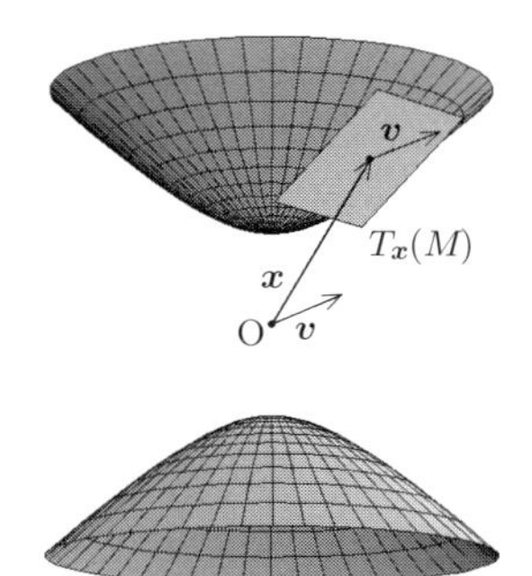

そこで，$T_{\boldsymbol{x}}(M)$ に属する $\mathbf{0}$ でないベクトル $\boldsymbol{v}$ を，原点 O まで平行移動すれば，光錐の外部のベクトルになります．よって，補題 15.2 により，$\boldsymbol{v} \star \boldsymbol{v} > 0$ となります． □

補題 15.4 により，M の各点 $\mathrm{P}(\boldsymbol{x})$ における接平面 $T_{\boldsymbol{x}}(M)$ に，「内積」を $\boldsymbol{v} \star \boldsymbol{v}'$ で入れると，通常の内積のように正定値になります．したがって，接ベクトル $\boldsymbol{v}$ の「長さ」$\|\boldsymbol{v}\|_\star$ を，新しく

$$\|\boldsymbol{x}\|_\star = \sqrt{\boldsymbol{v} \star \boldsymbol{v}} \tag{15.11}$$

と定義することができます．これを使って，M 上の C^1 曲線 $\boldsymbol{x}(\tau)$，$\alpha \leqq \tau \leqq \beta$，の新しい意味の「弧長」を

$$\int_\alpha^\beta \|\dot{\boldsymbol{x}}(\tau)\|_\star d\tau \tag{15.12}$$

により定義できます．さらに，同じ接平面に属する 2 つのベクトル $\boldsymbol{v}$ と $\boldsymbol{v}'$ のなす「角」θ も

$$\cos\theta = \frac{\boldsymbol{v} \star \boldsymbol{v}'}{\|\boldsymbol{v}\|_\star \|\boldsymbol{v}'\|_\star} \tag{15.13}$$

により定義できます．こうして，双曲面 M の上で，一種の幾何学が展開できることになります．この幾何学を**双曲幾何**とよびます．

第 7 章から第 10 章まで，ユークリッド空間に含まれる曲面の幾何を展開しましたが，それはすべて通常の内積を使って議論したものでした．双曲幾何は擬内積から出発して双曲面 M 上に新しい計量を定めたもので，いろいろなことを新たに考えなければなりません．

双曲幾何で「直線」の役割を果たすものは何でしょうか．通常の曲面では測地線でした．双曲面についても，それは「測地線」です．実は，M の点 $\mathrm{P}(\boldsymbol{x})$ を通る「測地線」で，$P(\boldsymbol{x})$ における速度ベクトルが与えられた「単位ベクトル」$\boldsymbol{v}$ に等しいものは，次の式でパラメーター表示できます．

$$\boldsymbol{x}(s) = (\cosh s)\boldsymbol{x} + (\sinh s)\boldsymbol{v} \tag{15.14}$$

ここに，s はパラメーターで，$\cosh s$ と $\sinh s$ は第 7 章で導入した双曲線関数です．(この曲線が双曲面 M に含まれる曲線であることは，演習問題 15.2 とします．) 曲線 (15.14) は，$s = 0$ のとき点 $\mathrm{P}(\boldsymbol{x})$ を通ります．実際，

$$\boldsymbol{x}(0) = (\cosh 0)\boldsymbol{x} + (\sinh 0)\boldsymbol{v} = \boldsymbol{x}.$$

パラメーターを s で表したのは，これが弧長パラメーターになっているからです．それを見るため，$a \leqq s \leqq b$ の範囲で，上の曲線の長さを計算してみましょう．

第 7 章で注意したように，

$$\cosh' s = \sinh s, \quad \sinh' s = \cosh s$$

ですから，

$$\boldsymbol{x}'(s) = (\sinh s)\boldsymbol{x} + (\cosh s)\boldsymbol{v} \tag{15.15}$$

が得られます．(ちなみに，この式から，$s = 0$ における速度ベクトル $\boldsymbol{x}'(0)$ が $\boldsymbol{v}$ に等しいことが分かります．) (15.15) より，

$$\begin{aligned}
&\boldsymbol{x}'(s) \star \boldsymbol{x}'(s) \\
&\quad = ((\sinh s)\boldsymbol{x} + (\cosh s)\boldsymbol{v}) \star ((\sinh s)\boldsymbol{x} + (\cosh s)\boldsymbol{v}) \\
&\quad = (\sinh^2 s)\boldsymbol{x} \star \boldsymbol{x} + 2(\sinh s\ \cosh s)\boldsymbol{x} \star \boldsymbol{v} + (\cosh s)^2 \boldsymbol{v} \star \boldsymbol{v} \\
&\quad = -\sinh^2 s + \cosh^2 s \\
&\quad = 1.
\end{aligned} \tag{15.16}$$

ここで，3 つの等式，$\boldsymbol{x} \star \boldsymbol{x} = -1$，$\boldsymbol{x} \star \boldsymbol{v} = 0$，$\boldsymbol{v} \star \boldsymbol{v} = 1$ を使いました．第 1 の等式は，$\mathrm{P}(\boldsymbol{x})$ が M の点であることから分かります．第 2 の等式は，補題 15.3 によります．また，第 3 の等式は，$\boldsymbol{v}$ が双曲幾何の意味の「単位ベクトル」であることから分かります．

(15.16) により，$\|\boldsymbol{x}'(s)\|_\star = 1$ なので，$a \leqq s \leqq b$ の範囲での曲線 (15.14) の「弧長」が

$$\int_a^b \|\boldsymbol{x}'(s)\|_\star \, ds = \int_a^b ds = b - a$$

と計算できます．これは，s が弧長パラメーターであることを示しています．

第 10 章で，曲面に含まれる曲線 $\boldsymbol{x}(s)$ が弧長パラメーター s で表示されているとき，それが測地線であるための必要十分条件は「加速度ベクトル $\boldsymbol{x}''(s)$ が曲面に接する成分を持たないこと」であるということを学びました．双曲幾何においても，「測地線」の意味を同じように理解することにして，(15.14) で与えられる曲線が実際に「測地線」であることを確かめてみましょう．

この曲線の加速度ベクトルを求めます．それには，(15.15) を微分すればよく，

$$\boldsymbol{x}''(s) = (\cosh s)\boldsymbol{x} + (\sinh s)\boldsymbol{v}$$

が得られます．右辺は $\boldsymbol{x}(s)$ の右辺と同じです．したがって，

$$\boldsymbol{x}''(s) = \boldsymbol{x}(s)$$

となります．補題 15.3 より，ベクトル $\boldsymbol{x}(s)$ は，点 $\mathrm{P}(\boldsymbol{x}(s))$ における接平面 $T_{\boldsymbol{x}(s)}(M)$ に (擬内積の意味で) 直交しますから，加速度ベクトル $\boldsymbol{x}''(s)$ も擬内積の意味で $T_{\boldsymbol{x}(s)}(M)$ に直交します．したがって，加速度ベクトル $\boldsymbol{x}''(s)$ は (擬内積の意味での「法線方向」の成分だけがあり) 接平面の成分をもたないことが分かります．

これで，曲線 (15.14) が双曲幾何の意味の「測地線」であることが確かめられました．

15.3　ポアンカレ円板

z 軸上に，点 $\mathrm{S}(0, 0, -1)$ をとります．この点に目をおいて，双曲面 M を眺めてみましょう．具体的には，次のような操作を考えます．次ページの図を見てください．M の点 $\mathrm{P}(\boldsymbol{x})$ と点 S を通る直線を引き，その直線と xy 平面の交点を Q とします．$\mathrm{P}(\boldsymbol{x})$ が M 全体を動くとき，対応する点 Q の動く範囲は xy 平面の単位円板 D になります．ただし，境界線は含みません．点 S に目をおいて眺めると，M はこの円板 D のように見えるはずです．この円板のことを**ポアンカレ円板**といいます．以下の記述を簡明にするために，双曲面 M の点 P に，上のようにしてポアンカレ円板 D の点 Q を対応させる写像を

$$f : M \to D$$

と表わすことにします．

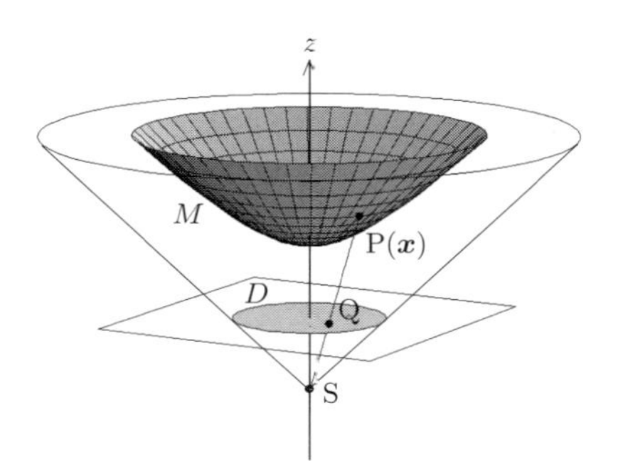

P の座標 $\boldsymbol{x} = (x, y, z)$ と，対応する点 $\mathrm{Q} = f(\mathrm{P})$ の xy 座標の関係を求めてみましょう．Q は xy 平面の点ですから，(x, y) という座標をもちますが，P の座標も (x, y, z) なのでまぎらわしい．そこで，Q の xy 座標のほうは (u, v) で表わすことにします．

ベクトル $\boldsymbol{x} = \begin{pmatrix} x \\ y \\ z \end{pmatrix}$ と $\boldsymbol{u} = \begin{pmatrix} u \\ v \end{pmatrix}$ を用いて考えます．下の図の三角形 $\triangle\mathrm{SQO}$ と $\triangle\mathrm{SPH}$ は相似です．したがって，

$$\mathrm{OQ} : \mathrm{HP} = \mathrm{SO} : \mathrm{SH} = 1 : (1 + z)$$

であり，

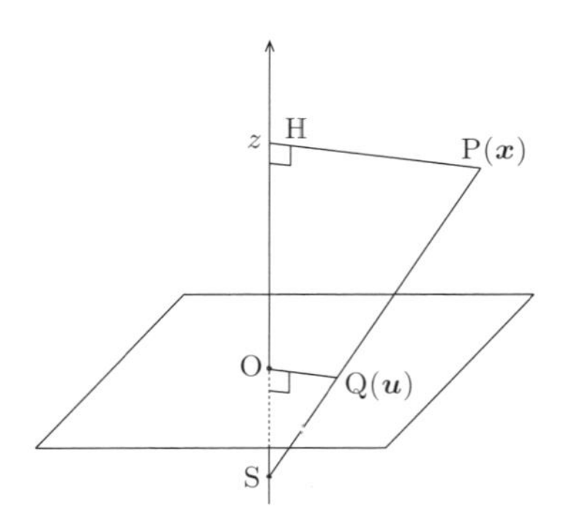

$$\mathrm{OQ} = \frac{\mathrm{HP}}{1+z}$$

が成り立ちます．

ベクトル $\boldsymbol{u} = \overrightarrow{\mathrm{OQ}}$ と $\overrightarrow{\mathrm{HP}}$ の関係としては，$\overrightarrow{\mathrm{OQ}} = \dfrac{1}{z+1}\overrightarrow{\mathrm{HP}} = \dfrac{1}{z+1}\begin{pmatrix} x \\ y \end{pmatrix}$

が成り立ちます．これより，

$$u = \frac{x}{z+1}, \quad v = \frac{y}{z+1} \tag{15.17}$$

が得られました．(15.17) は双曲面 M からポアンカレ円板 D への写像 $f : M \to D$ を式で表したものです．

f は 1 対 1 の写像ですが，その逆写像 $f^{-1}(\mathrm{Q}) = \mathrm{P}$ は，ポアンカレ円板の点 $\mathrm{Q}(u, v)$ に双曲面 M の点 $\mathrm{P}(\boldsymbol{x})$ を対応させます．したがって，$f^{-1} : D \to M$ は M のパラメーター表示を与えると考えられます．$\mathrm{Q}(u, v)$ に対応する点 $\mathrm{P}(\boldsymbol{x})$ の座標 $\boldsymbol{x} = \begin{pmatrix} x \\ y \\ z \end{pmatrix}$ を具体的に求めましょう．それには，(15.17) を逆に解けばよいだけです．やや天下り的ですが，$1 - u^2 - v^2$ という式を考え，これに (15.17) を代入してみます．

$$\begin{aligned} 1 - u^2 - v^2 &= 1 - \left(\frac{x}{z+1}\right)^2 - \left(\frac{y}{z+1}\right)^2 \\ &= \frac{(1+z)^2 - x^2 - y^2}{(z+1)^2} \\ &= \frac{1 + 2z + z^2 - x^2 - y^2}{(z+1)^2} \end{aligned} \tag{15.18}$$

を得ます．$\mathrm{P}(\boldsymbol{x})$ は双曲面上の点ですから，$x^2 + y^2 - z^2 = -1$ が成り立ちます．これを (15.18) の最後の結果に代入して，

$$1 - u^2 - v^2 = \frac{1 + 2z + 1}{(z+1)^2} = \frac{2(z+1)}{(z+1)^2} = \frac{2}{z+1} \tag{15.19}$$

この式と (15.17) を組み合わせると，

$$x = u(z+1) = \frac{2u}{1 - u^2 - v^2}, \qquad y = v(z+1) = \frac{2v}{1 - u^2 - v^2} \tag{15.20}$$

が得られます．また，(15.19) より直接に

$$z = \frac{2}{1-u^2-v^2} - 1 = \frac{1+u^2+v^2}{1-u^2-v^2} \tag{15.21}$$

も得られます．これで，$f^{-1}: D \to M$ が具体的な式で表せました．これを双曲面 M のパラメーター表示として書きますと，

$$\boldsymbol{x}(u,v) = \begin{pmatrix} \dfrac{2u}{1-u^2-v^2} \\ \dfrac{2v}{1-u^2-v^2} \\ \dfrac{1+u^2+v^2}{1-u^2-v^2} \end{pmatrix} \tag{15.22}$$

となります．

このパラメーター表示を用いて，双曲面 M の第 1 基本形式 g が計算できます．まず，u 曲線，v 曲線の速度ベクトルを求めましょう．

$$\boldsymbol{x}_u = \frac{1}{(1-u^2-v^2)^2} \begin{pmatrix} 2(1+u^2-v^2) \\ 4uv \\ 4u \end{pmatrix}$$

$$\boldsymbol{x}_v = \frac{1}{(1-u^2-v^2)^2} \begin{pmatrix} 4uv \\ 2(1-u^2+v^2) \\ 4v \end{pmatrix}$$

これらは，接平面 $T_{\boldsymbol{x}}(M)$ のベクトルになります．接平面 $T_{\boldsymbol{x}}(M)$ の内積は擬内積 $\star$ を制限したものでした．そこで，第 1 基本形式 g を求めるため，$\boldsymbol{x}_u \star \boldsymbol{x}_u$，$\boldsymbol{x}_u \star \boldsymbol{x}_v$，$\boldsymbol{x}_v \star \boldsymbol{x}_v$ を計算します．

$$\begin{aligned} \boldsymbol{x}_u \star \boldsymbol{x}_u &= \frac{1}{(1-u^2-v^2)^4}\Big(4(1+u^2-v^2)^2 + 16u^2v^2 - 16u^2\Big) \\ &= \frac{4}{(1-u^2-v^2)^2} \\ \boldsymbol{x}_u \star \boldsymbol{x}_v &= \frac{1}{(1-u^2-v^2)^4}\left(8uv(1+u^2-v^2) + 8uv(1-u^2+v^2) - 16uv\right) \\ &= 0 \\ \boldsymbol{x}_v \star \boldsymbol{x}_v &= \frac{1}{(1-u^2-v^2)^4}\Big(16u^2v^2 + 4(1-u^2+v^2)^2 - 16v^2\Big) \\ &= \frac{4}{(1-u^2-v^2)^2} \end{aligned}$$

したがって

$$g_{11} = \boldsymbol{x}_u \star \boldsymbol{x}_u = \frac{4}{(1-u^2-v^2)^2}, \quad g_{12} = 0,$$
$$g_{22} = \boldsymbol{x}_v \star \boldsymbol{x}_v = \frac{4}{(1-u^2-v^2)^2}$$

すなわち

$$g = \frac{4(du^2+dv^2)}{(1-u^2-v^2)^2} \tag{15.23}$$

(15.23) が求める双曲面 M の第 1 基本形式です．

ポアンカレ円板 D は双曲面 M をパラメーター表示するときのパラメーター (u,v) の定義域でした．ここで少し考え方を変えて，ポアンカレ円板 D に (15.23) によって新たな計量を入れてみましょう．

$\boldsymbol{e}_u$，$\boldsymbol{e}_v$ をそれぞれ u 方向，v 方向の，D に接する単位ベクトルとします．つまり，通常の内積に関して，

$$\boldsymbol{e}_u \cdot \boldsymbol{e}_u = 1,\ \ \boldsymbol{e}_u \cdot \boldsymbol{e}_v = 0,\ \ \boldsymbol{e}_v \cdot \boldsymbol{e}_v = 1$$

を満たすベクトルとします．これらの間の新たな「内積」$*$ を次のように定義するのです．

$$\boldsymbol{e}_u * \boldsymbol{e}_u = \frac{4}{(1-u^2-v^2)^2},\ \ \boldsymbol{e}_u * \boldsymbol{e}_v = 0,\ \ \boldsymbol{e}_v * \boldsymbol{e}_v = \frac{4}{(1-u^2-v^2)^2} \tag{15.24}$$

この新しい「内積」はポアンカレ円板 D の各点 $\mathrm{Q}(u,v)$ の「接平面」$T_{\boldsymbol{u}}(D)$ に与えられていると考えています．ですから，この「内積」は各点 $\mathrm{Q}(\boldsymbol{u})$ に依存して変化します．

$T_{\boldsymbol{u}}(D)$ の一般のベクトル $\boldsymbol{t}$，$\boldsymbol{t}'$ については，

$$\boldsymbol{t} = \lambda\boldsymbol{e}_u + \mu\boldsymbol{e}_v,\ \ \boldsymbol{t}' = \lambda'\boldsymbol{e}_u + \mu'\boldsymbol{e}_v$$

と表した上で，

$$\begin{aligned} \boldsymbol{t} * \boldsymbol{t}' &= (\lambda\boldsymbol{e}_u + \mu\boldsymbol{e}_v) * (\lambda'\boldsymbol{e}_u + \mu'\boldsymbol{e}_v) \\ &= \lambda\lambda'\boldsymbol{e}_u * \boldsymbol{e}_u + \mu\mu'\boldsymbol{e}_v * \boldsymbol{e}_v \\ &= \frac{4(\lambda\lambda' + \mu\mu')}{(1-u^2-v^2)^2} \\ &= \frac{4\boldsymbol{t}\cdot\boldsymbol{t}'}{(1-u^2-v^2)^2} \end{aligned} \tag{15.25}$$

のようにして，新しい「内積」を計算すればよいわけです．最後の分子にある $\boldsymbol{t}\cdot\boldsymbol{t}'$ は通常の内積です．この式からも分かるように，新しい内積 $\boldsymbol{t}*\boldsymbol{t}'$ は正定値内積になります．ですから，D の接ベクトル $\boldsymbol{t}$ の「長さ」を新たに

$$\|\boldsymbol{t}\|_* = \sqrt{\boldsymbol{t}*\boldsymbol{t}} \tag{15.26}$$

と定義し，これを使って D 内の曲線の「長さ」も新たに定義します．こうしてポアンカレ円板 D に新たな計量を導入することができました．この計量を**ポアンカレ計量**とよび，ポアンカレ計量を伴ったポアンカレ円板 D のことを双曲幾何の**ポアンカレ・モデル**とよびます．

その構成から，ポアンカレ・モデルは双曲面 M の「縮図」となっています．つまり，写像 $f: M \to D$ は双曲面とポアンカレ・モデルの間の「等長変換」を与えることが分かります．(等長変換ですので，「縮図」という表現はおかしいですが，D は単位円板の内部ですので，気分的にはいかにも「縮図」です．)

写像 $f: M \to D$ は等長変換ですから，M の測地線と D の測地線は $f: M \to D$ で互いにうつりあいます．測地線の対応について次の事実が知られています．

定理 15.5　M の任意の測地線を $f: M \to D$ でうつすと，D の直径にうつるか，あるいは，単位円 (D の周囲) と直交する円の，D の内部に含まれる部分の円弧にうつります．

この定理の証明はここでは与えません．演習問題 15.3 で，計算しやすい場合に確かめてもらうことにしました．

定理に出てきた「D の周囲と直交する円の，D の内部に含まれる部分の円弧」のことを，ここでは簡単に「ポアンカレの円弧」とよぶことにします．また，D の直径もポアンカレの円弧の特別な場合と考えることにします．ポアンカレの円弧はポアンカレ・モデルの測地線になっています．ポアンカレ・モデルとそのなかのポアンカレの円弧を見ていれば，それは双曲面 M とそのなかの測地線を見ているのと同じことになるわけです．

ポアンカレ・モデルの優れた点は，それが「正しい角度」を与えていることです．より正確にいうと，次の補題が成り立ちます．

補題 15.6 双曲面 M のなかで 2 本の測地線が交わるとします．その交わる角度 θ は，それらの測地線を $f: M \to D$ により D 内にうつして得られる 2 本の「ポアンカレの円弧」の交わる角度 ψ にちょうど等しくなります．

証明. M において交わる測地線の交点 $\mathrm{P}(\boldsymbol{x})$ において，それぞれの測地線の速度ベクトルを $\boldsymbol{v}$, $\boldsymbol{v}'$ とします．測地線の交わる角度 θ は，

$$\cos\theta = \frac{\boldsymbol{v} \star \boldsymbol{v}'}{\|\boldsymbol{v}\|_\star \, \|\boldsymbol{v}'\|_\star} \tag{15.27}$$

により求められます．((15.13) を参照のこと．)

写像 $f: M \to D$ により，M のなかで交わる 2 本の測地線が，D のなかで交わる 2 本の「ポアンカレの円弧」にうつっているとして，その交点を $\mathrm{Q}(\boldsymbol{u})$ とします．明らかに，$f(\mathrm{P}(\boldsymbol{x})) = \mathrm{Q}(\boldsymbol{u})$ であり，f は線形写像　$df: T_{\boldsymbol{x}}(M) \to T_{\boldsymbol{u}}(D)$ を引き起こします．

$$\boldsymbol{t} = df(\boldsymbol{v}), \quad \boldsymbol{t}' = df(\boldsymbol{v}')$$

とおきます．$f: M \to D$ は双曲面 M とポアンカレ・モデル D の間の「等長変換」ですから，

$$\boldsymbol{v} \star \boldsymbol{v}' = \boldsymbol{t} * \boldsymbol{t}', \quad \|\boldsymbol{v}\|_\star = \|\boldsymbol{t}\|_*, \quad \|\boldsymbol{v}'\|_\star = \|\boldsymbol{t}'\|_* \tag{15.28}$$

が成り立ちます．ポアンカレ・モデルにおいて，$\boldsymbol{t}$ と $\boldsymbol{t}'$ のなす角度 ϕ は

$$\cos\phi = \frac{\boldsymbol{t} * \boldsymbol{t}'}{\|\boldsymbol{t}\|_* \, \|\boldsymbol{t}'\|_*} \tag{15.29}$$

で与えられますから，(15.27), (15.28), (15.29) を見れば，$\theta = \phi$ となることは明らかです．

一方，$\mathrm{Q}(\boldsymbol{u})$ で交わっているポアンカレの円弧の (次ページの図のように，見たとおりの) 交わりの角度 ψ は，通常の内積 $\boldsymbol{t} \cdot \boldsymbol{t}'$ を使って

$$\cos\psi = \frac{\boldsymbol{t} \cdot \boldsymbol{t}'}{\|\boldsymbol{t}\| \, \|\boldsymbol{t}'\|} \tag{15.30}$$

と計算されるべきものですから，$\cos\phi$ の計算式 (15.29) とは (一見) 違います．ですから，$\theta = \phi$ が証明されても，まだ $\theta = \psi$ の証明は済んでいません．しかし，ポアンカレ・モデルの内積 $\boldsymbol{t} * \boldsymbol{t}'$ と通常の内積 $\boldsymbol{t} \cdot \boldsymbol{t}'$ は (15.25) で関係していましたから，

$$\boldsymbol{t} * \boldsymbol{t}' = \frac{4\boldsymbol{t} \cdot \boldsymbol{t}'}{(1-u^2-v^2)^2}$$
$$\|\boldsymbol{t}\|_* = \frac{2\|\boldsymbol{t}\|}{1-u^2-v^2}$$
$$\|\boldsymbol{t}'\|_* = \frac{2\|\boldsymbol{t}'\|}{1-u^2-v^2}$$

が成り立ちます．これを (15.29) に代入して (15.30) と比べれば，(15.29) の右辺と (15.30) の右辺が等しいことが分かります．これから，

$$\cos\phi = \cos\psi$$

ゆえに，$\phi = \psi$ です．こうして，$\theta = \phi = \psi$ が証明できました． □

ポアンカレ・モデルは歴史的にも重要で，それは**非ユークリッド幾何学**のモデルになっています．D の内部を「平面」と考え，ポアンカレの円弧を「直線」と考えてみます．「直線」の「長さ」をポアンカレ計量を使って計算すると無限大になります．したがって，D の境界線はこのような「平面」にとっては「無限遠」になりますので，境界で交わる 2 つの「直線」は「平行線」ということになります．次の図は，「直線」L に含まれない点 P を通って L に交わらない「直線」がいくらでも存在する様子を表しています．したがって，ポアンカレ計量を伴ったポアンカレ円板 D の幾何学はユークリッドの平行線の公理を満たさない「非ユークリッド幾何学」になるわけです．ポアンカレ・モデルを用いて非ユークリッド幾何学を詳しく研究することができます．

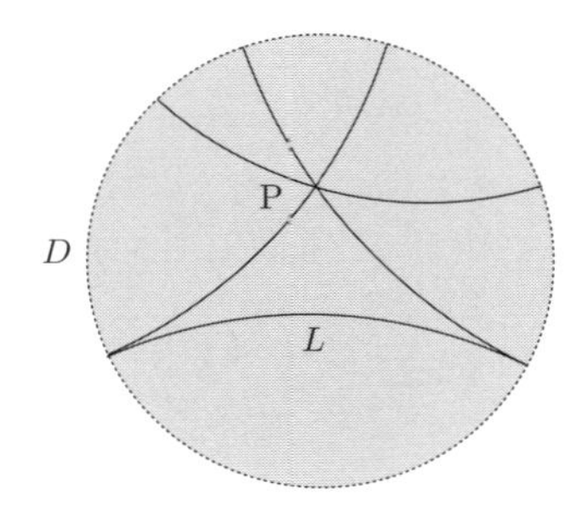

15.4 補足：相対性理論

アインシュタインは 1905 年に出版した論文[1]で相対性理論の考えを提出し，それまでの時間・空間の概念を一変しました．この最後の節で，相対性理論の考えかたを説明します．そのなかで，擬内積が自然に登場することが分かると思います．ひとつの節としては不自然に長い節になってしまいましたので，「補足」としました．お読み下されば，見かけほど難しくないことがお分かりと思います．

1) 同時刻とはどういうことか

定点 O を原点とする xyz 座標があって，すべての点は (x, y, z) という実数の 3 つ組でその位置が記述されます．この空間のなかで生起する物理的な事象を記述するには，さらに時刻 t を指定しなければなりません．

原点 O に正確に時を刻む時計 A が置かれているとします．原点付近で起こる事象はこの時計 A を使って時刻が指定できます．また，原点から遠く離れた点 P に時計 A とまったく同じ性能の時計 B が置かれているとすると，点 P の付近の事象は時計 B を使って記述されます．問題は，A と B が「同時刻に同じ時間を指している」(2 つの時計が合っている) ということをどうやって確かめるか，ということです．時計が A と B の 2 つしかなければ，A，B を使うこと以外に時間の測りようがありません．そうすると，「そもそも，同時刻とは何を意味するのか」ということから考えなおさなければならなくなります．

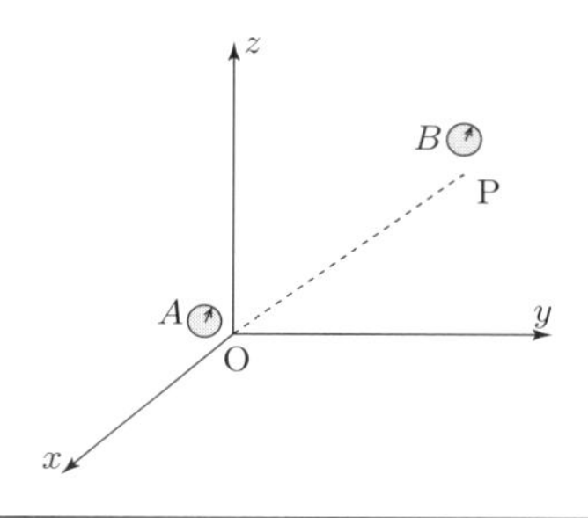

[1] アインシュタインの 1905 年の論文には日本語訳があり，解説付きで出版されています．アインシュタイン『相対性理論』内山龍雄訳・解説，岩波文庫 (1988)．この 15.4 節の説明はアインシュタインの論文の §1 から §3 に基づいています．また戸田盛和『時間，空間，そして宇宙——相対性理論の世界』(物理読本 3)，岩波書店 (1998) もおすすめです．

アインシュタインは次のように考えました．時計 A の示すある時刻 t_A に，O から P に向かって光を送ります．その光が，時計 B の示す t_B という時刻に点 P に到達し，同時に O に向かって反射されます．原点 O では，時計 A の示す t'_A という時刻にこの反射光を受け取ったとします．もし，2 つの時計 A と B が「同時刻に同じ時間を指している」(合っている) のであれば，$t_B - t_A$ は光が原点 O から点 P に到達するのにかかった時間のはずですし，$t'_A - t_B$ は点 P で反射した光が P から O に戻るのにかかった時間のはずです．光が O から P に到達するのに要する時間と，P から O に戻るのに要する時間は等しいはずですから

$$t_B - t_A = t'_A - t_B \tag{15.31}$$

が成り立つはずです．この等式は，時計 A と B が「同時刻に同じ時間を指している」ことを仮定した上で導いたのですが，いまは，むしろ 2 つの時計が「同時刻に同じ時間を指している」とは何を意味するか，を定義しようとしていたのでした．そこで，逆に，等式 (15.31) が成り立つことを，2 つの時計が「同時刻に同じ時間を指している」(2 つの時計が合っている) ことの**定義**にしようというのです．

念のため繰り返しますと，時計 A の示す時刻 t_A に原点 O から出た光が，時計 B の示す時刻 t_B に点 P に達し，同時に反射され，時計 A の示す時刻 t'_A に原点 O に戻ったとします．そして，t_A, t_B, t'_A の数値の間に，(15.31) の関係が成り立つとします．そのとき，時計 A と時計 B は「合っている」と定義するわけです．このようにして 2 つの時計が合っていることが確認されたあとでは，「同時性」の定義は次のようになります．原点 O で，時計 A が時刻 t_0 を指し示しているときにある事件が起こり，また点 P で，時計 B が同一の時刻 t_0 を指し示しているときに別の事件が起こったとします．2 つの時計 A, B は「合っている」ことを確認したのですから，このとき**定義により**，2 つの事件は同時に起こったと考えます．時計 A と時計 B が同じ時刻を指し示すことが「同時性」の**定義**になるわけです．

座標系のすべての場所に，この意味で「親時計」A と**合っている**時計を置いておけば，座標系全体に通用する時刻 t が指定されることになります．そして，すべての事象はその生起する場所 (x, y, z) とそこに置かれた時計の示す時刻 t を組み合わせた 4 次元座標

$$(x, y, z, t)$$

で記述できることになります．

なお，等式 (15.31) を

$$t_B = \frac{t_A + t'_A}{2} \tag{15.32}$$

と書き変えておくほうが，後で便利です．

2) 相対性原理と光速不変の原理

アインシュタインは相対性理論を構築したとき，次の 2 つの原理を，いわば公理のように仮定しました．

① (相対性原理) 互いに他に対して等速で直線運動している 2 つの座標系があるとき，どちらの座標系を採用しても物理法則は同じである．

② (光速不変の原理) 光の速さは，どちらの座標系で測っても同じ値 c である[2]．

3) ローレンツ変換

定点 O を原点とする xyz 座標軸があり，この座標系に対して一定の速度 v で直線運動している別の座標軸 pqr があったとします．動いている方の座標系の原点を O′ とします．簡単に，xyz 座標系を座標系 O とよび，pqr 座標系を座標系 O′ とよぶことにします．座標系 O は一応，止まっていると考え，座標系 O′ のほうは，座標系 O に対し速度 $\boldsymbol{v}$ で等速直線運動をしていると考えます．その意味で，座標系 O を**静止系**，座標系 O′ を**運動系**とよぶほうが便利かも知れません．ただし，相対性原理によれば，「どちらが本当に止まっているか」という問いは意味がないので，静止系，運動系という名称はあくまで便宜的なものにすぎません．

座標系 O の各点には，原点に置かれた親時計に合っている時計が置かれていて，全体に共通の時刻 t というものが意味をもっているとします．同様に，動いている座標系 O′ の各点にも，原点 O′ に置かれた親時計に合っている時計が置かれていて，全体に共通の時刻 τ が意味をもっているとします．もちろん，運動系 O′ の各点に置かれた時計は，pqr に関しては静止していますが，

---

2) $c = 299792458\,\mathrm{m/s}$

静止系 O からみると一定の速度 v で動いているわけです．

ある事件が静止系 O とそこに固定された時計で測ったとき，(x, y, z, t) という 4 次元座標で記述される場所・時刻で起きたとしましょう．同一の事件は運動系 O′ とそこに固定された時計で測ったときには，(p, q, r, τ) という 4 次元座標で記述される場所・時刻で起きたとします．この 2 種類の座標はどのような式で関係しているでしょうか．これは，2 つの 4 次元座標 (x, y, z, t) と (p, q, r, τ) の間の**座標変換**の式を求めることに相当しており，大変基本的な問題です．以下，この問題について考えることにしましょう．

その際，話を簡単にするため，静止系の時刻が $t = 0$ のとき，運動系の原点 O′ は静止系の原点 O に一致しており，そのとき，運動系の時刻も $\tau = 0$ であるとします．

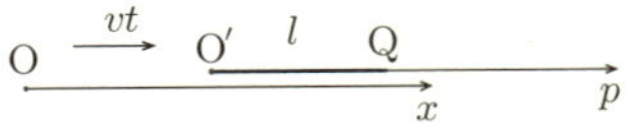

さらに，話を簡単にするため，p 軸は x 軸と重なっており，x 軸の正の方向に一定の速さ v で動いているとします．(図では，分かりやすく，x 軸と p 軸を少しずらして描いてあります．) q 軸，r 軸はそれぞれ，y 軸，z 軸に平行であるとします．

静止系の時刻 t が 0 のとき，O と O′ は重なっていると仮定したので，静止系の時刻が t のときの運動系の原点 O′ の位置は，静止系 O の座標で

$$(x,\ y,\ z) = (vt,\ 0,\ 0)$$

となります．

さて，運動系の p 軸上に点 Q があり，Q の位置は，静止系 O で測ったとき，運動系の原点 O′ から正の方向に l の距離にあるとします．運動系の原点 O′ に置かれた時計 A' と，Q に置かれた時計 B' は，1) の同時性の定義で述べた意味で「合っている」わけですが，その事実を，静止系 O を使って記述してみましょう．

前に述べたように，静止系 O の 4 次元座標で (x, y, z, t) と記述される場所・時刻と同一の場所・時刻を，運動系 O′ の 4 次元座標で記述すると (p, q, r, τ) であるとします．(p, q, r, τ) は (x, y, z, t) から決まります．とくに，τ は (x, y, z, t)

の関数になりますから，

$$\tau = \tau(x, y, z, t) \tag{15.33}$$

と書きましょう．アインシュタインは「時空の一様性から」この関数は 1 次関数と仮定できる，と言っています．そこで，

$$\tau = \tau(x, y, z, t) = a(v)x + b(v)y + c(v)z + d(v)t \tag{15.34}$$

と置くことにします．ここに，$a(v)$, $b(v)$, $c(v)$, $d(v)$ は定数ですが，これらの定数は，運動系の静止系に対する速度 v に依存するかも知れないので，v に依存する関数として書いておきました．

さて，静止系の時刻 t のときに，運動系の原点 O' から光が発射されたとします．O' の静止系での 4 次元座標は $(vt, 0, 0, t)$ なので，発射の瞬間の時刻は，運動系の時計では

$$\tau_A = \tau(vt, 0, 0, t) \tag{15.35}$$

です．この光は点 Q に向かいます．光が Q に到着するのに静止系の時計で t_1 だけかかったとしますと，この間に，点 Q は x 軸の方向に vt_1 だけ動いていますから，光は $l + vt_1$ の距離を進まねばならなかったことになります．したがって，静止系での方程式として，

$$ct_1 = l + vt_1$$

を得ます．これを解いて，

$$t_1 = \frac{l}{c - v}$$

ゆえに，光が Q に到着した時刻は，静止系の時計では

$$t + t_1 = t + \frac{l}{c - v}$$

となっています．また，この時の Q の位置は，静止系で測れば

$$(vt + l + \frac{vl}{c - v}, 0, 0) = (vt + \frac{cl}{c - v}, 0, 0)$$

です．したがって，光が点 Q に到着した場所・時刻を表す静止系での 4 次元座標は

$$(vt + \frac{cl}{c - v}, 0, 0, t + \frac{l}{c - v})$$

となりますから，この時刻を運動系で測れば

$$\tau_B = \tau(vt + \frac{cl}{c-v}, 0, 0, t + \frac{l}{c-v}) \tag{15.36}$$

のはずです．

同様のことを，光が Q から O′ に戻る過程について考えてみます．

光が Q から運動系の原点 O′ まで戻るのに，静止系の時計で t_2 だけかかったと仮定すると，この間に O′ は x 軸の正の方向に vt_2 だけ動いています．したがって，この間に光の進まなければならなかった距離は l よりも vt_2 だけ短くなっているので

$$ct_2 = l - vt_2$$

という静止系での方程式が得られます．これを解いて，

$$t_2 = \frac{l}{c+v}$$

を得ます．よって，光が運動系の原点 O′ に戻った瞬間の (静止系での) 時刻は

$$t + t_1 + t_2 = t + \frac{l}{c-v} + \frac{l}{c+v}$$

であり，静止系で測った O′ の位置は

$$(vt + \frac{vl}{c-v} + \frac{vl}{c+v}, 0, 0)$$

です．光が O′ に戻った瞬間の場所・時刻を静止系で測ると，4 次元座標は

$$(vt + \frac{vl}{c-v} + \frac{vl}{c+v}, 0, 0, t + \frac{l}{c-v} + \frac{l}{c+v})$$

のはずです．したがって，この瞬間の時刻を運動系の時計で測れば，

$$\tau'_A = \tau(vt + \frac{vl}{c-v} + \frac{vl}{c+v}, 0, 0, t + \frac{l}{c-v} + \frac{l}{c+v}) \tag{15.37}$$

となっています．

運動系の点 O′ と Q に置かれた時計は，運動系においては「合っている」わけですから，1) で述べた関係式 (15.32) を満たすはずです．すなわち，

$$\tau_B = \frac{\tau_A + \tau'_A}{2}$$

これに，(15.35), (15.36), (15.37) を代入して

$$\begin{aligned} &\tau(vt + \frac{cl}{c-v}, 0, 0, t + \frac{l}{c-v}) \\ &= \frac{1}{2}\tau(vt, 0, 0, t) + \frac{1}{2}\tau(vt + \frac{vl}{c-v} + \frac{vl}{c+v}, 0, 0, t + \frac{l}{c-v} + \frac{l}{c+v}) \end{aligned} \tag{15.38}$$

$\tau(x,y,z,t)$ は，実は 1 次関数 (15.34) であると考えています．(15.34) を使って最後の式を書き換えましょう．ただし，記号を簡単にするため，$a(v)$, $b(v)$, $c(v)$, $d(v)$ のことを，a, b, c, d と書きます．

$$\begin{aligned} & a(vt+\frac{cl}{c-v})+d(t+\frac{l}{c-v}) \\ = & \frac{1}{2}(avt+dt)+\frac{1}{2}a(vt+\frac{vl}{c-v}+\frac{vl}{c+v})+\frac{1}{2}d(t+\frac{l}{c-v}+\frac{l}{c+v}) \end{aligned}$$

変形して，

$$a(\frac{cl}{c-v}-\frac{vcl}{c^2-v^2})=d(\frac{cl}{c^2-v^2}-\frac{l}{c-v})$$

これを計算すると簡単になって，

$$a=-\frac{v}{c^2}d \tag{15.39}$$

が得られます．

次に，変換公式 (15.34) の定数 $b(v)$, $c(v)$ について考えてみましょう．運動系の q 軸の正の方向に，点 Q があったとします．静止系の座標で測ったとき，運動系の原点 O′ と Q の距離は l であるとします．この点 Q に向けて，静止系の時刻 t に光が出され，それが (静止系で計って) t_1 だけ時間がかかって Q に到着したとします．この時間のあいだに，点 Q は x 軸の方向に vt_1 だけ移動して，実際は Q′ の位置に来ています．

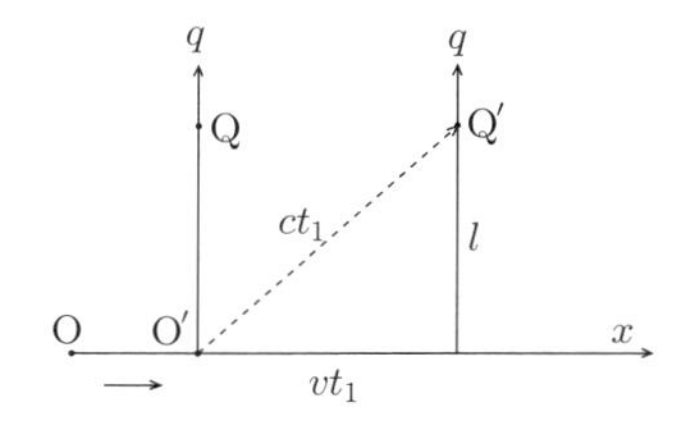

この図の直角三角形に三平方の定理を使って

$$(ct_1)^2=(vt_1)^2+l^2$$

これを解くと

$$t_1=\frac{l}{\sqrt{c^2-v^2}}$$

が得られます．同様に，光が Q′ で反射され (もっと右に動いている) O′ に戻

るのに要する (静止系で計った) 時間も上と同じ t_1 です．

よって，光が発射された場所・時刻，光が Q' に到達した場所・時刻，それが反射されて (もっと右に動いている) O' に戻った場所・時刻を，静止系で測った 4 次元座標はそれぞれ，

$$\begin{aligned}&(vt,0,0,t)\\&(vt+\frac{vl}{\sqrt{c^2-v^2}},l,0,t+\frac{l}{\sqrt{c^2-v^2}})\\&(vt+\frac{2vl}{\sqrt{c^2-v^2}},0,0,t+\frac{2l}{\sqrt{c^2-v^2}})\end{aligned}$$

です．対応する運動系の時刻は

$$\begin{aligned}\tau_A&=\tau(vt,0,0,t)\\\tau_B&=\tau(vt+\frac{vl}{\sqrt{c^2-v^2}},l,0,t+\frac{l}{\sqrt{c^2-v^2}})\\\tau'_A&=\tau(vt+\frac{2vl}{\sqrt{c^2-v^2}},0,0,t+\frac{2l}{\sqrt{c^2-v^2}})\end{aligned}$$

となります．

運動系の原点 O' と q 軸上の定点 Q に置かれた時計は，運動系のなかでは「合っている」ので，(15.32) の式が成り立つはずです．これに上の式を代入し，(15.34) の 1 次式で書きかえると，

$$\begin{aligned}&a(vt+\frac{vl}{\sqrt{c^2-v^2}})+bl+d(t+\frac{l}{\sqrt{c^2-v^2}})\\&=\frac{1}{2}(avt+dt)+\frac{1}{2}\left[a(vt+\frac{2vl}{\sqrt{c^2-v^2}})+d(t+\frac{2l}{\sqrt{c^2-v^2}})\right]\end{aligned}$$

この式は一見複雑ですが，ほとんどが左右で消しあって，結局

$$bl=0$$

したがって，$b=0$ が得られます．同様に，$c=0$ も得られます．

こうして，静止系の場所・時刻 (x,y,z,t) における運動系の時刻 τ を表す式が求められました．その答えは

$$\tau=d(v)(-\frac{v}{c^2}x+t)=d(v)(t-\frac{v}{c^2}x) \tag{15.40}$$

です．ここに，$d(v)$ は v の関数で，具体的な形はあとで考えることにします．

こうして，時間の変換公式が求められました．次に，空間の変換公式を求めましょう．つまり，静止系の場所・時刻 (x, y, z, t) に対応する運動系の場所・時刻 (p, q, r, τ) を求める公式です．上で，時間 τ については解決しましたから，こんどは (p, q, r) について考えようというのです．

また思考実験をします．運動系の原点 O' は，$t = \tau = 0$ のとき，静止系の原点 O に一致していたのでした．そして，運動系は (静止系で測った) 速度 v で x 軸の正の方向に等速運動をしているのでした．運動系 pqr の p 軸の方向は静止系 xyz の x 軸の方向と一致していて，運動系の q 軸，r 軸は，それぞれ，静止系の y 軸，z 軸に平行です．

さて，静止系の時刻が t のとき，静止系の x 軸の目盛 x と運動系の p 軸の目盛 p が重なっているとします．次の図の上のほうの絵を見て下さい．

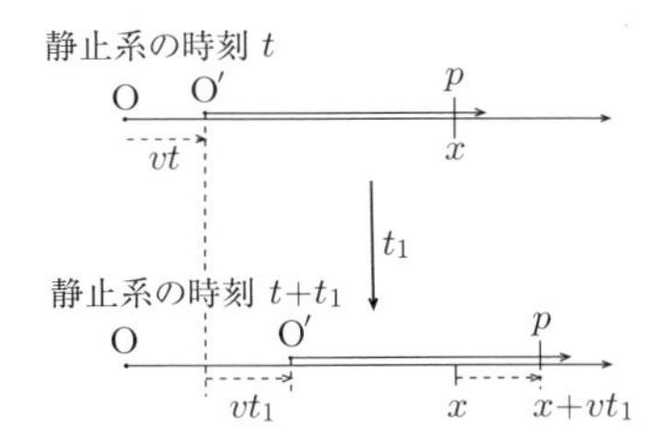

このときの p を x と t で表わしたいのです．そのため，この瞬間 (静止系の時刻 t のとき) に，運動系の原点 O' から光を発射しましょう．それがやがて運動系の p 軸の目盛 p に達します．図の下のほうの絵です．この間に，運動系では τ_1 の時間が経ったとします．また，静止系では t_1 の時間が経ったとします．これらの仮定からいくつかの方程式が導かれます．

まず，運動系では，時間が τ_1 だけ経過する間に，光が O' から目盛 p の点に達したことが観測されるのですから，

$$p = c\tau_1 \tag{15.41}$$

が成り立ちます．(ここで，光速不変の原理を使って，運動系でみても光の速度が c であることを仮定しました．また，相対性原理を使って，運動系でも静止系でも，物理法則は同じ形で記述されることを仮定しました．)

同じ現象を，静止系で観測すると，どうなるでしょうか．光が発射された瞬

間 (静止系の時刻 t) での O$'$ の位置は，静止系の x 軸上の目盛が vt のところです．そこから (つまり，x 軸上の目盛 vt のところから) 発射された光が，t_1 だけ時間が経過したあと，x 軸の目盛が $x+vt_1$ のところに達したことが観測されるはずです．(前ページの図の下の絵を見て下さい．) したがって，光速度が c であることにより，

$$(x+vt_1)-vt=ct_1$$

が成り立ちます．これを変形して，

$$t_1=\frac{x-vt}{c-v} \tag{15.42}$$

を得ます．

原点 O$'$ を出た光が p 軸上の目盛 p の点に達するまでに経過した (運動系における) 時間経過 τ_1 は，時間の変換公式 (15.40) を使うと，t と x で表わせます．実際，光を放射した瞬間，静止系の時刻は t でしたし，そのときの運動系の原点 O$'$ の位置は vt でした．したがって，その時の運動系の時刻は，(15.40) より

$$d(v)(t-\frac{v}{c^2}vt)$$

となります．また，光が運動系の p 軸の目盛 p に到達したとき，その点の静止系の位置は x 軸上 $x+vt_1$ で，静止系の時刻は $t+t_1$ でしたから，その時の運動系の時刻は，(15.40) より，

$$d(v)\left(t+t_1-\frac{v}{c^2}(x+vt_1)\right)$$

となります．このふたつの差が τ_1 です．実際に引き算して，

$$\tau_1=d(v)\left((1-\frac{v^2}{c^2})t_1-\frac{v}{c^2}(x-vt)\right) \tag{15.43}$$

この式の中の t_1 に，等式 (15.42) の t_1 の値を代入して少し計算すると，

$$\tau_1=\frac{d(v)}{c}(x-vt) \tag{15.44}$$

という簡単な等式になります．これを (15.41) $p=c\tau_1$ に代入すると，

$$p=d(v)(x-vt) \tag{15.45}$$

が得られます．これが求める ((x,t) から p への) 変換公式です．

次に，y から q への変換公式を求めましょう．考えかたは p の場合とまっ

たく同じです．次の図を見て下さい．

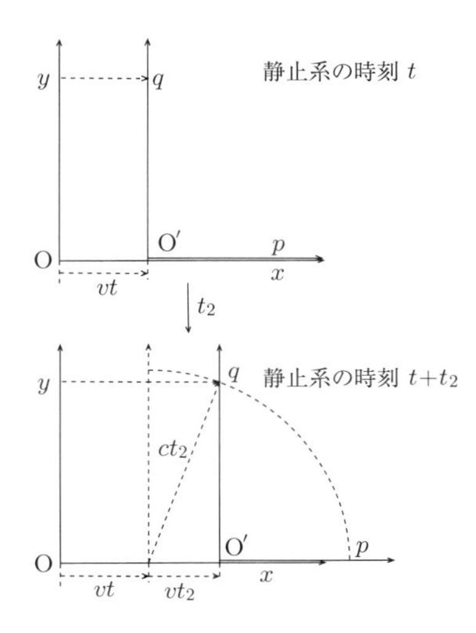

この図の上のほうの絵は，静止系の時刻 t のときの様子です．$t=0$ のとき，運動系の原点 O′ は静止系の原点 O に一致しており，y 軸と q 軸が一致していました．そして，運動系の q 軸の目盛 q と静止系の y 軸の目盛 y が一致していたとしましょう．この q を y で表わしたいのです．時間がたつにつれて，q 軸上の目盛 q の点は，静止系でみると「水平に」移動しています．ですから，y と q の関係式には時間 t が入ってこないことが分かりますが，一応，時間のことも考慮して考えていきましょう．図の上のほうの絵で，q と y の関係を考えるのですが，そのため，p のときと同様に，静止系の時刻 t に，運動系の原点 O′ から光を発射します．その光はやがて，移動した q 軸上の目盛 q の点に達します．このときまで，運動系の時間が τ_2 だけ経過したとします．また，静止系の時間は t_2 だけ経過したとします．図の下のほうの絵です．

この現象を運動系で観測すれば，時間 τ_2 が経過する間に，光が O′ から q 軸上の目盛 q に達した現象ですから，

$$q = c\tau_2 \tag{15.46}$$

という等式が成り立ちます．一方，同じ現象を静止系で観測すれば，時間が t_2 だけ経過するあいだに，光が点 $(x, y) = (vt, 0)$ から点 $(x, y) = (vt + vt_2, y)$ に達した現象として観測されます．図の下のほうの絵の直角三角形に，三平方

の定理を使って

$$(ct_2)^2 = (vt_2)^2 + y^2$$

が成り立ちます．これを解いて，

$$t_2 = \frac{y}{\sqrt{c^2 - v^2}} \tag{15.47}$$

が得られます．運動系での経過時間 τ_2 は，時間の変換公式 (15.40) により求められます．すなわち，

$$\begin{aligned}\tau_2 &= \tau(vt + vt_2, y, 0, t + t_2) - \tau(vt, 0, 0, t) \\ &= d(v)\left(t + t_2 - \frac{v}{c^2}(vt + vt_2)\right) - d(v)(t - \frac{v}{c^2}vt) \\ &= d(v)(1 - \frac{v^2}{c^2})t_2\end{aligned}$$

となります．この t_2 のところに，(15.47) の t_2 の値を代入すると，

$$\begin{aligned}\tau_2 &= d(v)(1 - \frac{v^2}{c^2})\frac{y}{\sqrt{c^2 - v^2}} \\ &= d(v)\frac{\sqrt{c^2 - v^2}}{c^2}y \end{aligned} \tag{15.48}$$

この τ_2 の値を (15.46) に代入すれば，求める変換公式

$$q = d(v)\frac{\sqrt{c^2 - v^2}}{c}y \tag{15.49}$$

が得られます．予想通り，変換公式に t は入ってきません．

まったく同様に次の変換公式が得られます．

$$r = d(v)\frac{\sqrt{c^2 - v^2}}{c}z \tag{15.50}$$

これでほとんど終わりですが，アインシュタインは未知関数 $d(v)$ を決めるために，運動系に対して逆向きに v の速さで動く系が，実は静止系に一致することを観察して，その結果として，等式 (15.49) の y の係数 (同じことですが，等式 (15,50) の z の係数) が結局 1 に等しいことを導いています：

$$d(v)\frac{\sqrt{c^2 - v^2}}{c} = 1$$

これから，

$$d(v) = \frac{c}{\sqrt{c^2 - v^2}} = \frac{1}{\sqrt{1 - (v/c)^2}}$$

となるわけです．この関数形を (15.40), (15.45), (15.50), (15.51) に代入することによって，(x, y, z, t) から (p, q, r, τ) を求める変換公式が完全に求められました．まとめて書いてみると，

$$
\begin{aligned}
\tau &= \frac{1}{\sqrt{1-(v/c)^2}}\left(t - \frac{v}{c^2}x\right) \\
p &= \frac{1}{\sqrt{1-(v/c)^2}}(x - vt) \\
q &= y \\
r &= z
\end{aligned}
$$

となります．

この変換公式は現在では**ローレンツ変換**とよばれています．ローレンツ変換は相対性理論の基礎的な変換公式です．

この変換公式が 4 次元の擬内積 $x^2+y^2+z^2-(ct)^2$ を保つことを確かめてください．

$$p^2+q^2+r^2-(c\tau)^2 = x^2+y^2+z^2-(ct)^2$$

(特殊) 相対性理論は，4 次元の時空を，この擬内積を伴った 4 次元ミンコフスキー空間と見るのが自然であることを教えてくれます．

演習問題

15.1 等式 (15.13) において，接平面 $T_{\boldsymbol{x}}(M)$ の 2 つのベクトル $\boldsymbol{v}$ と $\boldsymbol{v}'$ のなす「角」θ を

$$\cos\theta = \frac{\boldsymbol{v} \star \boldsymbol{v}'}{\|\boldsymbol{v}\|_\star \|\boldsymbol{v}'\|_\star}$$

によって定義しました．この定義が意味をもつためには，右辺の絶対値が 1 以下でなければなりません．右辺の絶対値が 1 以下であることを証明してください．

[ヒント] 擬内積 $\star$ を $T_{\boldsymbol{x}}(M)$ に制限すると正定値でしたから，$T_{\boldsymbol{x}}(M)$ に属する任意のベクトル $\boldsymbol{v}$, $\boldsymbol{v}'$ と任意の実数 t について，

$$(t\boldsymbol{v} - \boldsymbol{v}') \star (t\boldsymbol{v} - \boldsymbol{v}') \geqq 0$$

が成り立ちます．これを使って下さい．)

15.2 P($\boldsymbol{x}$) は双曲面 M の点，$\boldsymbol{v}$ は接平面 $T_{\boldsymbol{x}}(M)$ に属する単位ベクトルとします．($\boldsymbol{v} \star \boldsymbol{v} = 1$ が成り立ちます．) このとき，s をパラメーターとする曲線

$$\boldsymbol{x}(s) = (\cosh s)\boldsymbol{x} + (\sinh s)\boldsymbol{v}$$

は，双曲面 M に含まれる曲線であることを証明してください．

15.3 §15.3 で考えた写像 $f : M \to D$ は，双曲面 M の測地線をポアンカレ円板 D のなかの円弧 (ポアンカレ円板の境界線と直交するもの)，または直径，にうつすことが知られています．この事実を，比較的計算しやすい場合に確かめてみましょう．次の手順で進んでください．

(1) a を 1 以上の任意の実数とします．$\boldsymbol{x} = \begin{pmatrix} \sqrt{a^2-1} \\ 0 \\ a \end{pmatrix}$ とおくとき，点 P($\boldsymbol{x}$) は双曲面 M 上の点であることを確かめなさい．

(2) $\boldsymbol{v} = \begin{pmatrix} 0 \\ 1 \\ 0 \end{pmatrix}$ とおくとき，$\boldsymbol{v}$ は接平面 $T_{\boldsymbol{x}}(M)$ に属する「単位ベクトル」であることを確かめなさい．

(3) 上の (1) で導入した $\boldsymbol{x}$ と (2) で導入した $\boldsymbol{v}$ を使って定義される M の

測地線

$$(\cosh s)\boldsymbol{x} + (\sinh s)\boldsymbol{v}, \qquad -\infty < s < \infty$$

を Γ_a と表します．（a は $\boldsymbol{x}$ の第 3 成分です．）$f: M \to D$ を (15.17) で定義される写像とするとき，f による Γ_a の像 $f(\Gamma_a)$ は，uv 平面の円

$$C_a: \quad \left(u - \frac{a}{\sqrt{a^2-1}}\right)^2 + v^2 = \frac{1}{a^2-1}$$

の弧になることを証明してください．正確にいえば，この円の，D に含まれる部分になります．なお，C_a は $a > 1$ の場合しか円ではありません．$a = 1$ の場合には，C_a は v 軸と解釈します．

(4) 円 C_a は単位円に直交することを証明してください．

演習問題解答

第 1 章

1.1　(1) $\mathrm{AB} = \mathrm{BC} = \mathrm{CD} = \mathrm{DA} = 5\sqrt{2}$

(2) $\angle\mathrm{ABC} = \angle\mathrm{BCD} = \angle\mathrm{CDA} = \angle\mathrm{DAB} = 60^\circ$

(3) 正 4 面体

1.2　(1) $\begin{pmatrix} \dfrac{1}{\sqrt{2}} & -\dfrac{1}{\sqrt{2}} \\ \dfrac{1}{\sqrt{2}} & \dfrac{1}{\sqrt{2}} \end{pmatrix}$　(2) $\begin{pmatrix} \dfrac{1}{\sqrt{2}} \\ \dfrac{3}{\sqrt{2}} \end{pmatrix}$

1.3　$R_2 \circ R_1$ は回転の中心 $\mathrm{P}\left(\dfrac{1}{2}, -\dfrac{1}{2\sqrt{3}}\right)$，回転角 120° の回転，

$R_3 \circ R_1$ は移動ベクトル $\begin{pmatrix} \dfrac{1}{2} \\ \dfrac{\sqrt{3}}{2} \end{pmatrix}$ による平行移動，

$R_2 \circ R_1 \circ R_3$ は回転の中心 $\mathrm{P}\left(\dfrac{1}{2}, -\dfrac{\sqrt{3}}{2}\right)$，回転角 60° の回転

1.4　(1) $R_1(\boldsymbol{e}_1) = \boldsymbol{e}_2, R_1(\boldsymbol{e}_2) = -\boldsymbol{e}_1, R_1(\boldsymbol{e}_3) = \boldsymbol{e}_3$ および $R_2(\boldsymbol{e}_1) = \boldsymbol{e}_1, R_2(\boldsymbol{e}_2) = \boldsymbol{e}_3, R_2(\boldsymbol{e}_3) = -\boldsymbol{e}_2$

(2) $R_1\left(\begin{pmatrix} 1 \\ 1 \\ 1 \end{pmatrix}\right) = \begin{pmatrix} -1 \\ 1 \\ 1 \end{pmatrix}$,　$R_2 = \left(\begin{pmatrix} 1 \\ 1 \\ 1 \end{pmatrix}\right) = \begin{pmatrix} 1 \\ -1 \\ 1 \end{pmatrix}$

第 2 章

2.1　(1) H_1, H_2, H_3 と垂直なベクトルを $\boldsymbol{a}_1, \boldsymbol{a}_2, \boldsymbol{a}_3$ とすると $\boldsymbol{a}_1 \cdot \boldsymbol{a}_3 = 0, \boldsymbol{a}_2 \cdot \boldsymbol{a}_3 = 0$

(2) H_1 は C を通り，辺 AB と $\mathrm{P}\left(\dfrac{1}{2}, \dfrac{1}{2}, 0\right)$ で交わります．H_2 は A を通り，辺 BC と $\mathrm{Q}\left(0, \dfrac{1}{2}, \dfrac{1}{2}\right)$ で交わります．

(3) 60°

(4) 軸はそれぞれ

$$\left\{ t \begin{pmatrix} 1 \\ 1 \\ 1 \end{pmatrix} \right\}, \left\{ \begin{pmatrix} 1 \\ 0 \\ 0 \end{pmatrix} + t \begin{pmatrix} 1 \\ -\frac{1}{2} \\ -\frac{1}{2} \end{pmatrix} \right\}, \left\{ \begin{pmatrix} 0 \\ 0 \\ 1 \end{pmatrix} + t \begin{pmatrix} -\frac{1}{2} \\ -\frac{1}{2} \\ 1 \end{pmatrix} \right\}$$

回転角はそれぞれ $120°$, $180°$, $180°$

2.2 (1) xy 平面に関する鏡像を m_z, xz 平面に関する鏡像を m_y, z 軸と l_θ を含む平面に関する鏡像を m_θ とおきます. 直線 l に関する $180°$ 回転を $\rho(l)$ で表します. $\rho(l_0) = m_z \circ m_y$, $\rho(l_\theta) = m_\theta \circ m_z$ です. したがって, その合成は $\rho(l_\theta) \circ \rho(l_0) = m_\theta \circ m_y$ で, z 軸を軸とし, 回転角 2θ の回転です.
(2) z 方向の移動距離 2 の平行移動を τ_z^2 とおくと $\rho(l'_\theta) = \tau_z^2 \circ \rho(l_\theta)$ です. よって $\rho(l'_\theta) \circ \rho(l_0) = \tau_Z^2 \circ m_\theta \circ m_y$ で, これは z 軸を軸とする回転角 2θ , 移動距離 2 の螺旋運動です.

2.3 図略, 鏡映面 $y = -x$, 移動ベクトル $\begin{pmatrix} 2 \\ -2 \\ 0 \end{pmatrix}$ の滑り鏡映

第 3 章

3.1 実際に計算して, ${}^tAA = I$ を確かめればよいです.

3.2 $\boldsymbol{a}$ と $\boldsymbol{b}$ の外積 $\boldsymbol{a} \times \boldsymbol{b}$ を $\boldsymbol{c}$ とします. §3.2 の説明により, $\boldsymbol{c}$ は $\boldsymbol{a}$ と $\boldsymbol{b}$ の両方に直交し, $\boldsymbol{a}, \boldsymbol{b}, \boldsymbol{c}$ は右手系をなします. 実際に計算して,

$\boldsymbol{c} = \begin{pmatrix} 1 \\ 2 \\ 3 \end{pmatrix} \times \begin{pmatrix} 0 \\ 1 \\ 2 \end{pmatrix} = \begin{pmatrix} 1 \\ -2 \\ 1 \end{pmatrix}$ を得ます. $\|\boldsymbol{c}\| = \sqrt{1+4+1} = \sqrt{6}$ ですから,

この $\boldsymbol{c}$ が求めるベクトルです.

3.2 (1) 前問 3.2 と同じ考えで, $\boldsymbol{c}' = \overrightarrow{\mathrm{OP}} \times \overrightarrow{\mathrm{OQ}}$ とおきます. 実際に計算して,

$\boldsymbol{c}' = \begin{pmatrix} -\frac{1}{2} \\ -\frac{1}{2} \\ \frac{1}{2} \end{pmatrix}$ を得ます. ベクトル $\boldsymbol{c}'$ は $\overrightarrow{\mathrm{OP}}$ と $\overrightarrow{\mathrm{OQ}}$ の両方に直交し, $\overrightarrow{\mathrm{OP}}$, $\overrightarrow{\mathrm{OQ}}\boldsymbol{c}'$

は右手系をなします. しかし, $\|\boldsymbol{c}'\| = \sqrt{\frac{1}{4} + \frac{1}{4} + \frac{1}{4}} = \sqrt{\frac{3}{4}} = \frac{\sqrt{3}}{2}$ ですから, $\boldsymbol{c}'$ の

長さを 1 に調節した $\dfrac{2}{\sqrt{3}}\boldsymbol{c}' = \begin{pmatrix} -\dfrac{1}{\sqrt{3}} \\ -\dfrac{1}{\sqrt{3}} \\ \dfrac{1}{\sqrt{3}} \end{pmatrix}$ が求めるベクトル $\boldsymbol{c}$ です．

(2) $\boldsymbol{b}' = \boldsymbol{a} \times \boldsymbol{c}$ とおきます．実際に計算して，

$\boldsymbol{b}' = \begin{pmatrix} \dfrac{1}{\sqrt{2}} \\ 0 \\ \dfrac{1}{\sqrt{2}} \end{pmatrix} \times \begin{pmatrix} -\dfrac{1}{\sqrt{3}} \\ -\dfrac{1}{\sqrt{3}} \\ \dfrac{1}{\sqrt{3}} \end{pmatrix} = \begin{pmatrix} \dfrac{1}{\sqrt{6}} \\ -\dfrac{2}{\sqrt{6}} \\ -\dfrac{1}{\sqrt{6}} \end{pmatrix}$ となります．ベクトル $\boldsymbol{b}'$ は $\boldsymbol{a}$ と $\boldsymbol{c}$ に直交し，かつ $\|\boldsymbol{b}'\| = \sqrt{\dfrac{1}{6} + \dfrac{4}{6} + \dfrac{1}{6}} = 1$ ですが，§3.2 によれば，$\boldsymbol{a}, \boldsymbol{c}, \boldsymbol{b}'$ が右手系をなし，$\boldsymbol{a}, \boldsymbol{b}', \boldsymbol{c}$ は反対の「左手系」になります．したがって，$\boldsymbol{b} = -\boldsymbol{b}'$ です．

(3) $P = (\boldsymbol{a}, \boldsymbol{b}, \boldsymbol{c}) = \begin{pmatrix} \dfrac{1}{\sqrt{2}} & -\dfrac{1}{\sqrt{6}} & -\dfrac{1}{\sqrt{3}} \\ 0 & \dfrac{2}{\sqrt{6}} & -\dfrac{1}{\sqrt{3}} \\ \dfrac{1}{\sqrt{2}} & \dfrac{1}{\sqrt{6}} & \dfrac{1}{\sqrt{3}} \end{pmatrix}$

第 4 章

4.1　$\overrightarrow{\mathrm{OP}} = \begin{pmatrix} 0 \\ 1 \\ 0 \end{pmatrix}, \overrightarrow{\mathrm{OK}} = \begin{pmatrix} 1 \\ 0 \\ 1 \end{pmatrix}$ です．内積を計算すれば，$\overrightarrow{\mathrm{OP}} \cdot \overrightarrow{\mathrm{OK}} = 0$ がわかります．しがたって，$\angle\mathrm{POK} = \dfrac{\pi}{2}$ です．ただ，$\|\overrightarrow{\mathrm{OK}}\| = \sqrt{2}$ ですので，$\overrightarrow{\mathrm{OK}}$ の長さを $\dfrac{1}{\sqrt{2}}$ 倍したベクトルが $\overrightarrow{\mathrm{OQ}}$ のはずです．よって，$\overrightarrow{\mathrm{OQ}} = \begin{pmatrix} \dfrac{1}{\sqrt{2}} \\ 0 \\ \dfrac{1}{\sqrt{2}} \end{pmatrix}$ となります．このことから，$P(0,1,0)$ と $\mathrm{Q}\left(\dfrac{1}{\sqrt{2}}, 0, \dfrac{1}{\sqrt{2}}\right)$ が要請された性質をもつことが分かります．

4.2 $\boldsymbol{a}, \boldsymbol{b}$ をそれぞれ前問の $\overrightarrow{\mathrm{OP}}, \overrightarrow{\mathrm{OQ}}$ とします．$\boldsymbol{c} = \boldsymbol{a} \times \boldsymbol{b}$ とおくと，$\boldsymbol{c} = \begin{pmatrix} \frac{1}{\sqrt{2}} \\ 0 \\ -\frac{1}{\sqrt{2}} \end{pmatrix}$ となります．$\boldsymbol{a}, \boldsymbol{b}, \boldsymbol{c}$ は正規直交基底をなすので，求める行列 P は $P = (\boldsymbol{a}, \boldsymbol{b}, \boldsymbol{c}) = \begin{pmatrix} 0 & \frac{1}{\sqrt{2}} & \frac{1}{\sqrt{2}} \\ 1 & 0 & 0 \\ 0 & \frac{1}{\sqrt{2}} & -\frac{1}{\sqrt{2}} \end{pmatrix}$ となります．

4.3 $P^{-1} = \begin{pmatrix} 0 & 1 & 0 \\ \frac{1}{\sqrt{2}} & 0 & \frac{1}{\sqrt{2}} \\ \frac{1}{\sqrt{2}} & 0 & -\frac{1}{\sqrt{2}} \end{pmatrix}$ に注意して計算すると，

$M^{\mathrm{DAFG}} = PM^{xy}P^{-1} = \begin{pmatrix} 0 & 0 & 1 \\ 0 & 1 & 0 \\ 1 & 0 & 0 \end{pmatrix}$ となります．

4.4 $\overrightarrow{\mathrm{AB}}$ を $\overrightarrow{\mathrm{BA}}$ にうつすのは線分 NL を中心軸とする 180° 回転です．（ただし，N は AB の中心，L は GH の中点です．）$\overrightarrow{\mathrm{AB}}$ を $\overrightarrow{\mathrm{CB}}$ にうつすのは BH を軸とする 120° 回転です．$\overrightarrow{\mathrm{AB}}$ を $\overrightarrow{\mathrm{BC}}$ にうつすのは z 軸を中心とする 90° 回転です．そして，$\overrightarrow{\mathrm{AB}}$ を $\overrightarrow{\mathrm{FG}}$ にうつすのは CE を軸とする 120° 回転です．その他の場合については読者の考察にお任せします．

第 5 章

5.1 $\boldsymbol{x}(t) = \begin{pmatrix} \cos t \\ \sin t \\ \cos 2t \end{pmatrix}$

5.2 xy 平面を判型 a の円柱に巻きつける対応 F は $F\begin{pmatrix} x \\ y \end{pmatrix} = \begin{pmatrix} a\cos\frac{x}{a} \\ a\sin\frac{x}{a} \\ y \end{pmatrix}$ で与えられます．直線のパラメーター表示を $\boldsymbol{x}(t) = \begin{pmatrix} at \\ bt \end{pmatrix}$ とすると，対応する螺旋は通常のパラメーター表示になります．t_0, t_1 間の直線上の距離，螺旋上の弧長は

いずれも $\sqrt{a^2+b^2}|t_1-t_0|$ です．

5.3　$\boldsymbol{x}(t)=\begin{pmatrix}\cos\left(\pi\cos\dfrac{t}{\pi}\right)\\ \sin\left(\pi\cos\dfrac{t}{\pi}\right)\\ \pi\sin\dfrac{t}{\pi}\end{pmatrix}$

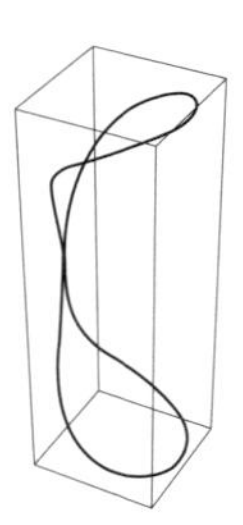

5.4　$\dfrac{\|\ddot{f}(t)\|}{\left(\sqrt{1+\dot{f}(t)^2}\right)^3}$

5.5　曲率半径は (1) $\dfrac{1}{2}$　　(2) 1　　(3) $\dfrac{1}{2}$，4

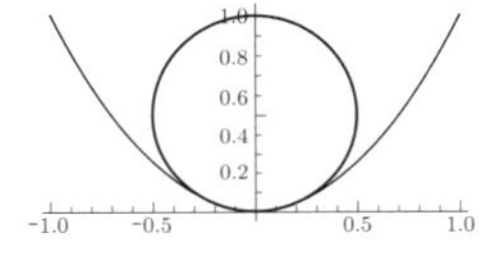

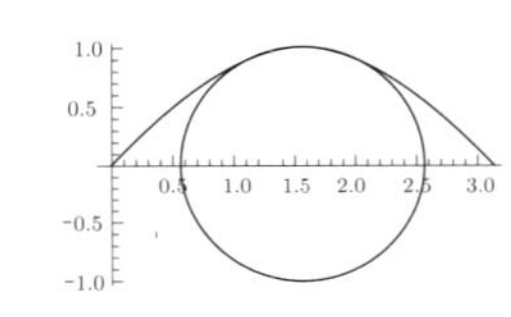

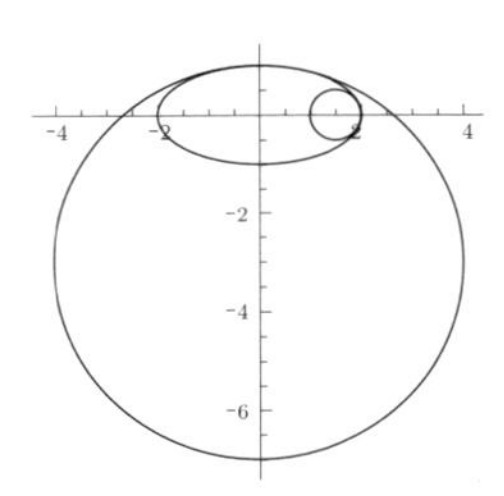

第 6 章

6.1　$\boldsymbol{x}(t)=\begin{pmatrix}\cos t\\ \sin t\\ f(t)\end{pmatrix}$，$\kappa(t)=\dfrac{\sqrt{1+\dot{f}(t)^2+\ddot{f}(t)^2}}{\left(\sqrt{1+\dot{f}(t)^2}\right)^3}$，$\tau(t)=\dfrac{\dot{f}(t)+\dddot{f}(t)}{1+\dot{f}(t)^2+\ddot{f}(t)^2}$

6.2　$\boldsymbol{x}(t)=\begin{pmatrix}\cos nt\\ \sin nt\\ \sin mt\end{pmatrix}$

n=1, m=2

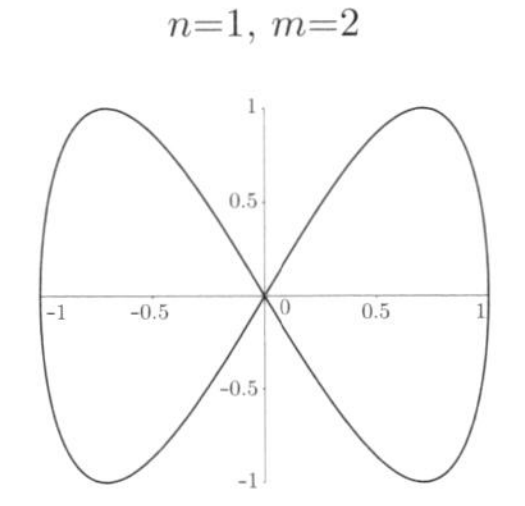

n=2, m=3

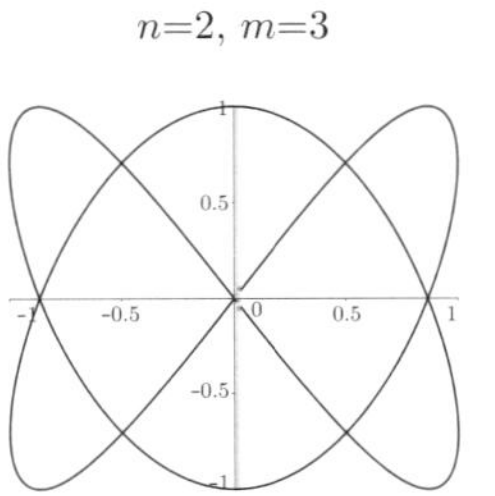

n=5, m=7

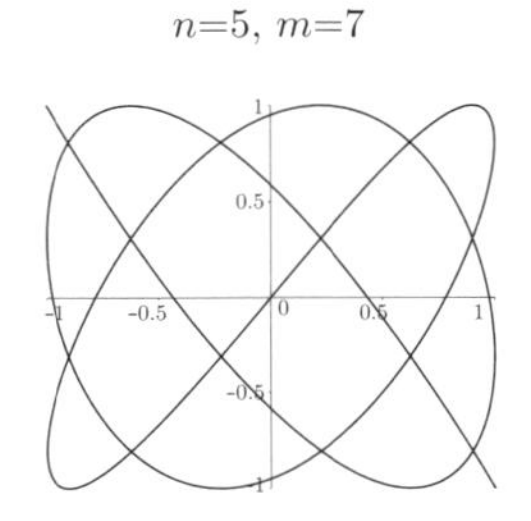

6.3 $\kappa = \dfrac{a}{a^2+b^2}, \tau = \dfrac{b}{a^2+b^2}$ を解くと $a = \dfrac{\kappa}{\kappa^2+\tau^2}, b = \dfrac{\tau}{\kappa^2+\tau^2}$ となります．κ 一定で $\tau \to \infty$ とすると，$a \to 0, b \to 0$ ですが，勾配 $\dfrac{b}{a} \to \infty$ したがって，螺旋は半径 a もピッチ b も小さくなりますが，勾配はきつくなり，z 軸に近づきます．

6.4 曲率は変わらず，捩率は符号が変わります．

6.5 $x = 1+\cos 2t, y = \sin 2t, z = 2\sin t$ とおくと

(1) $x^2+y^2+z^2 = 4$

(2) $(x-1)^2+y^2 = 1$ より，$(1,0,0)$ を通る z 軸に平行な直線を軸とする円柱に含まれます．

(3) 右図

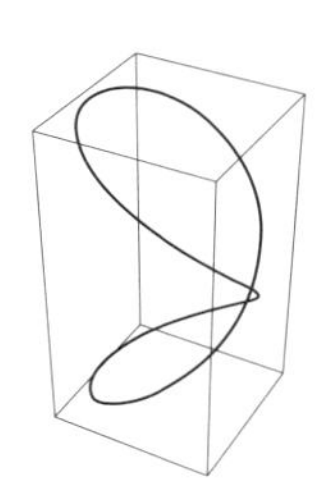

(4) $\kappa = \dfrac{1}{2}\sqrt{\dfrac{5+3\cos^2 t}{(1+\cos^2 t)^3}}, \qquad \tau = \dfrac{3\cos t}{5+3\cos^2 t}$

第 7 章

7.1 u 曲線は平面 $y = v$ に含まれ，$(0, v, 0)$ を通る傾き v の直線．v 曲線は平面 $x = u$ に含まれ，$(u, 0, 0)$ を通る傾き v の直線．z 軸に関して $45°$ 回転をすると

$$\begin{pmatrix} \dfrac{1}{\sqrt{2}}u - \dfrac{1}{\sqrt{2}}v \\ \dfrac{1}{\sqrt{2}}u + \dfrac{1}{\sqrt{2}}v \\ uv \end{pmatrix}$$

となり，これは $z = -\dfrac{1}{2}x^2 + \dfrac{1}{2}y^2$ を満たします．

7.2 $\boldsymbol{x}(u, v) = \begin{pmatrix} u \\ v \\ f(u^2+v^2) \end{pmatrix}$

7.3 パラメーター表示は $\boldsymbol{x}(u, v) = \begin{pmatrix} \cos v - u\sin v \\ \sin v + u\cos v \\ u \end{pmatrix}$

これは $x^2+y^2-z^2 = 1$ を満たします．u 曲線は z 軸のまわりの半径 1 の円柱に $(\cos u, \sin v, 0)$ で接する傾きが 1 の直線．v 曲線は平面 $z = u$ に含まれ $(0, 0, u)$ を中心とする半径 $\sqrt{u^2+1}$ の円．

7.4 $\boldsymbol{x}(u, v) = \dfrac{1}{u^2+v^2+1}\begin{pmatrix} 2u \\ 2v \\ u^2+v^2-1 \end{pmatrix},$

$$\boldsymbol{x}_u = \frac{1}{(u^2+v^2+1)^2}\begin{pmatrix} -2u^2+2v^2+2 \\ -4uv \\ 4u \end{pmatrix},$$

$$\boldsymbol{x}_v = \frac{1}{(u^2+v^2+1)^2}\begin{pmatrix} -4uv \\ 2u^2-2v^2+2 \\ 4v \end{pmatrix}$$

よって，$\boldsymbol{x}_u \cdot \boldsymbol{x}_v = 0$　u 曲線は，x 軸と平行な赤道面上の直線を含み，北極を通る平面による球面の切断面の円．v 曲線は，y 軸と平行な赤道面上の直線を含み，北極を通る平面による球面の切断面の円．

第 8 章

8.1　$\boldsymbol{x}, \boldsymbol{x}_u, \boldsymbol{x}_v$ は 1 次独立で，$\boldsymbol{x}$ と $\boldsymbol{x}_u, \boldsymbol{x}_v$ は直交します．

8.2　$g = (1+{f_u}^2)(du)^2 + 2f_uf_v du\,dv + (1+{f_v}^2)(dv)^2$

8.3　$g = (1+f'^2)(du)^2 + f^2(dv)^2$

8.4　$g = \dfrac{4e^{2u}}{(e^{2u}+1)^2}\Big((du)^2+(dv)^2\Big)$ です．

第 9 章

9.1　トーラスの $\boldsymbol{x}_u, \boldsymbol{x}_v$ と球面 (例 8.2) の $\boldsymbol{x}_u, \boldsymbol{x}_v$ はそれぞれ長さは違いますが平行で，したがって，同じ接平面を定め，同じ単位法ベクトルを定めます．球面ではガウス写像は -1 倍です．

9.2　$\varphi = f_{xx}(du)^2 + 2f_{xy}du\,dv + f_{yy}(dv)^2$

9.3　$\varphi = -\dfrac{f''}{\sqrt{1+f'^2}}(du)^2 + \dfrac{f}{\sqrt{1+f'^2}}(dv)^2$

9.4　懸垂面：$\varphi = -a\,(du)^2 + a\,(dv)^2$，螺旋面：$\varphi = -2a\,du\,dv$

9.5　(1) $\boldsymbol{y}_u = A\boldsymbol{x}_u, \boldsymbol{y}_v = A\boldsymbol{x}_v$ より，g_{ij} は変わりません．$\boldsymbol{y}(u,v)$ の単位法ベクトルを $\boldsymbol{m}(u,v)$ と表すと $\boldsymbol{m} = A\boldsymbol{n}$．$\boldsymbol{y}_{ij} = A\boldsymbol{x}_{ij}$ より H_{ij} も変わりません．(2) g は変わりません．φ は -1 倍されます．(3) g は λ^2 倍されます．φ は λ 倍されます．

第 10 章

10.1　$u=0, \cos u > 0$ の場合 ($v = \pi$ のときも同様，符号が変わります)

(1) $g = (a^2\sin^2 u + c^2\cos^2 u)(du)^2 + b^2\cos^2 u\,(dv)^2$

(2) $\varphi = \dfrac{ac}{\sqrt{a^2\sin^2 u + c^2\cos^2 u}}(du)^2 + \dfrac{ac\cos^2 u}{\sqrt{a^2\sin^2 u + c^2\cos^2 u}}(dv)^2$

$g_{12}=0, H_{12}=0$ ですから，u 方向，v 方向が主方向.

(3) この場合の臍点の条件は $\dfrac{H_{11}}{g_{11}}=\dfrac{H_{22}}{g_{22}}$　これを解くと $b^2=a^2\sin^2 u+c^2\cos^2 u$

したがって，臍点は $\left(\pm a\sqrt{\dfrac{b^2-a^2}{c^2-a^2}}, 0, \pm c\sqrt{\dfrac{c^2-b^2}{c^2-a^2}}\right)$ の 4 点です．臍点以外では

$\kappa_1=\dfrac{H_{11}}{g_{11}}\neq\kappa_2=\dfrac{H_{22}}{g_{22}}$ ですから，両方正で，したがって，楕円点．臍点の前後で大小が変わりますから，楕円の長径，短径が入れ替わります．臍点の接平面と平行な面は $\dfrac{\sqrt{b^2-a^2}}{a}x+\dfrac{\sqrt{c^2-b^2}}{c}z=k$ で表され，これらと楕円面の交わりは円であることが分かります．

10.2　(1) u 曲線は z 軸を含む平面上にあり，単位法ベクトルもそれに接しています．したがって，u 曲線は測地線．v 曲線は水平面に含まれる円で，単位法ベクトルが水平なのは，$f'=0$ のときに限ります．

(2) $K=-\dfrac{f''}{f(1+f'^2)^2}, H=\dfrac{1+f'^2-ff''}{2f\left(\sqrt{1+f'^2}\right)^3}$

(3) 楕円点：$f''<0$ で臍点でないとき.

双曲点：$f''>0$　臍点：$1+f'^2+ff''=0$

(4) $f=\cosh u$　したがって，$1+f'^2-ff''=1+\sinh^2 u-\cosh^2 u\equiv 0$

10.3　$g_{11}=g_{22}=9(1+u^2+v^2)^2, g_{12}=0, H_{11}=-H_{22}=-6$,
$H_{12}=0$ です．$H\equiv 0$ となります．

第 11 章

11.1　(1) §1.3 により，

$$\boldsymbol{v}_\theta(\boldsymbol{x})=\begin{pmatrix}\cos\theta & -\sin\theta\\ \sin\theta & \cos\theta\end{pmatrix}\begin{pmatrix}v_1(\boldsymbol{x})\\ v_2(\boldsymbol{x})\end{pmatrix}=\begin{pmatrix}v_1(\boldsymbol{x})\cos\theta-v_2(\boldsymbol{x})\sin\theta\\ v_1(\boldsymbol{x})\sin\theta+v_2(\boldsymbol{x})\cos\theta\end{pmatrix}$$

(2)　$\mathrm{rot}\,\boldsymbol{v}_\theta=\mathrm{div}\,\boldsymbol{v}\sin\theta+\mathrm{rot}\,\boldsymbol{v}\cos\theta$

(3)　$\mathrm{div}\,\boldsymbol{v}_\theta=-\mathrm{rot}\,\boldsymbol{v}\sin\theta+\mathrm{div}\,\boldsymbol{v}\cos\theta$

11.2　(1) 腕の先端の座標は $(x+h\cos\theta, y+h\sin\theta)$

(2) $$\boldsymbol{f}=\begin{pmatrix}\cos\left(\theta+\dfrac{\pi}{2}\right)\\ \sin\left(\theta+\dfrac{\pi}{2}\right)\end{pmatrix}=\begin{pmatrix}-\sin\theta\\ \cos\theta\end{pmatrix}$$

(3)　x 軸と角度 θ をなす長さ h の腕の先端がベクトル場から受ける回転力は，腕に直交するベクトル場の成分と腕の長さ h の積に比例します．腕に直交する成分は内積

$\boldsymbol{v}(x+h\cos\theta, y+h\sin\theta)\cdot\boldsymbol{f}$ に等しくなります．求める値は $[-v_1(x+h\cos\theta, y+h\sin\theta)\sin\theta+v_2(x+h\cos\theta, y+h\sin\theta)\cos\theta]h$ です．
(4) 前問と同様に考えます．ここで $\boldsymbol{f}$ ではなく $-\boldsymbol{f}$ になっているのは，時計と反対回りの回転をプラスと考えているからです．求める値は $[v_1(x-h\cos\theta, y-h\sin\theta)\sin\theta-v_2(x-h\cos\theta, y-h\sin\theta)\cos\theta]h$ となります．
(5) ヒントを考慮しつつ，本文中の (11.4) の近似値を求める説明と同様に考えれば，任意の C^1 関数 f について，$f(x+h\cos\theta, y+h\sin\theta)-f(x-h\cos\theta, y-h\sin\theta)=2\Big(\dfrac{\partial f}{\partial x}(x,y)\cos\theta+\dfrac{\partial f}{\partial y}(x,y)\sin\theta\Big)h+(h^2$程度の微小量$)$ が分かります．よって，(3) の値と (4) の値の和は，h^3 程度以下の微小量を無視すれば，$2\Big(-\dfrac{\partial v_1}{\partial x}(x,y)\cos\theta-\dfrac{\partial v_1}{\partial y}(x,y)\sin\theta\Big)h^2\sin\theta+2\Big(\dfrac{\partial v_2}{\partial x}(x,y)\cos\theta+\dfrac{\partial v_2}{\partial y}(x,y)\sin\theta\Big)h^2\cos\theta$ となります．
(6) $\cos\Big(\theta+\dfrac{\pi}{2}\Big)=-\sin\theta, \sin\Big(\theta+\dfrac{\pi}{2}\Big)=\cos\theta$ なので，(5) で求めた値のなかの θ を $\theta+\dfrac{\pi}{2}$ に変えれば，$2\Big(\dfrac{\partial v_1}{\partial x}(x,y)\sin\theta-\dfrac{\partial v_1}{\partial y}(x,y)\cos\theta\Big)h^2\cos\theta-2\Big(-\dfrac{\partial v_2}{\partial x}(x,y)\sin\theta+\dfrac{\partial v_2}{\partial y}(x,y)\cos\theta\Big)h^2\sin\theta$ となります．(5) で求めた値とここで求めた値を加えると，$2\Big[-\dfrac{\partial v_1}{\partial y}(x,y)+\dfrac{\partial v_2}{\partial x}(x,y)\Big]h^2$ となり，(11.7) と等しくなります．

第 12 章

12.1　(1) ガウスの発散定理により，$\displaystyle\int_C \boldsymbol{v}(\boldsymbol{x})\cdot\boldsymbol{n}(\boldsymbol{x})|d\boldsymbol{x}|=\int_D \operatorname{div}\boldsymbol{v}\,dxdy$ です．与えられた $\boldsymbol{v}(\boldsymbol{x})$ の発散を計算すると，$\operatorname{div}\boldsymbol{v}=0$ となりますから，求める積分の値は 0 です．
(2) グリーンの定理により，$\displaystyle\int_C \boldsymbol{v}(\boldsymbol{x})\cdot d\boldsymbol{x}=\int_D \operatorname{rot}\boldsymbol{v}\,dxdy$ です．与えられた $\boldsymbol{v}(\boldsymbol{x})$ の回転を計算すると，$\operatorname{rot}\boldsymbol{v}=0$ となりますから，求める積分の値は 0 です．
12.2　グリーンの定理により，$\displaystyle\frac{1}{2}\int_C \boldsymbol{v}(\boldsymbol{x})\cdot d\boldsymbol{x}=\frac{1}{2}\int_D \operatorname{rot}\boldsymbol{v}\,dxdy$ です．与えられたベクトル場の回転を計算すれば $\operatorname{rot}\boldsymbol{v}=2$ ですから，上の式の右辺は $\displaystyle\int_D dxdy$ となり，これは D の面積に等しくなります．
12.3　(1) 原点 O 以外の領域で，

$$\frac{\partial}{\partial x}\Big(\frac{x}{x^2+y^2}\Big)=\frac{\partial}{\partial y}\Big(\frac{-y}{x^2+y^2}\Big)=\frac{y^2-x^2}{(x^2+y^2)^2}$$

なので，与えられたベクトル場 $\boldsymbol{v}(\boldsymbol{x})$ の回転は 0 になります．

(2) 角度 θ をパラメーターとして円 C_r を表示すれば，$\boldsymbol{x}(\theta) = (r\cos\theta, r\sin\theta)$ となります．これから，$\dot{\boldsymbol{x}}(\theta) = (-r\sin\theta, r\cos\theta)$

(12.14) より，

$$\int_{C_r} \boldsymbol{v}(\boldsymbol{x}) \cdot d\boldsymbol{x} = \int_0^{2\pi} \Big(\frac{-r\sin\theta}{r^2}(-r\sin\theta) + \frac{r\cos\theta}{r^2}(r\cos\theta) \Big) d\theta = 2\pi$$

12.4 ガウスの発散定理を $\boldsymbol{v} = \operatorname{grad} f$ に使って，$\int_C \operatorname{grad} f \cdot \boldsymbol{n}(\boldsymbol{x})|d\boldsymbol{x}| = \int_D \operatorname{div} \operatorname{grad} f \, dxdy$ となります．$ 12.1 の最後の注意によれば，右辺の $\operatorname{div} \operatorname{grad} f$ は $\dfrac{\partial^2 f}{\partial x^2} + \dfrac{\partial^2 f}{\partial y^2}$ に等しくなりますが，仮定によりこれは 0 です．したがって，積分も 0 です．

第 13 章

13.1 点 $\mathrm{P}(\boldsymbol{x})$ を通る直線を l とします．この直線の方向を表す単位ベクトルを $\boldsymbol{e}$ とすれば，直線 l のまわりに $\boldsymbol{v}(\boldsymbol{x})$ によって引き起こされる回転力は，内積 $\boldsymbol{e} \cdot \operatorname{rot} \boldsymbol{v}(\boldsymbol{x})$ で与えられます (定理 13.2)．もし $\operatorname{rot} \boldsymbol{v}(\boldsymbol{x}) = \boldsymbol{0}$ であれば，任意の l のまわりの回転力が 0 です．もし，$\operatorname{rot} \boldsymbol{v}(\boldsymbol{x}) \neq \boldsymbol{0}$ であれば，$\boldsymbol{e}$ を $\operatorname{rot} \boldsymbol{v}(\boldsymbol{x})$ に直交するベクトルにとれば，$\boldsymbol{e}$ の方向の直線 l のまわりの回転力が 0 になります．

13.2 パラメーター s は $-\dfrac{\pi}{2} \leqq s \leqq \dfrac{\pi}{2}$ の範囲を動き，パラメーター t は $0 \leqq t \leqq 2\pi$ の範囲を動きます．ただし，北極 $\left(s = \dfrac{\pi}{2}\right)$ と南極 $\left(s = -\dfrac{\pi}{2}\right)$ ではパラメーター表示になっていませんが，面積の計算には影響しません．定理 13.4 を使って面積を計算します．

$$\boldsymbol{x}_s(s,t) \times \boldsymbol{x}_t(s,t) = \begin{pmatrix} -\sin s\cos t \\ -\sin s\sin t \\ \cos s \end{pmatrix} \times \begin{pmatrix} -\cos s\sin t \\ \cos s\cos t \\ 0 \end{pmatrix} = \begin{pmatrix} -\cos^2 s\cos t \\ -\cos^2 s\sin t \\ -\sin s\cos s \end{pmatrix}$$

これから，$\|\boldsymbol{x}_x(s,t) \times \boldsymbol{x}_t(s,t)\| = \cos s$ となり，面積は

$$\int_0^{2\pi} \int_{-\frac{\pi}{2}}^{\frac{\pi}{2}} \cos s \, dsdt = \int_0^{2\pi} [\sin s]_{-\frac{\pi}{2}}^{\frac{\pi}{2}} dt = \int_0^{2\pi} 2dt = 4\pi$$

13.3 D' のパラメーター表示は $\boldsymbol{x}(x,y) = \begin{pmatrix} x \\ y \\ x^2 + y^2 \end{pmatrix}$ です．したがって，

$\boldsymbol{x}_x(x,y) = \begin{pmatrix} 1 \\ 0 \\ 2x \end{pmatrix}, \boldsymbol{x}_y(x,y) = \begin{pmatrix} 0 \\ 1 \\ 2y \end{pmatrix}$ となります．ゆえに，$\|\boldsymbol{x}_x(x,y) \times \boldsymbol{x}_y(x,y)\| = \sqrt{4x^2+4y^2+1}$ です．一方，D'' のパラメーター表示は $\boldsymbol{x}(x,y) = \begin{pmatrix} x \\ y \\ x^2-y^2 \end{pmatrix}$ です．したがって，$\boldsymbol{x}_x(x,y) = \begin{pmatrix} 1 \\ 0 \\ 2x \end{pmatrix}, \boldsymbol{x}_y(x,y) = \begin{pmatrix} 0 \\ 1 \\ -2y \end{pmatrix}$ となります．これから，$\|\boldsymbol{x}_x \times \boldsymbol{x}_y\| = \sqrt{4x^2+4y^2+1}$ となります．結局，D' の面積と D'' の面積は同じ積分

$$\int_D \sqrt{4x^2+4y^2+1}\,dxdy$$

で計算できます．したがって，D' と D'' は同じ面積をもちます．

13.4　空間内の曲面 D' が 2 種のパラメーター表示 $\boldsymbol{x}(s,t)$ と $\tilde{\boldsymbol{x}}(u,v)$ をもつとします．パラメーター (s,t) は平面上の領域 D_1 を動き，(u,v) は平面上の領域 D_2 を動くとします．D_1 の任意の点 (s,t) について，$\boldsymbol{x}(s,t) = \tilde{\boldsymbol{x}}(u,v)$ となる D_2 の点 (u,v) が決まります．よって，(u,v) は (s,t) の「関数」と考えられますので，$u = u(s,t)$, $v = v(s,t)$ と書くことができます．このとき，$\tilde{\boldsymbol{x}}(u(s,t),v(s,t)) = \boldsymbol{x}(s,t)$ が成り立ちます．
合成関数の微分の公式から $\boldsymbol{x}_s(s,t) = \tilde{\boldsymbol{x}}_u(u,v)\dfrac{\partial u}{\partial s} + \tilde{\boldsymbol{x}}_v(u,v)\dfrac{\partial v}{\partial s}$ が得られ，$\boldsymbol{x}_t(s,t) = \tilde{\boldsymbol{x}}_u(u,v)\dfrac{\partial u}{\partial t} + \tilde{\boldsymbol{x}}_v(u,v)\dfrac{\partial v}{\partial t}$ が得られます．これから，$\boldsymbol{x}_s \times \boldsymbol{x}_t = \left(\tilde{\boldsymbol{x}}_u\dfrac{\partial u}{\partial s} + \tilde{\boldsymbol{x}}_v\dfrac{\partial v}{\partial s}\right) \times \left(\tilde{\boldsymbol{x}}_u\dfrac{\partial u}{\partial t} + \tilde{\boldsymbol{x}}_v\dfrac{\partial v}{\partial t}\right) = (\tilde{\boldsymbol{x}}_u \times \tilde{\boldsymbol{x}}_v)\left(\dfrac{\partial u}{\partial s}\dfrac{\partial v}{\partial t} - \dfrac{\partial v}{\partial s}\dfrac{\partial u}{\partial t}\right)$ が得られます．

したがって，

$$\begin{aligned}\int_{D_1} \|\boldsymbol{x}_s \times \boldsymbol{x}_t\|\,dsdt &= \int_{D_1} \left\|(\tilde{\boldsymbol{x}}_u \times \tilde{\boldsymbol{x}}_v)\left(\frac{\partial u}{\partial s}\frac{\partial v}{\partial t} - \frac{\partial v}{\partial s}\frac{\partial u}{\partial t}\right)\right\|\,dsdt \\ &= \int_{D_1} \|\tilde{\boldsymbol{x}}_u \times \tilde{\boldsymbol{x}}_v\| \left|\det\begin{pmatrix} \dfrac{\partial u}{\partial s} & \dfrac{\partial u}{\partial t} \\ \dfrac{\partial v}{\partial s} & \dfrac{\partial v}{\partial t} \end{pmatrix}\right| dsdt = \int_{D_2} \|\tilde{\boldsymbol{x}}_u \times \tilde{\boldsymbol{x}}_v\|dudv\end{aligned}$$

となって，D' の面積を (s,t) で計算しても (u,v) で計算しても同じ値になることが分かります．なお，最後の等式は重積分における変数変換の公式です．（この証明問題 **13.4** は少し難しいかも知れませんので，できなくともがっかりする必要はありません．）

第 14 章

14.1　ストークスの定理により，$\int_L \boldsymbol{v}\cdot d\boldsymbol{x} = \int_S \operatorname{rot}\boldsymbol{v}\cdot dS = \int_S \operatorname{rot}\boldsymbol{v}(\boldsymbol{x})\cdot\boldsymbol{n}(\boldsymbol{x})|dS|$
仮定から，$\operatorname{rot}\boldsymbol{v}(\boldsymbol{x})$ は S の接平面 $T_{\boldsymbol{x}}(S)$ に含まれます．また，$\boldsymbol{n}(\boldsymbol{x})$ は法ベクトルなので，$T_{\boldsymbol{x}}(S)$ に直交します．特に，$\operatorname{rot}\boldsymbol{v}(\boldsymbol{x})\cdot\boldsymbol{n}(\boldsymbol{x}) = 0$ です．ゆえに，
$\int_S \operatorname{rot}\boldsymbol{v}(\boldsymbol{x})\cdot\boldsymbol{n}(\boldsymbol{x})|dS| = 0$ が成り立ちます．

14.2　ガウスの発散定理により，$\int_S \boldsymbol{v}\cdot dS = \int_M \operatorname{div}\boldsymbol{v}\,dxdydz$．与えられた $\boldsymbol{v}(\boldsymbol{x})$ の具体的な式から $\operatorname{div}\boldsymbol{v} = \dfrac{\partial z}{\partial z} = 1$ となります．よって，$\int_M \operatorname{div}\boldsymbol{v}\,dxdydz = \int_M 1\,dxdydz$ ですから，この積分の値は M の体積になります．

14.3　与えられた $\boldsymbol{x}(s,t)$ の具体的な式により，

$$\boldsymbol{x}_s(s,t) = \begin{pmatrix} -r\sin s\cos t \\ -r\sin s\sin t \\ r\cos s \end{pmatrix},\quad \boldsymbol{x}_t(s,t) = \begin{pmatrix} -(R+r\cos s)\sin t \\ (R+r\cos s)\cos t \\ 0 \end{pmatrix}$$

よって，$\boldsymbol{x}_s\times\boldsymbol{x}_t = \begin{pmatrix} -r\cos s(R+r\cos s)\cos t \\ -r\cos s(R+r\cos s)\sin t \\ -r\sin s(R+r\cos s) \end{pmatrix}$．このベクトルは T の内向きなので，(s,t) は負のパラメーターとなり，$dS = -\boldsymbol{x}_s\times\boldsymbol{x}_t\,dtds$ です．((14.13) を参照してください．) ゆえに，$\int_T \boldsymbol{v}\cdot dS = -\int_0^{2\pi}\int_0^{2\pi} \begin{pmatrix} 0 \\ 0 \\ r\sin s \end{pmatrix}\cdot\boldsymbol{x}_s\times\boldsymbol{x}_t\,dsdt =$
$\int_0^{2\pi}\int_0^{2\pi} r^2\sin^2 s(R+r\cos s)\,dsdt = 2\pi^2 r^2 R$．これが求める体積です．なお計算の途中で，次の積分をしました．

$$\int_0^{2\pi}\sin^2 s\,ds = \int_0^{2\pi}\frac{1-\cos 2s}{2}ds = \pi \quad \text{および}$$
$$\int_0^{2\pi}\sin^2 s\cos s\,ds = \int_0^{2\pi}\frac{1-\cos 2s}{2}\cos s\,ds = 0$$

第 15 章

15.1　接平面 $T_{\boldsymbol{x}}(M)$ に属する任意のベクトル $\boldsymbol{v},\boldsymbol{v}'$ と任意の実数 t について，$(t\boldsymbol{v}-\boldsymbol{v}')\star(t\boldsymbol{v}-\boldsymbol{v}') \geqq 0$ が成り立ちます．これを展開して得られる (t を変数とする) 2 次関数 $t^2\|\boldsymbol{v}\|_\star^2 - 2t(\boldsymbol{v}\star\boldsymbol{v}') + \|\boldsymbol{v}'\|_\star^2$ はつねに 0 以上です．すると，判別式は 0 以下

になります．すなわち，

$$(\boldsymbol{v} \star \boldsymbol{v}')^2 - \|\boldsymbol{v}\|_\star^2 \|\boldsymbol{v}'\|_\star^2 \leqq 0$$

これを移項して平方根を考えれば，

$$|\boldsymbol{v} \star \boldsymbol{v}'| \leqq \|\boldsymbol{v}\|_\star \|\boldsymbol{v}'\|_\star$$

となります．これから，問題 15.1 の式の右辺の絶対値が 1 以下であることが分かります．

15.2
$$\begin{aligned}\boldsymbol{x}(s) \star \boldsymbol{x}(s) &= \{(\cosh s)\boldsymbol{x} + (\sinh s)\boldsymbol{v}\} \star \{(\cosh s)\boldsymbol{x} + (\sinh s)\boldsymbol{v}\} \\ &= \cosh^2 s\, \boldsymbol{x} \star \boldsymbol{x} + 2\cosh s \sinh s\, \boldsymbol{x} \star \boldsymbol{v} + \sinh^2 s\, \boldsymbol{v} \star \boldsymbol{v} \\ &= -\cosh^2 s + \sinh^2 s = -1\end{aligned}$$

ゆえに，$\boldsymbol{x}(s)$ は任意の s について，双曲面 M に含まれます．

15.3 (1) $\boldsymbol{x} \star \boldsymbol{x} = (\sqrt{a^2-1})^2 - a^2 = -1$　ゆえに，$\mathrm{P}(\boldsymbol{x})$ は双曲面 M の点です．

(2) $\boldsymbol{x}$は前問 (1) で具体的に与えられたベクトルです．$\boldsymbol{v} = \begin{pmatrix} 0 \\ 1 \\ 0 \end{pmatrix}$ なので，$\boldsymbol{x} \star \boldsymbol{v} = 0$ となります．よって，$\boldsymbol{v}$ は $T_{\boldsymbol{x}}(M)$ に属します．また明らかに $\boldsymbol{v} \star \boldsymbol{v} = 1$ ですので，$\boldsymbol{v}$ は「単位ベクトル」です．

(3) (1) で与えた $\boldsymbol{x}$ と (2) の $\boldsymbol{v}$ を代入して $(\cosh s)\boldsymbol{x} + (\sinh s)\boldsymbol{v}$ を計算すると，$\begin{pmatrix} \sqrt{a^2-1}\cosh s \\ \sinh s \\ a\cosh s \end{pmatrix}$ となります．これを f でうつして，

$u = \dfrac{\sqrt{a^2-1}\cosh s}{a\cosh s + 1}$，$v = \dfrac{\sinh s}{a\cosh s + 1}$　こうして得られた (u, v) が問題の円 C_a の式を満たすことは，代入して計算すれば確かめられます．

(4) 円 C_a と単位円の交点は $\left(\dfrac{\sqrt{a^2-1}}{a}, \pm\dfrac{1}{a}\right)$ の 2 点です．この交点の一つ (どちらでも) と，円 C_a の中心 $\left(\dfrac{a}{\sqrt{a^2-1}}, 0\right)$ と単位円の中心 (すなわち原点) が直角三角形をなすことを確かめればよいです．それには，3 辺の長さを計算して，三平方の定理を使いましょう．

索　引

川﨑　徹郎

かわさき・てつろう

略歴

1948 年　東京都に生まれる
1971 年　東京大学理学部数学科卒業
1976 年　米国ジョンズホプキンス大学大学院数学専攻博士課程修了
現　在　学習院大学理学部教授・Ph.D
専　攻　曲面の幾何学，位相幾何学
著　書　『曲面と多様体』(朝倉書店)
『文様の幾何学––文様における群作用と対称性』(牧野書店)

松本　幸夫

まつもと・ゆきお

略歴

1944 年　埼玉県に生まれる
1967 年　東京大学理学部数学科卒業
1969 年　東京大学大学院理学系研究科修士課程修了
現　在　東京大学名誉教授・学習院大学理学部研究員・理学博士
専　攻　多様体のトポロジー
著　書　『トポロジー入門』(岩波書店)
『多様体の基礎』(東京大学出版会)
『Morse 理論の基礎』(岩波書店)　　など多数.

空間とベクトル　増補版

2018 年　9 月 25 日　増補版第 1 刷発行

著者　川﨑 徹郎・松本 幸夫
発行者　横山 伸
発行　有限会社　数学書房
〒 101-0051　東京都千代田区神田神保町 1-32-2
TEL　03-5281-1777
FAX　03-5281-1778
mathmath@sugakushobo.co.jp
振込口座　00100-0-372475

印刷 製本　精文堂印刷株式会社
組版　野崎 洋
装幀　岩崎寿文

ISBN 978-4-903342-50-4